彩图 1　小麦南方稻板免耕直播栽培　　　　彩图 2　旱地小麦地膜覆盖栽培

彩图 3　优质专用小麦种子　　　　彩图 4　小麦药剂拌种效果

彩图 5　小麦整地　　　　彩图 6　小麦播种过深地下茎过长

彩图 7　小麦播种过浅分蘖节易裸露　　　　彩图 8　小麦条播

彩图 9　冬小麦黄苗

彩图 10　小麦过旺苗

彩图 11　小麦返青期

彩图 12　小麦拔节期

彩图 13　小麦开花期

彩图 14　小麦灌浆期

彩图 15　小麦成熟期

彩图 16　小麦旗叶干尖现象

彩图 17　小麦空穗现象

彩图 18　小麦穗发芽

彩图 19　冬小麦浇冻水

彩图 20　小麦浇返青水

彩图 21　小麦霜霉病病株

彩图 22　小麦雪霉叶枯病

彩图 23　小麦全蚀病病根

彩图 24　小麦全蚀病田间发病状

彩图 25　小麦纹枯病病株　　　彩图 26　小麦根腐病田间发病

彩图 27　小麦根腐病根部表现　　　彩图 28　小麦茎基腐病田间表现

彩图 29　小麦茎基腐病茎基表现　　　彩图 30　小麦黄矮病病株

彩图 31　小麦赤霉病病粒上的粉红色菌丝体　　　彩图 32　小麦赤霉病大田为害状

彩图 33　小麦赤霉病后期小穗上的黑色小颗粒　　彩图 34　小麦赤霉病田间发病症状

彩图 35　小麦赤霉病引起的白穗　　彩图 36　小麦白粉病叶片症状

彩图 37　叶锈病病叶　　彩图 38　小麦条锈病

彩图 39　小麦秆锈病病株　　彩图 40　小麦秆黑粉病

彩图 41　小麦散黑穗病单株　　　　彩图 42　小麦散黑穗病后期裸露的穗轴

彩图 43　小麦腥黑穗病　　　　　　彩图 44　小麦颖枯病

彩图 45　小麦胞囊线虫病病株　　　彩图 46　小麦红蜘蛛为害叶片

彩图 47　小麦红蜘蛛田间为害状　　彩图 48　蚜虫为害小麦

彩图 49　小麦吸浆虫在田间为害

彩图 50　小麦吸浆虫蛹

彩图 51　小麦潜叶蝇为害田间表现

彩图 52　小麦黏虫

彩图 53　小麦麦叶蜂

彩图 54　小麦皮蓟马

彩图 55　蝼蛄

彩图 56　地下害虫——蛴螬

彩图 57　金针虫幼虫为害小麦根部

彩图 58　灰巴蜗牛

彩图 59　繁缕

彩图 60　牛繁缕

彩图 61　婆婆纳

彩图 62　麦瓶草

彩图 63　荠菜

彩图 64　藜

彩图 65　麦家公

彩图 66　猪殃殃

彩图 67　泽漆

彩图 68　苍耳

彩图 69　蓼

彩图 70　打碗花

彩图 71　扁蓄

彩图 72　大巢菜

彩图 73　地肤

彩图 74　刺儿菜

彩图 75　小麦 2,4-滴丁酯药害

彩图 76　野燕麦

彩图 77　看麦娘

彩图 78　日本看麦娘

彩图 79　早熟禾

彩图 80　黑麦草

彩图 81　节节麦

彩图 82　2甲4氯钠药害造成的葱管叶

彩图 83　扬花期 2,4-滴药害

彩图 84　唑草酮药害田间发黄

彩图 85　唑草酮药害麦苗叶片

彩图 86　甲基二磺隆药害

彩图 87　早播引发的冻害

彩图 88　冻害造成的叶片枯黄现象

彩图 89
田间土壤松暄冻害重

彩图 90
小麦晚霜冻害

彩图 91
小麦春末低温冻害的白穗

彩图 92　小穗冻死

彩图 93　小麦春末冻害半穗

彩图 94　小麦干热风危害

彩图 95　小麦早期倒伏

彩图 96　小麦晚期倒伏

粮油经济作物高效栽培丛书

小麦
优质高产问答

杨　雄　王迪轩　何永梅　主编

（第二版）

化学工业出版社

·北京·

内 容 简 介

本书采用问答的形式，详细介绍了小麦的优质高产栽培技术、播种育苗技术、田间管理技术、主要病虫草害全程监控技术以及气象灾害减灾技术等内容。针对农民在小麦生产中遇到的 163 个实际问题，提供了具体的解决方案与技术要点，具有很强的针对性和指导性。书中附有近百张高清原色彩图，便于指导实际生产操作。

本书适合广大种植小麦的农民、农村专业合作化组织阅读，也可供农业院校种植、植保专业师生参考。

图书在版编目（CIP）数据

小麦优质高产问答/杨雄，王迪轩，何永梅主编.
—2 版.—北京：化学工业出版社，2020.10
（粮油经济作物高效栽培丛书）
ISBN 978-7-122-37279-6

Ⅰ.①小… Ⅱ.①杨… ②王… ③何… Ⅲ.①小麦-高产栽培-栽培技术-问题解答 Ⅳ.①S512.1-44

中国版本图书馆 CIP 数据核字（2020）第 113291 号

责任编辑：冉海滢　刘　军　　　　文字编辑：李娇娇　陈小滔
责任校对：宋　玮　　　　　　　　装帧设计：关　飞

出版发行：化学工业出版社（北京市东城区青年湖南街 13 号
　　　　　邮政编码 100011）
印　　装：大厂聚鑫印刷有限责任公司
880mm×1230mm　1/32　印张 7¼　彩插 6　字数 211 千字
2021 年 1 月北京第 2 版第 1 次印刷

购书咨询：010-64518888　　售后服务：010-64518899
网　　址：http://www.cip.com.cn
凡购买本书，如有缺损质量问题，本社销售中心负责调换。

定　　价：39.80 元　　　　　　　　　版权所有　违者必究

本书编写人员

主　　编　杨　雄　王迪轩　何永梅

副 主 编　胡世平　伍　娟　张建萍

编写人员（按姓名汉语拼音排序）
　　　　　　符满秀　何永梅　胡世平　李慕雯　彭特勋
　　　　　　谭一丁　王迪轩　王秋方　王雅琴　伍　娟
　　　　　　杨　雄　张建萍　张有民

"粮油经济作物高效栽培丛书"自 2013 年 1 月出版以来，至今已有 8 个年头。该套丛书第一版有 8 个单行本，其中《水稻优质高产问答》《大豆优质高产问答》《棉花优质高产问答》《油菜优质高产问答》四个单行本入选农家书屋重点出版物推荐目录。近几年来，无论是种植业结构还是国家对种植业的扶持政策均不断发展，出现了不小的变化，一系列新技术得到了更进一步的推广应用，但也出现了一些新的问题，如新的病虫危害，一些药剂陆续被禁用等。因此，对原丛书中重要作物的单行本进行修订很有必要（主要是水稻、大豆、油菜、小麦、花生、玉米六个分册）。

针对当前农民对知识"快餐式"的吸取方式，简洁、易懂的"傻瓜式"获取知识的需求，《小麦优质高产问答》（第二版）在第一版基础上进行了修订、完善和补充。一是在内容、结构上有增删和侧重，增加了"小麦草害及防除技术"等相关内容。在栽培技术上，突出主流技术，并介绍新技术；在问题解析上，突出主要的问题及近几年来出现的新问题；在病虫草害全程监控技术上，突出绿色防控技术集成。二是在形式上，体现"简洁""易懂""傻瓜式"等特点，为帮助农民朋友提升实践操作能力，精炼语言，适当增加图片、表格，提升图书的可读性、实用性与适用性，达到快捷式传播的目的。

由于时间紧迫，编者水平有限，书中不妥之处欢迎广大读者批评指正！

编者
2020 年 4 月

　　小麦适应性强，分布广、用途多，是世界上最重要的粮食作物，其分布、栽培面积及总贸易额均居粮食作物第一位，全世界 35％ 的人口以小麦为主要食粮。小麦提供了人类消耗蛋白质总量的 20.3％、热量的 18.6％、食物总量的 11.1％，超过其他任何作物。小麦是谷物中最重要的贸易商品，它在世界总贸易量中的比重约为 46％。小麦产业几乎是所有发达国家农业的支柱，小麦食品也是这些国家餐桌主食的核心。

　　我国小麦播种面积、总产量和库存量均居世界首位。小麦在我国粮食中占有重要地位，是最重要的粮食之一，在当前我国的粮食消费总量中，小麦占到了 43％ 左右，是最重要的贸易粮之一，在粮食安全中的地位日益突出。目前种植面积回升、区域布局趋于集中，小麦总产量和单产多年连续增长，小麦品种、品质结构得到改善，栽培技术逐渐成熟，如冬小麦精播半精播高产栽培技术、冬小麦氮肥后移延衰高产栽培技术、小麦节水高产栽培技术、南方旱茬高产栽培技术、小麦小窝疏株密植高产栽培技术、稻茬麦少免耕栽培技术、旱地小麦地膜覆盖栽培与秸秆覆盖技术、东北春麦区尿素秋施与氮素后移技术等，小麦产业链初步形成，并逐渐实现机械化与市场化。

　　小麦栽培技术处于不断发展的过程中，它随着环境和生产条件的改善、品种的更新、栽培技术的完善和进步在不断发展，小麦生产由低产到中产、由中产到高产、由高产到超高产的发展过程，无不体现出生产条件改善和品种改良的印迹。为加快优良品种推广，以高产、优质、高效、生态、安全为目标，集成组装适合不同优势区域、不同栽培模式、不同品种类型的优质高产、节本增效栽培技术和应对区域性气候变化的防灾减灾技术体系，加快推广测土配方施肥、少免耕栽培、节水栽培、病虫害综合防治、机械化生产等先进实用技术。编者结合生产实践中的经验，以问答的形式，回答了小麦当前生产上推广应用的新品种、主要栽培技术、优质高产疑难解析、主要病虫害全程监控技术及小麦简易贮藏技术的相关问题。以农民在小麦生产中遇到的问题为基础，把理论知识融于疑难解答中，避免了枯燥的说教，语言通俗，图文并茂。

由于时间紧迫，水平有限，书中疏漏之处欢迎广大读者批评指正！

编者
2012 年 6 月

目录

第二章 小麦播种育苗技术 / 029

第三章 小麦田间管理技术 / 067

第五章 小麦气象灾害及减灾技术疑难解析 / 186

第一章

小麦优质高产栽培技术

第一节 稻茬麦少、免耕栽培技术

1. 南方稻茬麦少、免耕播种技术有哪些?

稻茬麦少、免耕播种技术主要包括少、免耕机条播,板茬撒播,稻田套播麦等播种方法,以及开沟覆土、稻草覆盖、化除化控、氮肥后移等配套技术,适于北纬 $30°\sim35°$ 麦区,主要是江苏、安徽、河南、湖北、四川、重庆、山东的稻茬麦区。稻茬麦地区少、免耕技术发展较快,播种形式多种多样,应根据本地区特点选优应用。

(1)少、免耕机条播

① 肥料运筹 水稻收获前 $7\sim10$ 天及时放水晒田,前茬收割时留茬越低越好,最高不超过 3cm,填平田中低洼处,使田面平整。及时施好基肥,将化肥和有机肥均匀撒施于土表。亩(1 亩 $\approx$ 666.7m²)产 500kg 的小麦田亩施基肥纯氮 9kg、五氧化二磷 6kg、氧化钾 6kg,可采用亩施氮、磷、钾含量各 15% 的三元高效复合肥 40kg,加尿素 7.5kg 的组合。适当补施壮蘖肥。基肥或基本苗不足的田块,在 $3\sim4$ 叶期早施肥促蘖,使麦苗早分蘖、早发根,形成冬前壮苗。一般用肥量占总施肥量的 10% 左右。在返青期内对冬发不足的田块应根据苗情适当补施接力肥。因苗适时施好拔节孕穗肥。

② 确定合理基本苗 一般播种期在 10 月底至 11 月初,适期播种的高产中、强筋小麦每亩基本苗 10 万~12 万株,行距 $25\sim30$cm;弱筋小麦每亩基本苗 14 万~16 万株,行距以 25cm 为宜。迟播小麦基本苗应适当增加,随着播期推迟,种子田间出苗率下降。因此不同播种期之间适宜播种量差距很大。正常情况下过了播种适期,晚播 1

天，每亩播种量应增加 0.5kg 左右，但即使独秆成穗的晚播麦田最大播量也不应超过 22.5kg。

采用免耕条播机，一次作业完成灭茬、浅旋、开槽、播种、覆土、镇压等 6 道工序。如果留茬偏高或田面不够平整，可先用类似机械单独浅旋灭茬一遍再进行机条播以确保播种质量。

播种时要做到播深适宜、深浅一致、出苗均匀、苗量合理。播种时根据土壤墒情调节播种深度，墒情好的控制在 2～3cm，土壤偏旱深度调节为 3～4cm。中速行驶，确保落籽均匀，来回两趟之间接头要吻合，避免重播或拉大行距，避免田中停机形成堆籽。田块两头先留空幅，便于机身转弯，最后补种，对于机器播不到的死角等处要人工补种或出苗后移密补稀。

③ 做好沟系配套，以利于排水降渍　用开沟机开挖田内沟，注意均匀抛撒沟泥覆盖麦垄，每亩还可用农家肥 1500～2000kg 或稻草 150kg 覆盖，减少露籽，防冻保苗。

（2）稻板茬少、免耕机均匀撒播　适用于先割稻后种麦的地区。当土壤含水量较高（土壤含水量达田间持水量 80% 以上）时，采用免耕机条播易导致排种口堵塞，出现缺苗断垄现象，黏土地区和稻草还田时会影响播种出苗质量，宜采用机械均匀撒播。可对传统的条播机进行改造，即拆除免耕条播机的部分或全部旋切刀，拆除播种开沟（槽）器和排种管，在播种箱下方增加一个倾斜的前置式挡板，种子经挡板后可均匀摆播于地表，变先浅旋后播种为先播种后灭茬浅旋盖籽，改条播为均匀撒播，实现少、免耕机均匀撒播。此方法使得机械对腾茬、墒情、土质和秸秆还田的适宜范围更宽，效率更高，降低能耗，在沙土、壤土、黏土等田块均可适用，即使土壤含水量较高时也能实现机械播种。该技术的播种期、基本苗、肥料运筹等与稻茬少、免耕机条播相同。

（3）稻板免耕直播（彩图 1）　在低湿黏土地区，水稻收割腾茬期与小麦播种适期基本一致，无有效适耕期，且常遇连阴雨，土壤含水量常达田间持水量的 90% 以上，土质黏重、适耕性差，耕整机械无法下田作业，免耕条、撒播机械均不能进行灭茬、浅旋、盖籽等程序，只能直接在稻板茬田播种，完全免耕。其技术要点如下。

① 水稻收获前 7～10 天及时放水晒田，若遇多雨湿度大，应开好田间"十"字沟或串心沟，及时排除田间积水，尽可能为适墒播种

创造条件。

② 齐泥割稻，割后整平田面，削高垫低，填平脚印塘，防止深籽、丛籽或积水烂种死苗；播前化学防除杂草，并施足基肥。

③ 免耕机条播或机械均匀撒播机播种，需拆除旋切刀，不进行灭茬、浅旋、盖籽等程序，只在稻板茬上直接机械播种和镇压。也可人工撒播，人工撒播可提前至割稻前1～2天进行套播，以利于水稻收获时机械镇压，使种子与土壤密接。

④ 提倡增施有机肥或秸秆还田覆盖。每亩施用农家肥1500kg以上，稻草还田150kg以上，均匀覆盖露籽。

⑤ 开沟覆土，墒情适宜时尽早开沟覆土，利用沟土均匀盖种。

该技术的播种期、基本苗、肥料运筹同稻茬少、免耕机条播技术。

（4）旋耕整地机条播 在水稻收获后小麦播种前，先用机引不同型号的旋耕犁进行旋耕灭茬松土，然后视表层土壤松散程度进行耙茬、平整，再用普通条播机或少、免耕条播机进行播种。这种方法是在一些耕作层较浅、犁底层厚或土壤特别黏重，使用少、免耕条播机不易操作的条件下，为了减少耕地阻力，改用动力较大的机引旋耕犁进行深松、耙茬后播种的方式。除具有少、免耕机条播机类似的优点外，还有利于打破土壤犁底层和促进土肥融合，对提高肥料利用率、土壤蓄水保墒、建立强大的小麦根系、防止后期早衰和倒伏更为有利。但在机械动力消耗生产成本上比单独应用少、免耕机条播要高。一般半冬性品种基本苗每亩16万～18万株，晚播麦基本苗每亩20万～22万株。基施尿素8～10kg，复合肥15kg；3～4叶期，施壮蘗肥6～8kg，拔节期施复合肥10～15kg，孕穗期施尿素8～10kg。

2. 南方稻茬麦少、免耕配套关键技术要点有哪些？

（1）化学除草 由于少、免耕种麦，在土壤表层保留了较多的杂草种子，田间杂草基数大。危害最大的是看麦娘、猪殃殃、大巢菜、牛繁缕、婆婆纳、野燕麦等，约占麦田杂草发生量的80%以上。杂草不仅与小麦争夺土壤中水分、养分与光照，而且是麦田病菌和害虫的中间寄主，增加了麦田病虫害的繁殖与传播，直接影响小麦产量与品质。防治以日本看麦娘等禾本科杂草为主的田块，3叶期每亩用6.9%精噁唑禾草灵（骠马）水乳剂40～50mL，兑水30kg均匀喷雾；以普通看麦娘等禾本科杂草为主的田块，在小麦播种后，每亩用

60％丁草胺乳油 100～150mL，兑水 40kg 均匀喷雾；混生杂草在小麦 2 叶 1 心期用磺酰脲类除草剂防除；以阔叶杂草为主的田块，于次年 3 月上旬每亩用 75％苯磺隆干悬浮剂 1～1.5g，兑水 80kg 均匀喷雾；以野燕麦为主的田地，在 3 月上旬用 6.9％精噁唑禾草灵水乳剂 50mL，兑水 30kg 喷雾，有良好的防除效果。

此外，清除麦田四周的杂草，施用的厩肥和堆肥必须经过高温腐熟杀死混入的杂草种子；适当的轮耕和轮作换茬，使伴生性杂草失去优越的生长环境，均可达到抑制和消灭杂草的目的。

（2）合理施肥 少、免耕小麦前期吸收氮、磷量高于常规耕翻麦，有利于早发壮苗，而生长中后期氮、磷吸收量明显低于常规耕翻麦，易发生早衰。因此，施肥技术要求在施足基肥的基础上，早施苗肥促早发，中期适当控制保稳长，适时、适量施拔节肥以防早衰。同时，要针对近些年在麦田偏施氮、磷肥而有机肥及钾肥施入较少的情况，增施有机肥和补充钾肥。生产实践证明，稻茬麦田土壤质地黏重，通透性及保水肥性能差，唯有通过增施有机肥及补充钾肥才能达到改善土壤性状、平衡土壤养分与提高小麦产量的目的。

① 施足基肥，增施有机肥和磷、钾肥 氮素基苗肥与拔节、孕穗肥的施用比例为：强筋小麦为 1：（0.6～0.8）：（0.6～0.8），中筋小麦为 1：（0.5～0.6）：（0.5～0.6），弱筋小麦约为 1：0.5：0.5。磷、钾肥 50％（强、中筋小麦）或 70％（弱筋小麦）作为基肥施用，其余部分以复合肥等形式作为返青拔节肥施用。

② 早施壮蘖肥（平衡接力肥） 基肥不足的麦田和基本苗不足的田块，需在 3 叶期前后施用壮蘖肥，促使麦苗早分蘖、早发根，形成冬前壮苗，或根据苗情作为平衡接力肥施用，一般用肥量占总施肥量的 10％左右。

③ 因苗适时施好拔节孕穗肥 弱筋小麦拔节孕穗期可在麦苗倒 3 叶初一次性施用，中、强筋小麦拔节孕穗肥可在麦苗倒 3 叶与倒 1 叶期分两次施用。无论何种类型小麦，如果群体偏小，个体生长偏差，叶色褪淡较早，拔节肥要适当早施。

（3）播后开沟和覆盖 稻茬麦播后田面覆盖是少、免耕栽培技术的重要配套措施，主要采取麦田开沟覆土和秸秆还田覆盖两种方式。

① 麦田开沟覆土 稻茬少、免耕麦田开沟覆土，有利于保墒出

苗，是争取全苗、齐苗和排水降渍培育壮苗的关键措施之一。覆土厚度以 3cm 左右为宜。人工作业挖墒沟取土覆盖，要求薄片取泥，均匀覆盖，并将泥土拍碎，沟深度达 25～30cm，一边开沟，一边将土打碎抛向两边，覆盖畦面。

② 秸秆还田覆盖　这种方法可以培肥地力，减少水土流失，还田秸秆是麦田有机肥料的主要来源。秸秆还田覆盖还可以减少杂草萌发基数，减轻杂草危害。稻茬少、免耕麦田以利用水稻秸秆还田为主，每亩使用量 100～150kg，将整齐的稻草依次均匀铺盖，疏密有度，疏不裸露土壤，密不厚遮阳光。如用乱草覆盖，也要做到均匀、适量、疏密适度。覆盖秸秆以后，应当及时开沟取土，压在秸秆之上，以提高覆盖效果。

（4）病虫害防治　少、免耕麦田由于稻茬桩未能耕翻入土，农家肥施于较浅耕层，因而田间稻桩、杂草及未腐熟的粪肥中均含有大量各种病原体及虫卵，在温、湿度条件适宜时，侵染危害小麦的程度要重于耕翻麦田。同时少、免耕麦田早发优势强，郁闭封行早，田间湿度大，有利于中后期的纹枯病、白粉病、赤霉病，及蚜虫、黏虫的发生和蔓延。因此，对少、免耕麦田病虫害的防治要格外重视，及时做好田间调查测报，备好药械、农药。也要注意清除麦田四周杂草，减少中间寄主，并及早用药剂防治。

（5）排涝防渍与抗旱　提高麦田排水和渗漏能力，培养分布深广、活力旺盛的根系，是南方稻茬小麦高产稳产的重要技术环节。南方稻茬麦区这阶段的降水量显著超过小麦的生理需水量，由于土壤水分过多，供氧不足，因而易引起根系早衰。所以要加强麦田"一套沟"的管理，稻茬麦田开沟要"三沟"配套：畦沟、腰沟、围沟逐级加深，沟沟相通，主沟通河。

高产麦田：畦沟深 25～30cm，腰沟深 35～40cm，围沟深 45～50cm，沟宽 20cm，以利于排水、增加耕作层透气孔。近年推广的土层 35～40cm 深处机械打鼠洞，或铺设砖制暗沟以及塑料波纹暗管，均有良好的降湿排水增产效果。麦田防渍措施除开好一套沟外，还必须降低麦田的地下水位，其控制深度为：苗期 50cm，分蘖越冬期 50～70cm，拔节期 80～100cm，抽穗后 100cm 以下。

南方麦区，少数年份会出现秋播时严重干旱的情况，当土壤水分低于田间持水量的 60% 时，应及时浇水抗旱或沟灌窨水，抗旱催苗，切忌大水漫灌。

（6）防冻及冻害的补救　生产上大面积少、免耕麦冻害的发生原因主要有三类：一是过早播种，播期明显早于小麦最佳播期，造成冬前生育进程快，抗寒性下降；二是管理粗放，分蘖节裸露，缺少覆盖，或覆盖过浅，生长中心受低温胁迫概率大，冻害重；三是稻田套播麦，如果共生期掌握不好，共生期过长，麦苗过弱或生长不良弱苗、群体过大旺苗，抗冻性弱。

预防冻害，除了选择抗寒、抗冻性强的品种外，特别要强调适期播种，开沟覆土，精培精管。此外，在生产上采用多效唑化控和适度镇压不仅可以提高抗冻害能力，而且还能促进遭受冻害的麦苗恢复生长。

一旦出现冻害，应充分利用麦苗冻害后的恢复能力，及时诊断，因苗提出对策。一是要在低温后 2～3 天调查幼穗受冻的程度；二是对茎蘖受冻死亡率超过 10％以上的麦田要及时追施恢复肥。一般茎蘖受冻死亡率在 10％～30％的麦田，可每亩追施尿素 5kg，超过 30％的麦田，茎蘖受冻死亡率每增加 10％，需增加尿素 2～3kg，上限值也不宜超过每亩 15kg，可以促进受冻轻的分蘖和后长出的高节位分蘖成穗，减少产量损失。

（7）防止早衰　除了增加中、后期的肥料外，结合病虫防治，采用强力增产素、丰产灵等农作物生化制剂进行药肥（剂）混喷，可以在根系活力下降的情况下，促进叶面吸收与转化，保持与延长功能叶的功能期，调理营养，活熟到老，同时还有防止干热风和高温逼熟的作用，增粒增重。

（8）防止倒伏　少、免耕麦播种期、播量若控制不严，易造成群体过大、植株郁闭、茎秆细弱而导致后期倒伏，严重影响产量与品质。针对性的防倒伏措施：一是对冬春长势旺的田块，及时进行镇压；二是在前期未用多效唑的情况下，于麦苗的倒 5 叶末至倒 4 叶初，每亩用 15％多效唑可湿性粉剂 50～70g 喷施，有利于控上促下，控旺促壮。

3. 稻田套播麦技术要点有哪些？

（1）播种技术

① 品种选用　选用越冬期抗寒、抗冻害能力强，前期受抑影响

小，中后期生长活力旺盛，补偿生长力强，熟相好的矮秆、半矮秆紧凑型小麦品种，利于套播栽培制度扬长避短，利于小麦群体有效地平衡强源、扩库。

② 种子处理　播前，每千克种子用浓度为 100～150mg/kg 的多效唑稀释液浸种，可起到矮化、增蘖、控旺、促壮的作用，有效防止麦苗在稻棵中因光照不足而出现窜高、叶片瘦长、苗体黄弱等现象。

③ 适期套播　套播期应选在当地小麦最适播种期内，既要保证套播麦苗齐、苗壮，又要尽量延长水稻生育期夺高产，还要使麦、稻共生期越短越好。共生期一般掌握在 8～10 天内，不宜超过 15 天或少于 5 天，确保收稻时期与小麦齐苗期（1 叶 1 心）基本吻合，利于形成壮苗。过早套播，麦苗细长不壮；过迟套播，小麦难以全苗、高产。

④ 适时匀播　稻田套播麦要求基本苗一般比常规耕播增加 10%～30%，每亩 18 万～20 万株较适宜，考虑到地力、品种特性、共生期长短等条件，播种量一般应比常规麦多 10%～30%，且要求播（撒）种均匀，保证田边、畦边等边角地带足苗。

（2）**保苗技术**　在干旱年份，割稻前要灌"跑马水"，并预先将小麦浸种到露白，待稻田水渗入土壤后立即播（撒）种；或灌水后保持水层，立即把麦种撒下田，12 小时后把田内水放干。收稻后若天气晴好，气温高，必须及时再灌一次"跑马水"。在过湿年份，一是如遇连阴雨，一定开好排水沟，做到雨止水排净；二是要适当缩短共生期，小麦适当迟播 2 天；三是抢收稻谷，及时割稻离田，防止小麦烂芽、死苗。注意要套肥、套药以保全苗。

（3）**套肥套药**　收稻前每亩套施配方肥 15kg 左右、尿素 10kg 左右，实现早发壮苗。播种前 1～2 天或播种时用除草剂拌尿素或湿细土在稻叶无露水时均匀撒施，用药后保持田面湿润不积水。注意用多效唑等拌种的田块要避开芽期用药，特别是浸种露白的麦种以播前用药为宜，以防药害。播种前后未进行化学除草的套播麦田，在割稻离田 6～7 天后、草龄 2～3 叶时化除。

（4）**及时覆盖保壮苗**　一般宜在收稻后齐苗期进行有机肥覆盖，有条件的地方，每亩用农家肥 1500～2000kg 或稻草 150kg 左右覆盖。3 叶 1 心前结合三沟配套，机械开挖田内沟，适当加大开沟密度，均匀覆泥 1～2cm 厚。

（5）**科学施肥防早衰**　及早追施壮蘖肥，做到基肥不足苗肥补，越冬和返青期对发苗不足或脱力落黄的田块应适量补施平衡（接力）肥。视苗情于倒3叶伸出至倒1叶期，中筋小麦用尿素10～15kg作为拔节孕穗肥，分2次表施；弱筋小麦拔节孕穗肥的用量减半，一般在倒3叶期一次性施用。对预防后期脱力早衰，提高结实率与千粒重和夺取小麦高产十分关键。

（6）**抗逆技术**　麦苗遭受低温冻害后，要及早增施速效肥料，促苗恢复生长；稻田套播麦根系分布浅，后期易早衰，应注意增施肥料、喷施速效化肥；稻田套播麦由于后期群体大、根系浅，易于倒伏，应增加覆土厚度，用药剂拌种或于麦苗倒4叶初喷施多效唑。

🌿 4. 稻茬麦免耕露播稻草覆盖栽培技术要点有哪些？

稻茬麦露播稻草覆盖栽培技术以免耕和小窝疏株密植技术为基础，以机械露播和稻草覆盖为核心内容，使增产、增效、培肥地力和改善环境四个方面得到和谐发展。适用于西南冬麦区，包括四川、重庆及鄂西、滇北、黔北、陕南等地。其栽培技术要点如下。

（1）**免耕化除**　水稻收获时尽量齐泥割稻，浅留稻桩，开好边沟、厢沟，以利于排灌。播前7～10天进行化学除草。由于稻草覆盖栽培能有效抑制杂草滋生，可适当降低除草剂用量。

（2）**精量露播**　露播使小麦分蘖力明显增强，播量不宜过大，基本苗以每亩13万～16万为宜。采用简易人力播种机播种，操作过程中要注意走步端直，步频适中，不重播、漏播，尽量避免缺窝断垄现象发生。

（3）**稻草覆盖**　一般每亩以用干稻草230～300kg为宜，整草覆盖应降低用量，铡细覆盖可适当多用。盖草最好在播种后随即进行，以减少土壤水分散失，避免土表干裂，影响发芽出苗。铺草尽量做到厚薄均匀，无空隙，尤其是在整草覆盖时杜绝乱撒，以免造成高低厚薄不平，严重影响出苗质量和麦苗生长。

（4）**科学施肥**　每亩配施渣肥1000～2000kg、优质人畜粪水2000～3000kg、纯氮10～12kg、五氧化二磷5～8kg、氧化钾5～8kg。在缺磷或缺钾区域，适当加大其用量。氮肥一般以60%作基肥，40%作拔节肥。化学氮肥在播前土壤湿润时撒施，既省工省力，又不易挥发造成损失。

（5）加强管理　播种之后，注意土壤墒情变化，若播种阶段雨多田湿或进行了浸灌处理，而播后雨水充足又不过头，则利于出苗及苗期生长。若播前未浸灌，播后降雨又不足，土壤干旱，应及时喷灌，或挑水浇灌。相反，若雨水过多，土壤湿度过大，应进一步清沟排湿，以免烂种。小麦拔节后，即进入营养生长和生殖生长的两旺阶段，对水肥需求增大，应适时灌拔节水，具体灌水时间上弱苗可适当提前，旺苗应适当推迟。

拔节肥最好结合粪水施用，利于提高肥效。若不施粪水，则可结合灌水进行，即在灌拔节水并排干水后，随即撒施。进入生长后期，由于露播覆草栽培小麦分蘖多、群体大，库源矛盾更加突出，可适当进行根外追肥，以养根护叶，确保粒多粒饱，实现高产。

第二节　小麦精播、半精播高产栽培技术

5. 小麦精播高产栽培需把握哪些关键环节？

精播高产栽培的基本原则是处理好群体与个体的矛盾，一方面是降低基本苗，防止群体过大，建立合理群体动态结构；另一方面是培育壮苗，促进个体发育健壮。精播高产栽培技术是一整套与上述原则相适应的栽培技术体系。半精播栽培亦是在上述原则下的综合栽培技术措施。精播高产栽培要求以较高的土壤肥力为基础，并配以较好的肥水条件，土壤肥力一般、肥水条件较差的地块不宜采用，适用于有一定的常规栽培经验、技术条件成熟的农户和地区。应具有适于高肥水的高产品种，有可以适时早播的前茬地块，有与精播技术要求配套的精量播种机具。在不完全具备这些条件时，可采用介于常规技术与精播技术之间的半精量栽培技术。小麦精播高产栽培技术要点如下。

（1）施足基肥，配方施肥　要求 0～20cm 土壤耕层养分含量指标为：有机质 1.22%±0.14%、全氮 0.084%±0.008%、水解氮（47.5±14）mg/L、速效磷（29.8±14.9）mg/kg、速效钾（91±25）mg/kg。根据上述指标，一般掌握每亩施优质农家肥 4000～5000kg、标准氮肥 20～25kg、标准磷肥 40～50kg，缺锌地块每亩施硫酸锌 1～2kg。除氮素化肥外，均作基肥，氮素化肥以 50% 作基肥，

50％于起身或拔节期追施。

（2）精细整地作畦 耕作整地质量直接影响播种质量和幼苗生长，而且通过耕作整地可以改良土壤结构，增强土壤蓄水量，加速土壤熟化，提高地力，从而促进小麦生长发育。高产麦田要求深耕翻，打破犁地层，一般要求机耕 20～25cm 深，随耕地随耙，耙细耙透，做到上松下实。深耕可结合增施土杂肥和磷肥，肥料多时应分层施肥；肥少时，可在深耕后铺肥，再浅耕掩肥。整平地面后，根据当地的耕作方式进行筑畦，一般宽 2～3m、长 50～60m，有利于经济用水，套种麦田应留出套种行。

（3）选用良种 选用分蘖力较强、成穗率较高、单株生产力高、抗倒伏、大穗型、株型紧凑、光合能力强、经济系数高、早熟、落黄好、抗病、抗逆性强、丰产潜力大、品质好的优质高产品种。目前，强筋和中筋小麦已有分蘖力较强、成穗率较高，适合于精播高产栽培的优质品种。同时，要求种子纯度一般在 98％以上，发芽率在 95％以上。因地制宜地选用适合当地高产栽培的推广品种。

（4）适期播种 播种期以满足当地小麦冬前壮苗对积温的要求为标准。一般控制在日平均气温 15～18℃之间，冬性品种在 16～18℃，半冬性品种在 15～17℃，从播种至越冬开始，以有 0℃以上的积温 650℃左右为宜。播种时间一般掌握在 9 月 28 日至 10 月 5 日。适期播种的小麦，麦苗生长健壮，过早易旺长消耗养分，过晚影响小麦冬前的分蘖量和根系量，不利于生长发育。各地要根据当地冬前的有效积温，确定小麦适宜的播期。

（5）足墒播种 播种前种子要经过精选，选用大小一致、无夹杂物及破碎损伤、籽粒饱满、发芽率高及发芽势强的种子，一般合格率在 98％以上。要在足墒的基础上播种，播种时要求土壤含水量为田间持水量的 70％～80％。为了防治地下害虫，播种前，可采用种衣剂进行种子包衣，或药剂拌种。确保一播全苗，苗齐、苗壮。

（6）精量播种 按基本苗的要求和小麦籽粒大小、千粒重情况，确定适宜的播种量，大田采用精量、半精量播种，一般掌握多穗型品种冬前每亩基本苗为 8 万～12 万株；大穗型品种为 12 万～16 万株。为了保证播种质量，可采用精量或半精量播种机，基本符合精播要求。其播种量，一般为每亩播种 4～8kg。可根据当地小麦品种类型，因地制宜确定播种量。播种深度一般 3～4cm，行距 22～25cm，等行距或大小行播种。

（7）及时查苗补苗　小麦出苗-越冬阶段，注意查苗补苗，基本苗较多、播种质量较差的，麦苗分布不够均匀，疙瘩苗较多，在植株开始分蘖前后，可进行间苗、疏苗、匀苗，缺苗断垄的应移栽补苗，浇冬水前还可再行移栽补苗措施，确保苗全、苗匀、苗壮。冬前的壮苗指标：主茎叶 6～7 片，单株分蘖节 5～8 个，蘖、根比(1：1)～(1：2)。群体控制在多穗型品种每亩 70 万～90 万穗，大穗型品种每亩 60 万～80 万穗。

（8）浇好冬水　冬水能平抑地温变化，有利于麦苗越冬长根，保暖防冻，减少枯叶，防止死苗、死蘖。浇过冬水的麦田，翌年春季可适当推迟春季第一肥水时间，有利于控蘖壮苗促根系下扎，延缓小麦后期衰老进程，提高粒重。一般在 11 月底 12 月上旬浇冬水，不施冬肥。

（9）返青-起身期　此期一般不追肥浇水，只进行划锄镇压，增温保墒，促苗早发，促进弱苗，控制旺苗。起身期麦田总茎数多穗品种每亩 90 万左右，大穗型品种每亩 70 万～80 万，麦田群体超过这个指标，就要深耕断根，控上促下，结合划锄清除杂草。

（10）重施起身期或拔节期肥水　精播麦田，冬前、返青期不追肥，而要重施起身期或拔节期肥水。高产麦田的氮肥一般后移到起身拔节期，此期的群体指标为多穗型品种每亩 80 万～90 万穗，大穗型品种每亩 70 万～90 万穗。对地力差群体小的麦田，重施起身肥，每亩施硫酸铵 30～40kg；群体偏大、偏旺的麦田，可后移到拔节期追施氮肥，每亩 25～30kg，有利于小麦高产和提高品质。结合施肥进行浇水。如有病虫害，要及时防治，确保秆壮、穗足、穗大。

（11）拔节-挑旗期　此期是肥水临界期，要及时浇足孕穗水，保花增粒。对缺肥麦田及易早衰的品种，适当追施孕穗肥，每亩追施硫酸铵 10kg、过磷酸钙 10kg。对于干叶尖严重的品种，应适当增加攻粒肥。施好起身拔节肥，是保穗、增粒、增重，保证小麦增产的重要环节。

（12）抽穗-成熟期　小麦开花后浇足灌浆水，土壤含水量保持在土壤持水量的 70%～75%，以利于保叶、养根、增粒重，籽粒形成期降到土壤持水量的 60%～70%，灌浆期为 50%～60%，成熟期降到 40%～50%。这是精播高产栽培小麦拔节以后高效、低耗的水分管理指标。在上述指标范围内，气温高、日照充足、大气湿度小，应取高限；反之，则取低限。此期间为预防干热风，增加粒重，可根外喷施磷酸二氢钾。蜡熟末期，根据品种表现的固有特点进行收获。

（13）搞好病虫害防治 在精播高产栽培条件下，小麦植株个体比较健壮，有一定程度的抗病能力，但仍需十分重视防治工作，对产量影响较大的锈病、纹枯病、白粉病、全蚀病及其他病害，地下害虫及麦蚜等，都应及时防治，并注意采用人工除草及化学除草的方法消灭杂草。

6. 小麦半精播高产栽培技术需把握哪些要点？

冬小麦半精播高产栽培技术是在推广精播的过程中，根据精播高产栽培的理论与技术衍生出来的。即在中等肥力水浇麦田，或高肥力麦田播种略晚，或播种技术条件和管理水平较差，或使用分蘖力较弱及分蘖成穗率较低的品种的麦田，或者在生产条件刚由中产变为高产，生产上作为逐步向精播过渡的一个步骤，采用半精播高产栽培技术是创高产的有效途径。需把握以下要点。

① 改大播量为合理播量，降低基本苗（每亩 13 万～20 万株），建立合理群体动态结构，处理好群体与个体的矛盾，促进个体发育健壮。

② 改小行距为较大行距（由原来 16.5cm 扩大为 20～23cm），以改善群体内通风、透光条件，有利于个体发育健壮。

③ 改耧播为机播，以保证降低播量和提高播种质量。

④ 改早播、晚播为适期播种，以培育壮苗。

⑤ 改浅耕为适当深耕，要求破除原来的犁底层，以加厚活土层，促进根系发育，要求耕耙配套，精细整地，做到上松下实。

⑥ 改小麦劣种、混杂种子为良种、纯种，实行品种合理布局，充分发挥良种的增产潜力。

⑦ 改单一防治地下害虫为综合防治病虫害，以减轻小麦丛矮病、黄矮病等危害，提倡用种衣剂拌种。

⑧ 改田间管理一促到底为有控有促，控促结合。提倡适时补种，浇冬水，浇后划锄。返青期划锄保墒，提高地温，不追肥浇水；重视起身拔节肥水，浇好挑旗或灌浆水。

⑨ 坚持以农家肥为主、化肥为辅的施肥原则，施足基肥，实行氮、磷、钾配合，补施微肥，重视秸秆还田。

⑩ 坚持足墒播种，提高整地、播种质量，保证全苗，培育壮苗。

第三节　小麦宽幅播种作业及宽幅精播高产栽培技术

7. 小麦宽幅播种作业技术要点有哪些?

（1）农艺要求

① 品种选择　选用有高产潜力、分蘖成穗率高、中穗型或多穗型品种。

② 精细整地　土壤深松（耕）整平镇压，提高整地质量，杜绝以旋代松（耕）。

③ 适期播种　每亩播量 6～8kg，播种时墒情要足，墒情不好，提前造墒；若播后造墒，播深适当变浅。

（2）作业准备

① 机械安装　选择平整的地面，首先把播种机的两个下悬挂与拖拉机下悬挂拉杆连接，然后将上悬挂支架与拖拉机的上悬挂拉杆连接，连接后穿好销轴，之后锁定销。

② 机械调整　将播种机抬升 20cm，调节悬挂架中间调节杆，使播种机前后处于水平；调节液压悬挂左右调节杆，使机架左右处于水平。调整后，调紧两个限摆链，保证播种机在工作过程中水平方向平稳、不晃动。

③ 试播种　播种机正式作业前，先行试播种。检查播种量、播种深度、播种行距、镇压强度等指标。如不符合农艺要求，则需要调整。

④ 排种(肥)量调整　松开调整手轮锁紧螺母，使齿圈退出啮合位置，转动排种量调节手轮，使排种（肥）轮工作长度达到预定位置，然后锁紧螺母。当个别排种器的工作长度不一致时，可通过调节排种器下面的卡子，调整工作长度。2BJK 型播种机排种轮工作长度为 1 个型孔，播量为每亩 3.5kg。各型号播种机，工作长度 1 个型孔的总播量可能不同。

⑤ 播种行距调整　将开沟器（耧腿）U 形螺栓松动，移动耧腿，调整行距，达到 25～26cm 时，将螺母固定。

⑥ 播种深度调整　调整拖拉机两悬挂支臂和垂直拉杆以调整播种深度。两悬挂支臂伸长则播种深，反之则浅。上拉杆伸长则播种

浅，反之则深。当单行播种深浅与其他行不一致时，则可通过调整耧腿的安装高度，调整播深。

⑦ 镇压轮调整　松动镇压轮两侧的螺母，左右移动镇压轮，中心线与开沟器居中时，拧紧螺母。

⑧ 链条松紧度调整　当链条断开或过松时，可通过调整种肥箱总承的前后位置，调整链条松紧度。

⑨ 筑垄器调整　筑垄器前壅土过多，筑垄过宽，土壤后溢时，松开螺母向上调节筑垄器；当筑垄器前土壤过少，筑垄过小，拖拉机轮胎后面出现亮种时，要增加筑垄器的深度。

（3）作业要求

① 作业过程中严禁倒退，避免堵塞开沟器。作业速度一般为每小时 2～5kg。

② 作业过程中应随时检查播量、播深、行距，以及衔接行是否符合农艺要求。播完一块地后，应根据已播面积和已用种子，核对排量是否符合要求。

③ 作业过程中，要经常观察播种机各部件工作是否正常，特别是看排种管、输种管是否堵塞，种子和肥料在箱内是否充足。

④ 当最后一圈土地宽度不等于两个幅宽时，要插上排种器封闭板，关闭排种器，剩余一个幅宽，使机组满幅作业回来。

（4）安全要求

① 机手和辅助人员应经过培训，熟练掌握播种机械的工作原理，会调整、使用播种机械，熟悉一般故障的排除方法等，并具有相应的驾驶证件。

② 在田间转移、转弯、倒退或短途运输时，应将播种机械升起到运输状态低速行驶。

③ 作业过程中四周严禁站人，确保安全作业。

（5）维护保养　作业完成后，严格按照使用说明书要求进行维护保养，置于阴凉、通风处存放。

8. 小麦宽幅精播高产栽培技术要点有哪些？

（1）播前准备

① 品种选择　选择高产、稳产、抗倒伏、抗病、抗逆性好的中穗

型或大穗型小麦品种。种子纯度要达到98%以上，发芽率在95%以上。

② 种子处理　用精选机选种，除去秕粒、破碎粒及杂物等，小麦播种前要用专门的种衣剂包衣。没用种衣剂的要采用药剂拌种：根病发生较重的地块，选用4.8%苯醚·咯菌腈悬浮种衣剂按种子重量的0.2%～0.3%拌种，或用2%戊唑醇悬浮种衣剂按种子重量的0.1%～0.15%拌种；地下害虫发生较重的地块，选用40%辛硫磷乳油按种子重量的0.2%拌种；病、虫混发地块用杀菌剂＋杀虫剂混合拌种，可选用21%戊唑·吡虫啉悬浮种衣剂按种子重量的0.5%～0.6%拌种，或用27%的苯醚·咯·噻虫嗪悬浮种衣剂按种子重量的0.5%拌种。

③ 施足基肥　施肥种类和数量应考虑到土壤养分的丰缺，平衡施肥。施肥量一般每亩施腐熟农家肥3000kg左右（或商品有机肥300kg）。每亩产500kg的地块参考化肥用量：一般亩施纯氮14kg、五氧化二磷6～8kg、氧化钾7.5kg、硫酸锌1kg。每亩产600kg以上地块参考化肥用量：纯氮16kg以上，五氧化二磷9～11.5kg，氧化钾7.5～10kg。

上述基肥中，应将有机肥、磷肥、钾肥、锌肥的全部和氮肥总量的50%作底肥于耕地时使用，第二年春季看苗于小麦起身或拔节期再施总氮肥量的50%。

④ 精细整地　采用机耕，耕深20～30cm，破除犁底层，耕耙配套，耕层土壤不过暄，无明暗坷垃，无架空暗垡，达到上松下实；耕层土壤含水量达到田间持水量的70%～80%，畦面平整，保证浇水均匀，不冲不淤。播前土壤墒情不足的应造墒，坚持足墒播种。

（2）播种技术

① 采用畦田化栽培　整地时打埂筑畦，实行小麦畦田化栽培。一般畦宽1.5～3.0m，浇水条件好的可采用大畦，浇水条件差的可采用小畦。一般应适当扩大畦宽，以2.5～3.0m为宜，畦埂宽不超过40cm，畦长以50～60m为宜。采用等行距种植的地块，根据不同品种的株型特点，平均行距一般以23～26cm为宜。

② 足墒播种　小麦出苗最适宜的土壤含水量为田间最大持水量的70%～80%，墒情不足的，应采取多种形式造墒。当墒情和播期发生冲突时，宁可晚播3～5天，也要造墒播种，确保一播全苗。

③ 适期晚播　适宜的播期应掌握在日平均气温14～17℃，冬前

≥0℃的积温 550～600℃，以越冬时能形成 6 叶 1 心的壮苗为宜。

④ 适时播种　每亩基本苗应根据不同品种特点、千粒重、发芽率、出苗率等情况确定，对于分蘖成穗率高的中穗型品种，适期播种的高产麦田适宜基本苗为每亩 12 万～16 万株，每亩 40 万穗以上。对于分蘖成穗低的大穗型品种，适宜基本苗为每亩 15 万～18 万株，每亩 30 万穗以上。

⑤ 宽幅播种　采用小麦耧腿式宽幅精播机或圆盘式宽幅精播机播种，苗带宽度 7～11cm，播种深度 3～4cm。对于整地质量较好的地块，要采用耧腿式小麦宽幅播种机；对于整地质量差、秸秆坷垃较多的地块，要采用圆盘式小麦宽幅播种机。

（3）冬前管理

① 查苗补种或疏苗移栽　麦苗出土以后，如有缺苗断垄，在二叶期前浸种催芽，及时补种。对零星缺苗地块，可在三叶期以后取密补稀，进行移栽。

② 及时划锄　小麦三叶期至越冬前，每遇降水或浇水后，都要及时划锄。立冬后，若每亩总茎数达 80 万以上时，要进行镇压。

③ 防治病虫草害　防治地下害虫，每亩用 50%辛硫磷乳油 40～50mL 兑水喷麦茎基部。秋季小麦 3 叶后大部分杂草出土，是化学除草的有利时机。对以双子叶杂草为主的麦田，每亩用 15%噻吩磺隆可湿性粉剂 10g 加水喷雾防治，对以抗性双子叶杂草为主的麦田，每亩用 20%氯氟吡氧乙酸乳油 50～60mL 或 5.8%双氟•唑嘧胺乳油 10mL 兑水喷雾防治。对以单子叶禾本科杂草重的麦田，每亩用 3%甲基二磺隆乳油 25～30mL 或 70%氟唑磺隆水分散粒剂 3～5g，茎叶喷雾防治。双子叶和单子叶杂草混合发生的麦田，可将以上药剂混配使用。

④ 酌情浇冬水　一般麦田，尤其是悬根苗，以及耕种粗放、坷垃较多和秸秆还田的地块，都要浇好越冬水。应于"立冬"至"小雪"期间当日平均气温稳定在 5～6℃时浇冬水。浇过冬水，墒情适宜时要及时划锄。造墒播种的，麦田冬前墒情好的，土壤基础肥力较高且群体适宜或偏大的麦田，一般不要浇冬水。

（4）春季管理

① 适时镇压划锄　对于吊根苗和耕种粗放、坷垃较多、秸秆还田导致土壤暄松的地块，要在早春土壤化冻后进行镇压，沉实土壤，

减少水分蒸发和避免冷空气侵入分蘖节附近冻伤麦苗；对没有浇水条件的旱地麦田，在土壤化冻后及时镇压，促使土壤下层水分向上移动，起到提墒、保墒、增温、抗旱的作用。

② 重施起身或拔节肥水　宽幅精播或半精播麦田，冬前、返青期不追肥，应重施起身或拔节肥。麦田群体适中或偏小的（每亩茎蘖数 90 万以下），重施起身肥水；群体偏大的（每亩茎蘖数 90 万以上），重施拔节肥水。追肥以氮肥为主，缺磷、钾的地块，也要配合追施磷、钾肥。

③ 化学除草　春季 3 月上、中旬小麦返青后及时开展化学除草。双子叶杂草中，以播娘蒿、荠菜等为主的麦田，可选用双氟磺草胺、2 甲 4 氯钠、2,4-滴异辛酯等药剂；以猪殃殃为主的麦田，可选用氯氟吡氧乙酸、双氟·氟氯吡、双氟·唑嘧胺等药剂。对以雀麦为主的小麦田，可选用啶磺草胺＋专用助剂，或甲基二磺隆＋专用助剂等防治；以野燕麦为主的麦田，可选用炔草酯或精噁唑禾草灵等防治；以节节麦为主的麦田，可选用甲基二磺隆＋专用助剂等防治。阔叶杂草和禾本科杂草混合发生的可将以上药剂混配使用。

④ 综合防治病虫害　小麦返青至拔节期是小麦纹枯病、全蚀病、根腐病等根病和丛矮病、黄矮病等病毒病的又一次侵染扩展高峰期，也是为害盛期。此期也是麦蜘蛛、地下害虫和杂草的为害盛期，是小麦综合防治的第二个关键环节。

防治纹枯病、根腐病，可用 250g/L 丙环唑乳油 30～40mL/亩，或 300g/L 苯甲·丙环唑乳油 20～30mL/亩，或 240g/L 噻呋酰胺悬浮剂 20mL/亩兑水喷小麦茎基部，间隔 10～15 天再喷 1 次；防治麦蜘蛛，宜在上午 10：00 以前或下午 4：00 以后进行，可用 5％阿维菌素悬浮剂 4～8g/亩或 4％联苯菊酯微乳剂 30～50mL/亩兑水喷防。以上病虫混合发生可采用以上适宜药剂一次混合喷雾防治，达到病虫兼治的目的。

（5）后期管理

① 浇好挑旗、灌浆水　小麦挑旗和灌浆时对水分需求量较大，要及时浇水，使田间持水量稳定在 70％～80％。此期浇水应特别注意天气变化，严禁在风雨天气浇水，以防倒伏。收获前 7～10 天，忌浇麦黄水。种植强筋小麦的地区应注意，小麦开花后土壤水分含量过高，会降低强筋小麦的品质。所以，强筋小麦生产基地在开花后应注

意适当控制土壤含水量，在足量浇过挑旗水或开花水的基础上，不再灌溉，尤其要避免浇麦黄水。

② 综合防治病虫害　小麦穗期是麦蚜、一代黏虫、吸浆虫、白粉病、条锈病、叶锈病、叶枯病、赤霉病和颖枯病等多种病虫集中发生期和为害盛期。防治穗蚜，可用 25％噻虫嗪水分散粒剂 10g/亩，或 70％吡虫啉水分散粒剂 4g/亩兑水喷雾，还可兼治灰飞虱。防治白粉病、锈病，可用 20％三唑酮乳油 50～75mL/亩兑水喷雾防治，或用 30％苯甲·丙环唑乳油 1000～1200 倍液喷雾防治；防治叶枯病和颖枯病，可用 50％多菌灵可湿性粉剂 75～100g/亩喷雾防治，也可用 18.7％丙环·嘧菌酯悬浮剂 50～70mL/亩喷雾防治。

③ 根外追肥　在挑旗孕穗期至灌浆初期，叶面喷施 0.2％～0.3％磷酸二氢钾溶液，或 0.2％植物细胞膜稳态剂等溶液，每亩喷液 50～60kg。叶面追肥最好在晴天下午 4：00 以后进行，间隔 7～10 天再喷 1 次。喷后 24 小时内如遇到降雨应补喷 1 次。

④ 适时收获　小麦蜡熟末期至完熟期是收获的最佳时期，应及时收获。收获后要及时晾晒，防止遇雨和潮湿霉烂，并在入库前做好精选，保证小麦商品粮的纯度和质量。优质专用小麦收获时要单收单脱，单独晾晒，单贮单运，防止混杂。

第四节　旱地小麦高产栽培技术

9. 旱地麦田常规蓄水保墒技术需把握哪些要点？

（1）合理耕作，蓄水保墒　对旱地麦田，要以抗旱蓄水、保墒为中心，做到深耕蓄墒、浅耕保墒，隔年轮耕，达到伏雨秋用，秋雨春用。在耕作上，一般采用旱秋耕或冬耕，深度 20～25cm，土层厚的地块可深耕到 30cm 以上，以利于接纳夏秋雨水。前茬作物生长期间，要进行深中耕，蓄墒保墒，收获后及时浅耕灭茬，一般浅耕 15cm，做到随耕随耙，耙透耙平，上松下实。

（2）施足基肥，配方施肥　在每亩施优质农家肥 3500～4000kg 的基础上，增施氮磷化肥，并配合施用，以培肥地力。

每亩产 200kg 左右的地块，氮、磷比例以 1：1 为宜。一般每亩施硫酸铵 75kg、磷肥 100kg，将有机肥和氮、磷肥一次施入犁底下。每亩产量在 250kg 的地块，氮、磷比例以 1∶1 为宜，有机肥、磷全部作基肥施。亩产 300kg 以上的地块，化肥施用总量为：纯氮 10～12kg，五氧化二磷 8～10kg，氧化钾 5kg。上述总施肥量中，将全部的有机肥、磷肥、钾肥和 70%～80% 的氮肥，施作基肥。于第二年春季土壤返浆期开沟追施剩余的 20%～30% 的氮肥（或者小麦返青后借雨追施）。

秋种基肥的施用方案分为以下三种：

方案 1：亩施尿素 16～20kg（或碳酸氢铵 50kg）＋过磷酸钙 50～70kg＋氯化钾 7.5～10kg。方案 2：亩施三元复合肥（N、P_2O_5、K_2O 各 15%）50～70kg。方案 3：亩施磷酸二铵 18～22kg＋尿素 8～13kg（或碳酸氢铵 22～35kg）＋氯化钾 10kg。

（3）选用抗旱良种　抗旱品种多具有根系发达，叶片窄狭，表皮厚，气孔小，呼吸强度及蒸腾作用弱，分蘖力强，成穗率高等特点，能较好地适应缺水少肥的旱地环境。据各地对比调查，种植抗旱品种比种植不抗旱的品种，一般增产 20%～30%。

（4）适期适量播种　根据冬前壮苗对积温的要求，适时播种。一般以 10 月 1 日至 8 日为宜。冬性品种，宜在 10 月 8 日左右播种，弱冬性品种宜 10 月 1 日左右播种。旱地小麦注意在适期内抢墒播种。

在适宜播期范围内，小麦基本苗可控制在每亩 13 万～18 万株，冬性品种可采用适宜范围的上限，弱冬性品种可采用下限。播种偏早的可减少 1 万～2 万株，偏晚的可增加 2 万～3 万株。沟播小麦每亩基本苗 15 万～20 万株。

（5）推广旱作新技术，抗旱保水

① 播前进行抗旱锻炼　用清水 40 份，分 3 次拌入 100 份麦种中，每次加水后，都要先经过一定时间的吸收，然后在 15～20℃ 条件下风干到原来的重量。这样，可使小麦对干旱条件产生较强的适应反应，从而增强抗旱能力。

② 叶面喷施抗旱剂　在小麦拔节、灌浆期，用 0.1% 的氯化钙溶液叶面喷施，可增产 5%～10%；在小麦孕穗期，每亩用抗旱剂 1 号（黄腐酸）50g，兑水 2.5～10kg，充分溶解后作超低量喷雾（若苗期和后期同时受旱，全生育期可喷 2 次），可以缩小叶片上气孔的开张角度，使气孔阻力增加 2.1 倍，蒸腾强度降低 41.6%，根系活力提

高 2.1 倍，增产 16.6%。

③ 采用药剂处理种子

a.保水剂拌种　每亩用保水剂 50g，兑水 5kg，与麦种拌匀后播种，一般增产 10% 以上，高者可达 25%。

b.抗旱剂 1 号拌种　用抗旱剂 1 号 200g 兑水 5kg，拌麦种 50kg，拌匀后晾干播种，可提高种皮吸水能力，加快其生理活动，促进幼根生长，增产 9.3%～13.3%。

c.磷-硼混合液拌种　用优质过磷酸钙 3kg，兑水 50kg，溶解后滤除杂质，在滤液中加入硼酸 50g，搅匀后取溶液 5kg，拌麦种 50kg 晾干播种，可使麦苗生长健壮，抗旱能力增强，一般增产 10%～20%。

d.氯化钙拌（浸）种　用氯化钙 500g 兑水 50kg，拌麦种 500kg，拌匀后堆闷 5～6 小时，或者用氯化钙 500g 兑水 500kg，浸麦种 500kg，经 5～6 小时后晾干播种，一般可增产 10% 左右。

（6）播种规格　根据小麦的产量水平和播种方式确定。

① 播种方式　小麦亩产 200kg 的水平，以 17cm 等行距，或 13～20cm 大小行为宜；单产 250kg 的产量水平，以 20cm 等行距，或 13～16cm 的大小行为宜。播种深度 3～4cm。

② 实行沟播　降雨量少，土壤瘠薄的旱地，可采用沟播。大沟麦沟距 60～70cm、沟深 9cm、沟宽 24～27cm，每沟内播种 3 行小麦；小沟麦沟距 36～42cm、沟深 9cm、沟宽 12～15cm，每沟内播种 2 行小麦。播种深度 3cm 左右。开沟、施肥、播种、覆土、镇压等各项工序要环环扣紧。用沟播机播种，各项工序同时进行，效果更好。

（7）播后镇压，查苗补苗　小麦播种后及时镇压，沉实土壤，利于保墒、提墒、出苗。出苗后及时查苗补苗，对缺苗的地块采取浸种补种，或在麦苗分蘖后至越冬前进行移栽补苗。

（8）划锄镇压，防治病虫害　冬前镇压 1～2 次，早春小麦返青前土壤返浆期，及时进行镇压、划锄。墒情较差的地块，应以镇压为主，或只镇压不划锄；墒情较好的地块，应先划锄，后镇压；对土壤不实、坷垃较多的麦田，先镇压、后划锄；洼碱地只划锄，不镇压。旱地麦田红蜘蛛、蚜虫等害虫危害严重，应及时防治。中后期酌情喷施黄腐酸、磷酸二氢钾等叶面肥，以延缓衰老，提高粒重。蜡熟末期，适时收获。

10. 旱地麦田地膜覆盖蓄水保墒需把握哪些要点?

（1）选用良种 地膜覆盖麦田（彩图 2）依靠分蘖成穗夺高产，要选择地力中等以上的肥旱地和分蘖力强、成穗率高、穗大粒多、矮秆抗倒伏的旱地品种，肥水条件较好的地区也可选用水浇地品种。

（2）精细整地 地膜覆盖麦田对播种前整地要求更高，耕翻后及时耙翻，必须做到地面平整无坷垃，无根茬，上虚下实。覆膜麦田墒情要好，确无灌溉条件的，可借墒播种覆膜。

（3）适期晚播 地膜覆盖后，因越冬前的积温增加，所以小麦的播种期一般应比当地适宜播期推迟 5~7 天，以防止冬前旺长。

（4）精量播种 地膜覆盖田采用精量播种，一般条播的为每亩 5~6.5kg，穴播的为每亩 6.5~7.5kg。播量可根据播期、冬前积温和土壤墒情进行调节。

（5）增加施肥量 地膜覆盖田的施肥量一般应比当地施肥水平高 10%~20%，一般每亩施农家肥 1500~3000kg，化肥氮、磷比为 1:（0.6~0.8），具体数量为每亩施碳酸氢铵 50~60kg（或尿素 15~20kg），过磷酸钙 50~60kg，钾肥 8~10kg（黄土高原石灰性土壤一般含钾量多，耕层土壤氧化钾在 100mg/kg 以上者可不施钾肥），缺锌土壤每亩可增施硫酸锌 1~1.5kg。要集中基施，切忌地表撒施。

（6）播种、覆膜技术 大面积推广的播种方法有穴播和条播。

① 穴播 一般采用机引 7 行穴播机。地膜为幅宽 140cm、厚度 0.007mm 的聚乙烯微膜，用量一般为每亩 5~5.5kg。每幅播 7 行小麦，行距 20cm，穴距 10cm，幅间距 20~30cm，播种深度 3~5cm，穴播机可一次完成开沟、覆膜、打孔、播种和覆土等作业。播种时要注意机械牵引行走速度要均匀，防止膜孔错位。

② 条播 一般采用机引 4 行条播机，地膜为幅宽 40cm、厚度 0.007mm 的聚乙烯微膜，用量每亩 3~3.5kg，膜下起垄，垄高 10cm，膜侧为沟，沟内播两行小麦，行距 20cm，形成宽（30cm）窄行（20cm）带状种植。

机械牵引每次种两带，条播机可一次完成开沟、起垄、施肥、播种、覆膜、覆土等作业。播种后要每隔 2~3m 压一条土腰带，防止大风揭膜。

（7）覆膜麦田管理 地膜覆盖的管理主要有查苗、补苗、掏苗、护膜、防治病虫害、揭膜等。穴播麦田当发生膜孔与麦田错位时，要及时掏苗；在小麦生育期发现有地膜破损、大风揭膜时要及时压土保护，禁止牲畜进地践踏。凡是条播麦田的小麦收获前要揭膜，穴播麦田揭膜较困难，收获或耕作后要捡膜，以防止残膜污染土壤。

第五节　晚播小麦高产栽培技术

11. 晚播小麦高产栽培技术要点有哪些？

　　晚播小麦高产栽培技术，是指在小麦播期推迟的情况下，通过选用良种、以种补晚，提高整地播种质量、以好补晚，适当增加播量、以密补晚，增施肥料、以肥补晚，科学管理、促壮苗多成穗的"四补一促"措施，从而实现小麦高产的栽培技术体系，适用于各冬麦区晚播麦田。晚播栽培的小麦应选择提高复种指数的晚茬田，有中、上等的土壤条件和补充灌溉条件，有适宜晚播的品种，并掌握晚播麦高产的特定肥水管理技术。

　　（1）选用良种，以种补晚　由于晚播麦生育期缩短，穗分化开始晚，时间短，因此欲使晚麦高产，必须因地制宜地选用对缩短生育期反应不敏感和穗分化早、进度快、强度大、抗病性强、抗逆性强的抗旱优质高产品种。一般晚播小麦应选择早熟半冬性或偏春性或春性高产的品种，这类品种阶段发育进程较快，营养生长时间较短，灌浆强度提高，容易达到穗大、粒多、粒重、早熟、丰产的目的。

　　（2）提高整地播种质量，以好补晚

　　① 早腾茬，抢时早播　晚播小麦冬前、早春之所以苗小、苗弱，主要原因是积温不足。因此，早腾茬、抢时间是争取有效积温、夺取高产的一项十分重要的措施。要在不影响秋作物产量的前提下，尽力做到早腾茬、早整地、早播种，加快播种进度，减少积温不足带来的损失。为了促进前茬作物早熟，棉花可于10月上旬喷乙烯利等催熟剂进行催熟。

　　② 精细整地　精细整地不但能给小麦创造一个适宜的生长发育环境，而且还可以消灭杂草。因此，前茬作物收获后，要抓紧时间深耕细耙，精细整平，对墒情不足的地块要整畦灌水，造足底墒，使土

壤沉实，无明暗坷垃，力争小麦一播全苗。如果因某些原因时间过晚，也可采取浅耕灭茬播种，或串沟播种，以利于早出苗、早发育。

③ 足墒下种　足墒下种是小麦全苗、匀苗、壮苗的关键环节，尤其对晚播小麦保全苗、安全越冬极为重要，因为在播种晚、温度低的条件下，种子发芽率低，出苗慢，如有缺苗断垄，则补种困难。因此，只有足墒播种才能苗全穗足，抓住获得稳产高产的主动权。晚播小麦播种适宜的土壤湿度为田间持水量的 $70\%\sim80\%$，最好在前茬作物收获前带茬浇水并及时中耕保墒，也可前茬收后抓紧造墒，及时耕耙保墒播种。如果为了抢时早播，也可播后立即浇"蒙头水"，待适墒时及时松土保墒，助苗出土。

④ 浸种催芽　为使晚茬麦田早发芽、早出苗和保证出苗具有足够的水分，可进行浸种催芽。播种前用 $20\sim30℃$ 的温水，将小麦种子浸泡 1 昼夜，等种子吸足水分后捞出，堆成 30cm 厚的种子堆，并且每天翻动几次，在种子胚部露白时，摊开晾干播种，可比播干种提早出苗 $5\sim7$ 天。如果当天播种不完，一定要摊开晾干，避免麦种芽根伸长。

⑤ 精细播种，适当浅播　采用机械播种可以使种子分布均匀，减少疙瘩苗和缺苗断垄，有利于个体发育。在足墒的前提下，适当浅播是充分利用前期积温、减少种子养分消耗，达到早出苗、多发根、早生长、早分蘖的有效措施，一般播种深度以 $3\sim4cm$ 为宜。

⑥ 播种规格　根据不同的间、套、复种方式，确定相适应的播种规格。

晚播早熟高产麦田。可采用畦面宽 $2\sim3m$，背宽 35cm，行距 20cm 左右，播种深度 $3\sim4cm$ 的规格。

套种麦田，要根据套种作物留好相应规格的套种行。麦棉套种麦田，小麦、棉花套种规格，可先整成 66cm 宽的低畦，播种 3 行小麦，留出 85cm 宽的高畦，春季套种 2 行棉花。种植大沟麦，晚茬麦采用大沟种植，有利于增温、保墒，其规格为：一般沟间距 $60\sim72cm$，沟深 9cm，沟宽 $12\sim15cm$，沟内播种 2 行小麦。

（3）加大播量，以密补晚　晚播小麦由于播种晚，冬前积温不足，难以分蘖，春生蘖虽然成穗率高，但单株分蘖显著减少，用常规播种量必然造成穗数不足，影响单位面积产量的提高。因此，加大播种量，依靠主茎成穗是晚播小麦增产的关键。应注意根据播期和品种的分蘖成穗特性，确定合适的播种量。

一般应掌握在 10 月中、下旬播种，每亩播种量 10～12kg；10 月下旬播种，每亩播种量 12～15kg。同时，努力培育壮苗，促进早分蘖、多分蘖，力争分蘖和主茎均能成穗。此外，应根据不同的栽培措施确定适宜的播种量。在一般情况下，进行地膜覆盖的晚播麦田，每亩播种量可掌握在 8～12kg；独秆晚茬麦田，每亩播种量可掌握在 20～25kg。

（4）增施肥料，以肥补晚 由于晚播小麦具有冬前苗小、苗弱、根少、没有分蘖或分蘖很少，以及春季起身后生长发育速度快、幼穗分化时间短等特点；并且由于晚播小麦与棉花、甘薯等作物一年两茬种植，消耗地力大，棉花、甘薯等施用有机肥少；加上晚播小麦冬前和早春苗小，不宜过早进行肥水管理等原因，必须对晚播小麦加大施肥量，以补充土壤中有效养分的不足，促进小麦多分蘖、多成穗，成大穗，创高产。应注意的是，土壤严重缺磷的地块，增施磷肥对促进根系发育，增加干物质积累和提早成熟有明显作用。晚播小麦的施肥方法要坚持以有机肥为主，化肥为辅的施肥原则。根据土壤肥力和产量要求，做到因土施肥，合理搭配。

① 施肥量 一般亩产 250～300kg 的麦田，基肥以亩施农家肥 3000kg（或商品有机肥 400kg）、尿素 15kg、过磷酸钙 50kg 为宜；亩产 350～500kg 的晚播小麦，可亩施农家肥 3500～4000kg（或商品有机肥 400～500kg）、尿素 20kg、过磷酸钙 40～50kg。

② 施肥方法 有机肥全部作基肥，在耕翻前撒施于地面，或与 2/3 的氮、磷肥混合施于犁底，余下的 1/3 氮磷化肥，播种前浅施于地下。使用种肥时要将种、肥分开，以免烧种。

（5）科学管理，促壮苗多成穗

① 镇压划锄，促苗健壮生长 根据晚播小麦的生育特点，返青期促小麦早发快长的关键是提高温度，管理的重点是镇压、划锄，对增温保墒、促进根系发育、培育壮苗、增加分蘖都具有明显的作用。划锄时应掌握以下原则：墒情好的地块先划锄后镇压，洼碱地只划锄不镇压，划锄要结合清除杂草。

② 狠抓起身期或拔节期的肥水管理 小麦起身后，营养生长和生殖生长并进，生长加快，对肥水的要求敏感，水肥充足有利于促分蘖多成穗，成大穗，增加穗粒重。

一般晚播麦田追肥时期以起身期为宜，追肥数量一般可结合浇水亩追尿素15～20kg，或碳酸氢铵40kg左右；基施磷肥不足的，每亩可补施磷酸二铵10kg；对地力较高、基肥充足、麦田较旺的麦田，可推迟到拔节期或拔节后期追肥浇水。

晚茬麦由于生长势普遍偏弱，春季浇水不宜过早，以免因浇水而降低地温影响生长，一般以5cm地温稳定在5℃时开始浇水为宜。群体不足的晚播小麦，应在返青后期追肥浇水，促进春季分蘖增生。

③ 加强后期管理　晚茬麦生长后期一般不再追肥，以预防贪青晚熟。但要浇好孕穗、灌浆水。孕穗期是小麦需水的临界期，浇水对保花增粒有显著作用，应根据土壤墒情在孕穗期或开花期浇水，保证土壤水分为田间持水量的75%左右。晚茬麦要浇好灌浆水，以提高光合高值持续期，并可抵御干热风的危害，提高千粒重。另外，要注意对小麦锈病、白粉病和蚜虫的防治。

🌱 12. 独秆小麦高产栽培需把握哪些要点？

独秆小麦高产种植方式的特点，就是通过适当加大播种量，大幅度增加基本苗，培育壮苗，发挥主茎（独秆）成穗和总穗数多的优势，使晚播低产小麦达到高产。其技术要点如下。

（1）精细整地　前茬作物收获后，抓紧进行耕翻整地、筑畦。同时结合耕地增施基肥，一般每亩施农家肥4000kg以上（或商品有机肥400kg以上）。根据土壤养分状况，增施磷、钾肥和微肥。

（2）选用良种　因地制宜地选用适合当地种植的优质高产小麦品种，一般选用中熟多穗型品种。因独秆小麦主要靠主茎成穗，播种前一定要选种子发芽势强和发芽率高的品种。

（3）适期播种　独秆小麦播种期范围较宽，其上限恰巧与常规栽培适宜播种期的下限相衔接。

① 有蘖型　播种至出苗的日平均气温在13～15℃，8天左右即可出苗。

② 无蘖型　自播种至出苗日平均气温已降至13℃以下，需10天以上才能出苗，而且出苗率低，一般降低10%～15%。

（4）适量播种　独秆小麦适宜的播种量因品种而异，总的要求是每亩基本苗相当于本栽培法适宜的穗数。本栽培法适宜的每亩穗数比常规栽培法增加5万～10万穗，然后再根据粒重和发芽率计算播种量，一般每亩的播种量为 20～25kg。

（5）播种规格　独秆小麦属小株型大群体的高产体系，应适当缩小行距，以 10～15cm 为宜；由于播量大，可进行复播以提高播种质量。为缩短小麦出苗期，可适当浅播，覆土厚度以 3～4cm 为宜。

（6）科学施肥　独秆小麦的施肥，一般应掌握施基肥以农家肥为主，少施氮肥的原则。基肥增施农家肥，一般亩施 4000kg（或用商品有机肥 500kg），重施磷肥，一般亩施五氧化二磷 7～10kg。一般掌握冬前和返青起身期都不要追肥。要严格蹲苗，以控制分蘖和营养体的生长，促进幼穗分化。一般中产田在拔节前后进行追肥，高产田在旗叶露尖前后进行追肥，要一次追足，一般每亩追尿素 15～20kg。

（7）合理浇水　控制灌水时间和灌水次数是独秆小麦种植成败的关键，独秆小麦底墒一定要足，如果播种前墒情不好，一定要选墒、造墒播种。在底墒足的基础上，冬前和返青、起身期都不要浇水，重点要浇好拔节水和灌浆水。如果孕穗、抽穗时 0～40cm 土壤含水量低于田间持水量的 60％，还应浇一次孕穗水。

（8）病虫害防治　根据病虫测报情况进行及时防治。

第六节　春小麦高产栽培技术

13. 春小麦栽培应把握哪些要点？

（1）造墒整地　首先要浇好底墒水，在墒足的基础上进行精细整地，以此达到增加土壤空隙度，改善土壤物理性状，提高土壤保肥蓄水能力，扩大根系生长和水分、养分吸收范围的目的。造墒整地还能提高小麦生育后期吸收土壤深层养分的能力，对于强筋小麦更为重要；通过深耕土地，可以把有机肥掩入土中，使土、肥相融，促进微生物活动和有机质分解，以增加土壤有效养分；整地可以使土壤变得上松下实，促使墒情适宜，以利于种子发芽出苗和促进苗全苗壮，从而减轻病虫、杂草危害。

耕作方式要根据当地的种植方式或轮作方式来制订，以深翻、深松为基本耕作，选取翻、松、耙交替及不同组合方式。耕作最好在伏秋进行，达到适播状态越冬，这样有利于做到适时早播。深耕必须配合细耙、多耙，注意防旱保墒，尤其在土壤偏黏地块，更应掌握好宜耕期，达到上虚下实、地表平整、无明暗圪垃的目的。

（2）合理选种　在小麦选用上，要因地制宜，根据当地的土壤肥力、施肥习惯、浇水条件及气象特点等灵活掌握。选用高产、稳定、优质小麦品种。在生育期较短的东北春麦亚区和北部春麦亚区的东片，应注意选用早熟、抗病、抗穗发芽的品种，以躲避干热风危害和收获期的阴雨。在西北春麦区的高海拔种植区，应选择能充分发挥生产潜力的矮秆或半矮秆的穗重型品种，以更充分利用当地的光温资源。旱地小麦应选用早熟、抗旱、丰产的品种。在盐碱地区应选用耐盐性强的品种。

（3）施足基肥　在春小麦整个生长发育阶段，有90％以上的氮，80％以上的磷和90％以上的钾都是在抽穗前吸收的。因此，春小麦的施肥应掌握在早期施足肥，使其"胎里富"。所以基肥一定要施足。基肥一般以有机肥为主，配合施用适量化肥，增施磷肥，调整氮磷比例，采取测土配方施肥。通常利用玉米秸秆直接还田作为有机肥。

① 对于不能实行秸秆还田的地块，应亩施优质农家肥 $2\sim3m^3$，在此基础上，亩施碳酸氢铵 $40\sim50kg$、过磷酸钙 $50\sim60kg$、氯化钾 $10\sim15kg$。

② 种植优质专用小麦要适当增施氮肥用量，一般亩施优质农家肥 $3\sim4m^3$，在此基础上，亩施碳酸氢铵 $50kg$、过磷酸钙 $60kg$、氯化钾 $15kg$。

③ 利用秸秆还田的地块要增施碳酸氢铵 $10\sim15kg$。

④ 同时要注意微肥的合理施用，一般每亩施硫酸锌 $1\sim1.5kg$。也可进行药物拌种，通常按每千克种子用硫酸锌 $4\sim6g$ 或硫酸锰 $4\sim8g$ 进行拌种。

⑤ 缺硫地块，氮肥应选用硫酸铵，钾肥应选用硫酸钾，在施氮、钾的同时，也补充了硫素。强筋小麦增施硫肥可以延长面团稳定时间，增加沉降值，提高蛋白质含量。

在施肥方法上要掌握浅施肥，深度以 $7\sim10cm$ 为宜。

（4）精细播种　播种时应根据土质情况、播期早晚、小麦品种等掌握好播量。早茬高肥水地块，一般掌握在 $7kg$ 左右；中茬中肥水地块，一般掌握在 $8.5kg$ 左右。播种小麦的深度以 $3cm$ 为宜，可分两次播种，第一次下种 $2/3$，剩余的第二次播完。注意行距，丰产田以 18cm 等行为好。

（5）科学追肥 小麦生育后期虽然需肥量下降，但补肥对延长叶片寿命、促进籽粒灌浆和增加粒重有明显效果。春小麦的养分吸收高峰出现在拔节至孕穗期、抽穗期两个时期，这两个时期是形成产量的关键期，因此要特别注意补充养分。二叶一心期追尿素 20kg 左右或追标准氮肥 50～60kg；孕穗期追尿素 5～10kg；孕穗至开花期间，叶面喷施 0.2%～0.3%磷酸二钾或 1%的尿素，喷 1～3 次，对延长叶片功能、促早熟、增粒重效果明显。

（6）科学灌溉

① 苗期灌水 这是至关重要的一水，因小麦一生中所需 80%的水量在起身到孕穗期间，所以，这一水一定要按时浇，积水量一般掌握在麦田积水 20cm 左右。

② 中期灌水 在小麦抽穗期进行中耕灌水，这次灌水一般掌握在麦田积水 15cm 左右。

（7）除草、防病、治虫 根据具体情况可采用人工拔除、中耕除草和化学药剂除草相结合的方法进行。根据当地春季小麦已发生病虫害的具体情况，合理选用化学药剂针对性地进行防治工作。小麦播种期是防治多种病虫害的关键时间，此阶段发生的病虫害主要有蛴螬、蝼蛄、金针虫等地下害虫及吸浆虫，以及土传或种传的小麦病害如纹枯病、全蚀病、黑穗病等。这些病虫害严重影响小麦全苗、壮苗，因此要因地制宜搞好防治。

在地下害虫经常发生的地区，采取药剂拌种的方法进行防治。拌种的具体方法：用 50%辛硫磷乳油 1kg 兑水 80kg 拌麦种 800～1000kg，拌后堆闷 3～4 小时，晾干后播种。在纹枯病、黑穗病经常发生的地区，可用 12.5%烯唑醇可湿性粉剂 20g，或 3%戊唑醇湿拌种剂 50g，15%三唑酮可湿性粉剂 100g 等拌麦种 50kg。同时可减轻锈病、白粉病、叶枯病等病害的发生。在小麦全蚀病经常发生的地区，应该在加强种子检疫的基础上，用苯醚甲环唑、咯菌腈、戊唑醇对种子进行包衣或拌种。对于地下害虫和吸浆虫为害严重的麦田，犁前用药剂处理土壤，每亩用 3%辛硫磷颗粒剂 2.5～3kg 拌细土 20～25kg，撒于地表后，耕翻入土。全蚀病区可每亩用 50%多菌灵可湿性粉剂或 50%甲基硫菌灵可湿性粉剂 2.5kg，掺土 15kg，于犁地前撒施。

第二章

小麦播种育苗技术

第一节 小麦品种选择及种子处理技术

🌱 14. 什么是优质专用小麦？

不同品质类型的小麦对加工食品有着非常重要的意义。为了提高我国小麦质量，并与国际标准接轨，我国小麦按品质标准和加工用途分为三类。

（1）强筋小麦 角质率大于70%，胚乳的硬度大，面粉筋力较强，吸水率高，面团稳定时间较长，适用于制作面包，也适用于制作面条或用作配制中上筋力专用面粉的配麦。而不适用于制作饼干糕点。

（2）中筋小麦 处于强筋和弱筋小麦之间的为中筋小麦，籽粒硬度中等，蛋白质含量中等，面粉筋力适中，适用于制作面条、馒头食品。中筋小麦是中国居民需要量最多的品质类型。

（3）弱筋小麦 角质率小于30%，籽粒结构为粉质，质地松软，硬度较低，蛋白质和面筋含量低，加工成的小麦粉筋力弱，面团稳定时间短，适用于制作饼干、糕点等食品。

强筋小麦要求蛋白质含量高，湿面筋含量高，面团稳定时间长，而弱筋小麦要求蛋白质含量低，湿面筋含量低，面团稳定时间短。以上两类优质小麦专用性很强，故称为优质专用小麦（彩图3）。具体品质指标由国家市场监督管理总局制定发布（表1）。不同类型的小麦品种国家收购价格不同，农民朋友可到当地粮食部门咨询。

表 1　强筋、中筋和弱筋小麦品种品质

项目		强筋小麦		中筋小麦		弱筋小麦	
		一等	二等	一等	二等	一等	二等
籽粒	容重/(g/L)	≥770		≥790	≥770	≥750	
	角质率/%	≥80	≥70	≥60	≥50	≤20	≤30
	粗蛋白/%(干基)	≥15.0	≥14.0	≥13.0	≥12.0	≤10.0	≤11.0
面粉	湿面筋/%(14%水分基)	≥38	≥35	≥30	≥28	≤22	≤24
	沉降值/mL	≥50	≥45	≥32	≥20	≤24	
	降落数值/s	≥300					
面团	吸水量/(mL/100g)	≥62	≥60	≥58	≥58	≤52	≤54
	形成时间/min	≥4.0	≥3.0			≤1.5	≤2.0
	稳定时间/min	≥15.0	≥12.0	≥6.0	≥4.0	≤1.5	≤2.0
	最大抗拉伸阻力/EU	≥500	≥500	≥400	≥350	≤150	≤200
	延伸性/cm	≥20		≥20	≥18	15~20	
食品	面包评分	≥85	≥80	—	—	—	—
	面条、馒头评分	—	—	≥88	≥80	—	—
	饼干评分	—	—	—	—	≥85	≥80

15. 小麦种子浸种方法有哪些?

（1）变温浸种　先将麦种用冷水预浸 4～6 小时，捞出用 52～55℃温水浸种 1～2 分钟，使种子温度达到 50℃，再捞出放入 56℃温水中，保持水温 55℃，浸 5 分钟后取出，放入凉水中冷却后晾干播种，对预防小麦散黑穗病效果很好，但必须严格控制温度和时间。

（2）恒温浸种　将麦种放入 50～55℃温水中，立即搅拌，使水温迅速降至 45℃，在此温度下浸 3 小时取出，冷却后晾干播种，可以有效地防治小麦散黑穗病、赤霉病、颖枯病等。

（3）石灰水浸种　将选好的种子浸入水与石灰 100：1 的石灰水中，使水面高出种子 10～15cm，并保持静置，不能搅动水面；浸泡时间视气温而定，在气温为 20℃时浸泡 3～5 天，25℃时浸泡 2～3

天，30℃时仅需要1天。浸泡好的麦种不需用清水冲洗，摊开晾干后即可播种，对预防小麦散黑穗病、秆黑粉病、赤霉病、叶枯病等，均有良好的效果。

（4）氯化钙浸种　用氯化钙溶液浸种可以促进出苗，增强植株抗干热风的能力。方法是：播种前将麦种放入0.25%的氯化钙溶液中浸泡24小时，然后捞出，晾干后播种。

（5）磷酸二氢钾浸种　磷酸二氢钾浸种具有培育壮苗，促进分蘖，提高产量的功效。方法是：将麦种浸泡在0.2%～0.3%的磷酸二氢钾溶液中，12小时后捞出，晾干后播种。

（6）萘乙酸浸种　将麦种放入40mg/kg的萘乙酸溶液中浸泡6小时，捞出晾干后播种，可促使小麦早发芽，增强幼苗抗旱、抗寒以及抗盐碱能力。

16. 如何对小麦采用药剂拌种？

（1）小麦药剂拌种（彩图4）主要防治对象

① 土传病害　主要是纹枯病、全蚀病、根腐病。这些病菌在土壤中可以存活多年，在小麦拌种后种子开始萌芽时病菌就可以侵染。

② 系统侵染病害　主要有秆黑粉病、散黑穗病和腥黑穗病，病菌从种子萌发处侵入生长点，随小麦植株生长进行系统侵染。穗期表现为害症状。

③ 地下害虫　主要是蛴螬、蝼蛄和金针虫，它们在秋苗期和返青后咬食小麦根茎部，造成缺苗断垄。

（2）药剂拌种方法

① 地下害虫的防治　在播种前用药拌麦种和处理土壤是防治小麦地下害虫最有效的措施。

a. 拌种处理　对地下害虫一般发生区，可采用药剂拌种的方法进行防治。可选用50%辛硫磷拌种，按种子重量的0.2%，即50kg种子用药100g，兑水2～3kg，也可用48%毒死蜱乳油按种子重量的0.3%拌种，拌后堆闷4～6小时便可播种。

b. 土壤处理　地下害虫严重发生区要采用土壤处理和种子拌种相结合进行防治，土壤处理可以亩用3%辛硫磷颗粒剂2～2.5kg均匀撒施于地面，随后将其翻入土中。也可亩用50%辛硫磷乳油250mL，兑水1～2kg，拌细土20～25kg制成毒土，均匀撒于地面，随后翻入土中。

② 腥黑穗病、全蚀病和白粉病等病害的防治　采用药剂拌种不仅可防治麦类黑穗病，还可有效地控制冬前小麦锈病、全蚀病、白粉病的发生和危害，减少越冬菌量。

a. 腥黑穗病发生区　防治小麦腥黑穗病，可选择 6％戊唑醇悬浮剂 10mL，兑水 0.4～0.5kg，拌种 25～35kg，或 2.5％咯菌腈悬浮剂按推荐剂量进行小麦种子拌种，同时可兼治秋苗锈病和白粉病；用15％三唑酮可湿性粉剂按种子重量的 0.2％拌种，或 20％三唑酮乳油0.5mL 兑水 2.5kg，拌麦种 250kg，可防治白粉病、叶锈病。

b. 小麦全蚀病严重发生区　可选用 12.5％硅噻菌胺悬浮剂进行种子处理，对小麦全蚀病有很好的防治效果。一般用 12.5％硅噻菌胺悬浮剂 20mL，先兑水 300～500mL，可拌 10～12.5kg 种子，拌匀后闷种 6～12 小时（有利于药剂发挥并杀死种子所带病菌），在阴凉处晾干后播种。

c. 小麦黄矮病和丛矮病发生区　可采用吡虫啉处理种子，防治传毒昆虫，控制小麦黄矮病和丛矮病的发生危害，同时兼治地下害虫。

d. 多种病害和害虫混合发生区　要大力推广应用杀菌剂和杀虫剂复合的种衣剂或拌种剂进行包衣或种子处理。各地应根据当地主要病虫种类，选择适当配方的种衣剂或拌种剂，其用量一般是复配（混合）剂中单剂的有效成分与单独使用时相同。

（3）主要拌种方法

① 用拌种桶（箱）进行种子干拌　按拌种比例称量麦种和药剂，同时盛入拌种桶（箱）内，每次拌种量不超过半桶，以每分钟 20～30 转的速度，正反各转 50 次，确保拌匀。

② 用塑料袋干拌　将麦种盛入塑料袋内，每袋以 10～15kg 种子为宜，按比例加入适量三唑类可湿性粉剂，上下颠翻数十次，直到每粒种子都黏附药粉。

③ 人工搅拌　将塑料薄膜平铺地面，根据拌种比例称量好麦种和药剂，按先种后药顺序，分次加药，用铁锹等工具充分搅拌，彻底拌匀为止。

（4）药剂拌种注意事项　做好小麦播前药剂拌种，是防治多种病虫害，确保小麦苗全、苗壮的有效措施。但小麦播前药剂拌种如果技术不当，不仅起不到防病、防虫效果，还可能导致小麦出苗缓慢、出苗不齐，甚至影响到麦苗正常生长。一般情况下，小麦播前药剂拌种应注意以下几点。

① 根据当地病虫发生情况，确定用药种类　如果当地小麦苗期虫害发生很轻，病害发生较重，只用杀菌剂拌种即可，不必使用杀虫剂；如果病虫害混合发生，既要用杀虫剂拌种，还要用杀菌剂拌种；如果地下害虫发生较重，靠药剂拌种达不到预期的防治效果，应采取拌种和土壤处理办法防治小麦虫害。

② 准确掌握农药用量　有的农户在小麦药剂拌种时凭"估计"用药，盲目加大用药量。实践证明，小麦在用三唑酮、辛硫磷等药剂拌种时如果用量过大，会对小麦造成明显药害，导致小麦出苗推迟，生长缓慢，严重者甚至会出现缺苗断垄，因此应特别注意。

③ 注意拌种方法　小麦用辛硫磷等拌种，应先将农药兑水稀释，再与麦种拌匀，覆盖堆闷后播种。小麦用三唑酮和戊唑醇拌种，应先将种子用清水喷至湿润，然后将药剂均匀地混拌在种子上，随后立即播种或阴干后播种。如果既要用杀虫剂拌种，又要用杀菌剂拌种，应先拌杀虫剂，堆闷后再拌杀菌剂，随后立即播种。

④ 随拌随播，不可久置　小麦用杀虫剂拌种后，一般堆闷 2～3 小时，最多 5～6 小时，待药剂被麦种吸收后随即播种。一般小麦用杀菌剂拌种后，应随即播种或阴干后立即播种。有的农户在小麦药剂拌种后堆闷时间过长，或拌种后久置不播，也会对小麦造成药害。如果小麦用杀菌剂拌种后在日光下摊晒，则会显著降低防病效果。

⑤ 要严格按照拌种操作规程，防止人畜中毒，最好实行统一拌种　拌过药的种子应存放在阴凉干燥和小孩不能接触的地方，不可暴晒和受潮，不能被人、畜食用；拌种工作结束后，要洗手洗脸，确保安全。

⑥ 拌种要均匀、彻底　拌种时要充分拌匀，使每粒麦种均黏附上药粉，避免白籽下种；拌种处理要大面积连片，不留死角，不留插花地。

17. 小麦用肥料拌种的方法有哪些？

（1）磷-硼混合液拌种　取优质过磷酸钙 3kg，加水 50kg，溶解后滤除杂质，在滤液中加入硼酸 50g，搅匀后取溶液 5kg，拌麦种

50kg，晾干后播种。用磷-硼混合液拌种可使麦苗生长健壮，增强抗旱能力，一般增产 10%～20%。

（2）**氯化钙拌（浸）种** 取氯化钙 0.5kg，加水 50kg，拌麦种 500kg，拌匀后堆闷 5～6 小时。也可用氯化钙 0.5kg，加水 500kg，搅拌均匀后放入 500kg 麦种，浸泡 5～6 小时后晾干播种，一般可增产 10%左右。

（3）**磷酸二氢钾拌（浸）种** 用磷酸二氢钾 0.5kg，兑水 5kg，均匀地拌入 5kg 麦种中，堆闷 6 小时；或用浓度为 0.5%磷酸二氢钾溶液浸种 6 小时，捞出晾干播种，可以改善小麦苗期磷、钾营养状况，促进根系下扎，有利于苗全、苗壮。

（4）**硫酸锌拌（浸）种** 用硫酸锌 50g，溶于适量水中，喷拌在 50kg 麦种上，拌匀后堆闷 4 小时，晾干播种；或者将选好的麦种放入 0.05%硫酸锌溶液中浸泡 12～24 小时，捞出晾干播种。

（5）**硼砂拌（浸）种** 将 10g 硼砂溶于 5kg 水中，配成 0.2%的溶液，喷拌在 50kg 麦种上；或者将选好的麦种放入 0.01%～0.05%的硼砂溶液中浸泡 6～12 小时。

（6）**钼酸铵拌（浸）种** 每千克种子用钼酸铵 2～6g，先把钼酸铵用少量温水溶解，然后稀释到可淹没种子的程度，同种子一起在缸或桶中搅匀，捞出在阴凉地方晾干播种；或者将麦种放入 0.05%～0.1%钼酸铵溶液中，按种子与肥液 1∶1 的比例，浸种 12 小时，捞出后晾干播种。

（7）**硫酸锰拌（浸）种** 浸种可用 0.1%硫酸锰溶液，每千克麦种用 1kg 肥液浸 12～24 小时；拌种每千克麦种可用 4～8g 硫酸锰，先用少量水溶解，再与种子拌匀。

（8）**硫酸铜拌（浸）种** 用硫酸铜按种子重量的 0.2%～0.3%拌种，拌匀后堆闷 12～17 小时；或用 0.01%的硫酸铜溶液，浸泡种子 12～24 小时。

（9）**微生物菌剂拌种** 每亩取粉状微生物菌剂 1000g，兑入适量清水，搅拌均匀后再拌入麦种中，或每亩用颗粒型微生物菌剂 1500～2000g，与麦种混合均匀后播种。用微生物菌剂拌种具有促进根系发育和促进分蘖的作用。

（10）**多元微量元素肥料拌种** 将多元微量元素肥料 50g 先用温水化开，再加入适量清水，搅拌均匀后拌麦种 10kg，晾干后播种，可以提高植株的抗病能力。

（11）**生长调节剂拌种**　应用多效唑、矮壮素等植物生长调节剂拌种，不但能促根增蘖，出叶快、叶色深，加强麦苗的抗逆性，而且还可以降低株高，缩短、增粗基部节间，提高充实度。如每千克的麦种可用15％多效唑可湿性粉剂1g拌匀。若用矮壮素拌种，取50％矮壮素250g，兑水5kg，搅拌均匀后喷洒在50kg麦种上，然后堆闷4小时，待药液被麦种充分吸收后播种。

18. 小麦拌种技术要点有哪些？

（1）**选种**　就是把备播的种子再筛选一遍，剔除虫蛀粒、秕粒、病粒、小粒和草籽等，尤其是禾本科杂草（俗称野麦子）的草籽和品种退化的种子。这样将来生长出来的小麦不但健壮整齐，也减少了选择和喷洒除草剂的麻烦与成本。选种的方法很简单，若种子少，用簸箕就行；种子多，可用选种机筛选。

（2）**晒种**　播进土壤中的小麦种子萌发和出苗需要一段时间，一般5天左右。生产中应尽量实现快速出苗。快速出苗不但消耗的种子内部储存的营养物质少，而且有利于幼苗出土后迅速长出三片展叶，依靠光合作用制造有机营养养活自己，苗更健壮。同时，刚从种子中伸出的嫩芽迅速冲破活动着各种病菌的土层，实际上减少了被侵害的风险，腥黑穗病、纹枯病的发病概率就会降低。要想种子快速萌发出苗，就要快速打破种子的休眠状态，使其迅速从"睡梦"中苏醒过来。在播种前几天选一个好天气把种子摊开晒一晒，就是一种快速打破种子休眠的简便措施。

（3）**拌种**　就是先用少量水溶解药剂再和种子拌在一起，使药剂均匀黏附在种子表面。药剂拌种可以消灭或减少种子上或种子周围土壤中的病菌、害虫等，具有内吸作用方式的杀菌剂、杀虫剂，更适合拌种。用微肥或调节剂拌种，可以促使小麦种子快速萌发和幼苗生长。

（4）**拌种不是万能的，成分并非越多越好**　这几年，杀菌杀虫和促进生长的三合一型种子处理剂，更受农民欢迎。但药剂拌种不是万能的，用什么药剂拌、拌种药剂的质量、拌种方法等，都有技术要求。

①　**拌种目的要明确**　拌种只对土传或种传病害、地下害虫和部分地上害虫有效，用微肥或调节剂拌种是对土壤施肥的一种补充，不

能替代施肥。对小麦来说，拌种对腥黑穗病、散黑穗病、纹枯病、根腐病、全蚀病、丛矮病等病害，蝼蛄、蛴螬、金针虫、蚜虫、灰飞虱等有效，对锈病、白粉病、赤霉病、地老虎、麦叶蜂等无效或效果不明显。

② 选择拌种药剂要有针对性　拌种剂中的有效成分，无论是杀菌剂还是杀虫剂，作用对象是有限的，往往只对某些病或虫有效，对其他的病虫无效或效果不明显。因此选择拌种剂要有针对性，全蚀病严重，就要选择硅噻菌胺、苯醚甲环唑＋咯菌腈等成分，根腐病和黑穗病类严重用苯醚甲环唑就行，防控麦蚜，可选择吡虫啉或噻虫嗪等。

值得注意的是，拌种剂中的成分不是越多越好，有针对性地选择合适的有效成分是基础。成分、种类太多，相互间的化学反应更复杂，会有影响出苗的风险。因此，拌种剂的成分不是多多益善，够用就行。

（5）选用好剂型，提前拌种更科学

① 选择生产工艺和质量好的拌种剂　适合拌种的药剂剂型有可湿性粉剂、悬乳剂、干拌种剂、悬浮种衣剂等。尽量选择后两个有成膜包衣功能的剂型。不同品牌同一剂型的产品，在质量上往往有明显的差别，选择的时候不必迷信高价格的、新上市的奇特产品，最好选择有过使用历史且口碑好的产品。

② 提前拌种才科学　拌种包衣的原理就是给种子穿上一层只透水不漏药的药衣，这层药衣穿得是否稳固，和药剂在种子上的作用时间有关，提前拌种会使药剂更好地黏附在种子上更长时间。所以，要提前给种子拌种包衣，至少提前3天。

③ 最好用专用机器拌种包衣，注意控制药、种、水比例　使药剂在种子表面形成一层均匀牢固的薄膜是对种子拌种包衣的基本要求。因此，最好利用功能性强的专用种子包衣机器。在拌种前最好先做一个药、种、水的比例试验，找到最佳比例后再操作。拌好以后，先晾晒一会再把种子装进透气性较好的袋内放到干燥通风处备播。

总之，选种、晒种、拌种，都不是很复杂的播前准备，但对小麦的生长很重要，操作的时候细心一点，会有更好的效果。

第二节　小麦播种期与播种技术

19. 小麦播种前怎样进行耕作整地?

小麦的根系比较发达，其中70％部分集中在距地表10～30cm 的耕层内。小麦播种前耕作整地（彩图5）的目的是使麦田耕层深度适宜，土壤中水、肥、气、热状况协调，土壤松紧适度，保水、保肥能力强，地面平整状况好，符合小麦播种要求，为全苗、壮苗及植株良好生长创造条件。我国气候条件复杂，土壤种类繁多，种植制度多样，因此，麦田播前耕作整地技术种类较多，各地可因地、因条件制宜选择适宜的耕作整地技术。总的原则是以耕翻（机耕）或少、免耕（旋耕）为基础，耙、耱（耢）、压、起垄、开沟、作畦等作业相结合，正确掌握宜耕、宜耙等作业时机，减少耕作费用和能源消耗，做到合理耕作，保证作业质量。

（1）整地具体要求

① 深　指在土地原有基础上逐年加深耕作层，一年加深一点，不宜一下耕得太深，以免将大量的生土翻出。具体耕地深度，机耕的应在25～27cm；畜力犁地耕到18～22cm。有关资料表明，深耕由15～20cm加深到25～33cm，一般能使小麦增产15％～25％。深耕可以加厚活土层，改善土壤结构，增加土壤通气性，提高土壤肥力，协调土壤水、肥、气、热，增强土壤微生物活性，促进养分分解，保证小麦播后正常扎根生长。实践证明，深耕的作用是有后效的，所以一般麦田可三年深耕一次，其余两年进行浅耕，深度16～20cm即可。

② 细　小麦幼芽顶土能力较弱，在坷垃底下，出现芽干现象，易造成缺苗断垄。所以耕地后必须把土块耙碎、耙细，保证没有明暗坷垃，才能有利于麦苗正常生长。

③ 透　将土地耕透、耙透，做到耕耙均匀，不漏耕、不漏耙。把麦田修整得均匀一致，有利于小麦均衡增产。

④ 实　指表土细碎，耕地下无架空暗垡，达到上虚下实的程度。如果土壤不实，就会造成播种深浅不一，出苗不齐，容易跑墒，不利于扎根。所以对过于疏松的麦田，应进行播前镇压或浇塌墒水。

⑤ 平　要求对土地做到耕前粗平、耕后复平、作畦后细平，使

耕层深浅一致，才能保证浇水均匀，用水经济，播种深浅一致，出苗整齐。一般麦田坡降要求不超过0.3％，畦内起伏不超过3cm。

（2）整地方式

① 耕翻　耕翻可掩埋有机肥料、粉碎的作物秸秆、杂草和病虫有机体，疏松耕层，松散土壤；降低土壤容重，增加孔隙度，改善通透性，促进好氧性微生物活动和养分释放；提高土壤渗水、蓄水、保肥和供肥能力。连续多年种麦前只旋耕不耕翻的麦田，在旋耕的15cm以下形成坚实的犁底层，影响根系下扎、降水和灌溉水的下渗，应旋耕3年，耕翻1年，破除犁底层。目前，广大麦田施用有机肥的数量很少，提高我国麦田耕层土壤有机质含量的唯一途径就是秸秆还田。小麦收获后其秸秆撒于麦田中，玉米秸秆粉碎后耕翻于地下，是培肥地力的良好方式。实施秸秆还田的麦田以耕深20~25cm为宜。

② 少、免耕　以传统铧式犁耕翻，虽具有掩埋秸秆和有机肥料、控制杂草和减轻病虫害等优点，但每年用这种传统的耕作方式，其工序复杂，耗费能源较大，在干旱年份还会因土壤失墒较严重而影响小麦产量。由于深耕效果可以维持多年，可以不必年年深耕。断点续传，对于播种前的土壤可以2~3年深耕一次，其他年份采用"少、免耕"，包括旋耕或浅耕等。进行玉米秸秆还田的麦田，也可以采用旋耕的方法，但是由于旋耕机的耕层浅，难以完全掩埋秸秆，所以应将玉米秸秆粉碎，尽量打细，旋耕两遍，效果才好。

③ 耙耢　耙耢可破碎土垡，耙碎土块，疏松表土，平整地面，上松下实，减少蒸发，抗旱保墒；在机耕或旋耕后都应根据土壤墒情及时耙地。近年来，黄淮冬麦区和北部冬麦区旋耕面积较大，旋耕后的麦田表层土壤疏松，如果不耙耢以后再播种，会出现播种过深的现象，形成深播弱苗，严重影响小麦分蘖，造成穗数不足，降低产量；还会导致土壤表层失墒快而影响根系和麦苗生长。

④ 镇压　镇压有压实土壤、压碎土块、平整地面的作用，当耕层土壤过于疏松时，镇压可使耕层紧密，提高耕层土壤水分含量，使种子与土壤紧密接触，根系及时喷发与伸长，下扎到深层土壤中，一般深层土壤水分含量较高较稳定，即使上层土壤干旱，根系也能从深层土壤中吸收到水分，提高麦苗的抗旱能力，麦苗整齐健壮。因此，黄淮冬麦区和北部冬麦区小麦播种后应及时镇压。

为了提高土壤肥力，提倡玉米秸秆还田，玉米秸秆还田的麦田，无论是通过耕翻还是旋耕掩埋玉米秸秆，均应在播种前灌水造墒，也可在播种后立即浇蒙头水，墒情适宜时搂划破土，辅助出苗。这样，有利于小麦苗全、苗齐、苗壮。

（3）不同类型麦田的整地方法

① 水肥地　一是要求深耕；二是要求保证小麦播种具备充足的底墒和口墒。深耕的适宜深度为 25～30cm，一般不超过 33cm。深耕后效果可维持 3 年，因此生产上可实行 2～3 年深耕一次的作法。墒情不足时要浇好底墒水，耙透、整平、整细，保墒待播。

② 丘陵旱地　对"一年一熟"的旱地麦田，应坚持"三耕法"，即第一遍于 6 月中、下旬伏前深耕晒垡，犁后不耙，做到深层蓄墒，并熟化土壤，提高肥力；第二遍于 7 月中、下旬伏内耕后粗耙，遇雨后再耙，继续接雨纳墒；第三遍于 9 月中、下旬随犁随耙，多耙细耙，保好口墒，结合这次整地施入基肥。一年两熟小麦于秋作物生长季节采用"浅-深-浅"中耕法，不仅利于当季增产，也可接纳较多雨水。当秋作物成熟后抓紧收割腾茬，结合施基肥随犁随耙，反复细耙，保住口墒。

③ 黏土地　严格掌握适耕期，充分利用冻融、干湿、风化等自然因素，使耕层土壤膨松，保持良好的结构状态。播前整地可采取少耕措施，一犁多耙，早耕早耙，保持下层不板结，上层无坷垃，疏松细碎，提高土壤水肥效应。

④ 稻茬地　排水较好的稻茬麦田，应在水稻收获前适时翻耕晒垡，播前耙细、整平、整实。土质黏重、排水不良的应在开好厢沟、降低地下水位、适时翻耕晒田、播前抓住适耕期的基础上，及时耙地，耙碎整平。对于土壤水分过多、不能正常耕作的地块，为了抢时播种，可直接免耕播种，使播期提前 10 天左右，以争取较多的积温，促进苗壮。

20. 如何做到冬小麦的适期播种？

（1）适期播种的原则　确定适宜播种期的方法为：根据品种达到冬前壮苗的苗龄指标和对冬前积温的要求初步确定理论适宜播种期，再根据品种发育特性、自然生态条件和拟采用的栽培体系的要求进一步调整，最终确定当地的适宜播种期。

① 根据冬前积温确定适宜播种期　小麦冬前积温指标包括播种到出苗的积温及出苗到定蘖数的积温。据研究，播种到出苗的积温一般为 120℃左右（播深在 4～5cm），出苗后冬前主茎每片叶平均需约 75℃积温。这样，根据主茎叶片和分蘖产生的同伸关系，即可求出冬前不同苗龄与蘖数的总积温。一般半冬性品种冬前要达到主茎 6～7 片叶，春性品种冬前要达到主茎 5～6 片叶，如越冬前要求单株茎数为 5 个，主茎叶数为 6 片，则冬前总积温为：$75 \times 6 + 120 = 570℃$。一般春性品种生长到 5 叶和 5 叶 1 心时需要 0℃以上的积温为 500～570℃。得出冬前积温后，再从当地气象资料中找出昼夜平均温度稳定降到 0℃的时期，由此向前推算，将逐日平均高于 0℃的温度累加达到 570℃的那一天，即可定为理论上的适宜播期，这一天的前后 3 天，即可作为适宜范围。生产上各地应根据当地近 10 年来的冬前温度计算出小麦适宜播期。播种期偏早，冬前积温超过上述指标，小麦就会旺长，冬季或春季容易遭受冻害。

近年来随着全球气候变暖，我国小麦主产区常常处于暖冬的气候条件，温度呈逐渐增高的趋势，在过去认定的播期播种，常常出现小麦冬前旺长的情形，春性和半冬性偏春性品种发育进程加快，冬季和早春冻害时有发生，为应对气候变暖的形势，冬小麦的播种适期应该比过去的适宜播种期适当推迟，但是，推迟几天合适，各地应通过播期试验和理论计算相结合来确定。

② 品种发育特性不同播种期不同　不同感温、感光类型品种，完成发育要求的温光条件不同。播种过早不适于感温发育，只适于营养生长，造成营养生长过度或春性类型发育过快，不利于安全越冬；播种过晚有利于春化发育，不利于营养生长。一般强冬性品种宜适当早播，弱冬性品种可适当晚播。

③ 纬度和地势不同播种期不同　小麦一生的各生育阶段，都要求相应的积温。但不同地区、不同海拔地势地区的光热条件不同，达到小麦苗期所要求的积温时间也不同。一般我国随纬度与海拔的提高，积温累积速度变慢、时间变长，因而应在适播期的开始段播种。而在中、低纬度和平原、低洼地区，则应在适播期的后半段播种。华北大部分地区都以秋分种麦较为适时，各地具体播种时间均依条件的变化进行调节。

④ 根据栽培体系及苗龄指标确定不同的播种期　不同栽培体系

要求苗龄指标不同，因而播种适期也不同。精播栽培体系，依靠分蘖成穗，要求冬前以大苗龄越冬（主茎 7～8 叶龄），应适当提早，在适播期的开始段播种。独秆（主茎成穗为主）栽培体系要求控制分蘖，促进主茎成穗（3～4 叶龄），则应在适播期的后半段播种。

⑤ 根据选用小麦品种的特性确定播种期　适期播种是随其他栽培因素而改变的相对概念。由于播种期具有严格的地区性，在理论推算的前提下，根据实践，各麦区冬小麦的适宜播期为：冬性品种一般在日平均气温 16～18℃；半冬性品种一般在 14～16℃，约在 9 月中下旬至 10 月中下旬；春性品种在 12～14℃。在此范围内，还要根据当地的气候、土壤肥力、地形等特点进行调整。

北方春小麦主要分布在北纬 35°以北的高纬度，春季温度回升缓慢，为了延长苗期生长，争取分蘖和大穗，一般在气温稳定在 0～2℃、表土化冻时即可播种，东北春麦区约在 3 月中旬至 4 月中旬，宁夏、内蒙古及河北坝上地区约在 3 月中旬。

⑥ 根据土壤墒情确定播种期　在适宜播期范围内或邻近适播期时，如果墒情迅速变差，而近期又无降水或无灌水条件时，则应抢墒适当早播。

⑦ 根据当时天气条件确定播种期　在适播期范围内，如近期有冷空气侵入或有降水时，应选在冷空气和降水过后播种，同时应选择晴好、无风、温暖的天气播种。

（2）注意事项

① 在适期范围内，根据品种、地力、土质、墒情等情况，安排好播种的先后顺序。一般半冬性或春性品种可比冬性品种晚播；盐碱地发苗晚，宜早播；旱地或墒情差的地块要趁墒播；晚播麦要抢时播。

② 在适期范围内，要有计划地安排人力、物力等，使绝大部分麦田在当地最佳播期内播种，尽量减少早播、晚播麦田。

③ 不同年度间，秋、冬温度会有差异，但适时播种范围应与常年基本一致，不可随意做太大调整，以便使播种期常年处于稳定、安全的范围内。

21. 如何做到小麦的合理密植？

合理密植包括确定合理的播种方式、合理的基本苗数，提出各生育阶段合理的群体结构，实现最佳产量结构等。

（1）小麦播种过量的害处 合理的播量可以建立合理的群体结构，协调好群体与个体发育的矛盾。目前生产中仍有一些农民朋友深受"有钱买种，没钱买苗"这种根深蒂固的传统观念影响，以为多下种子好，或者由于整地过于粗放，从而采取加大播量的做法，往往导致麦苗稀密严重不匀，群体内环境条件恶劣，难以实现高产。

小麦播量过大有两大害处：一是麦苗生长拥挤，苗细弱，个体发育不良，抗冻抗旱能力差，易造成冬季冻害；二是小麦群体过大，后期抗倒伏能力差，倒伏风险增加。

实际生产中，应根据品种分蘖能力、成穗率、土壤肥力水平及播期早晚综合而定。若出现播种过量的情况，应及时疏苗，特别是地头、地边以及田内的"疙瘩苗"，要早疏、狠疏，以建立适宜的群体结构，促进个体发育，然后结合浇水，追施少量氮、磷速效肥，以弥补土壤养分的过度消耗。

（2）确定合理播种量的方法 小麦生产上通常采取"以地定产，以产定穗，以穗定苗，以苗定籽"的方法确定实际播种量，即根据地块历年的产量水平，结合当年的具体情况，确定每块地的计划产量，根据计划产量和所用品种的穗重确定合理穗数，根据计划争取的穗数和单株成穗数确定合理基本苗数。基本苗数确定后，即可根据计划的基本苗数，结合种子的千粒重、发芽率及田间出苗率等确定播种量。种子发芽率在种子质量的检验中确定，田间出苗率一般以80%计，根据整地质量与墒情在70%～90%范围内调整。实际播种量可按下式计算：

播种量(kg/亩)＝[1亩预定基本苗数×单粒重(g)]/(1000×发芽率×田间出苗率)

（3）影响播种量的因素 在初步确定理论播种量的基础上，实际播种量还要根据当地生产条件、品种特性、播期早晚、栽培体系类型等情况进行调整。调整播种量时掌握的原则有如下几点。

① 地力和水肥条件 土壤肥力很低、水肥条件较差的麦田，小

麦的分蘖及单株成穗较少，播种量应高些。随着肥力的提高，水肥充足的麦田，小麦的分蘖及单株成穗较多，基本苗应少些，应适当减少播种量。

② 品种特性　对营养生长期长、分蘖力强的品种，在水肥条件较好的条件下可适当减少播种量；对春性强、营养生长期短、分蘖力弱的品种可适当增加播种量；大穗型品种宜稀，多穗型品种宜密。

③ 播期早晚　播种期早晚直接决定于冬前有效积温的多少，播种量应为早稀晚密，适时播种，单株的分蘖和成穗较多，基本苗可适当少些，随着播期的推迟，单株分蘖数及成穗数都要减少。因此，随着播期的推迟，基本苗应逐渐增加。

④ 高产途径　不同栽培体系中，精播栽培，以分蘖成穗为主，播种偏早，基本苗宜少，播量低；独秆栽培，以主茎成穗为主，由于播种晚，冬前基本无分蘖，要求播量增大；常规栽培，播期适宜，主穗与分蘖并重，基本苗数居中，播种量居中。

22. 如何对小麦进行高质量播种？

在精细整地、合理施肥（有时包括灌水）、选择良种、适时播种和合理密植等一系列技术措施的基础上，要实现小麦高质量播种，还必须创造适宜的土壤墒情，采用机械化播种，选用适当的播种方式，才能够保证下籽均匀、深度适宜、深浅一致、覆土良好，达到苗全、苗齐、苗匀和苗壮的标准。避免出现"露籽、丛籽、深籽"现象。

（1）播种深度　掌握合适的播深是播种的首要关键环节。一般以 3~5cm 为宜，底墒充足、播种偏晚、地力较差的地块，播种深度以 3cm 左右为宜；墒情较差、适期播种、地力较好的地块，播种深度以 4~5cm 为宜。在遇土壤干旱时，可适当增加播种深度，土壤水分过多时，可适当浅播。要防止播种过深或过浅。

① 如果播种过深（超过 5cm），幼苗出土消耗养分太多，地下茎过长（彩图 6），出苗迟，麦苗生长细弱，麦苗弱分蘖少，次生根少而弱，甚至出苗率低，无分蘖和次生根，越冬死苗率高。播种过深还会因为麦苗"难产"导致感病概率增大，加重病害发生。

若出现播种过深的情况，应及时进行扒土清棵，方法是：用竹筢或铁筢从畦面中央开始顺垄横搂，当清到最后一行时，把余土全部推到畦背上即可；对于适期播种的冬小麦，冬前清棵一般从 2 叶期开始到"小雪"时结束。

②播种太浅（不足3cm），会使种子落干，不利于根系发育，影响出苗，造成缺苗断垄，麦苗匍匐生长，丛生小蘖，分蘖节入土浅或裸露（彩图7），越冬期分蘖节处于"饥寒交迫"状态，抗旱、抗寒能力差，越冬死苗率高，难以形成壮苗，同时越冬期间容易遭受冻害形成死苗，不利于安全越冬。但在南方稻田套播撒种小麦，虽然分蘖节较浅或在地表，但由于不常受冻害和干旱的威胁，也可获得高产。

若出现播种太浅的情况，应在出苗前及时镇压几遍，出苗后结合划锄壅土围根，必要时在越冬期采用客土覆盖或盖施"蒙头粪"，防止越冬受冻。

（2）播种方式

①等行距窄幅条播　机播行距一般有16cm、20cm、23cm等。这种方式的优点是单株营养面积均匀，能充分利用地力和光照，植株生长健壮整齐，对亩产350kg以下的产量水平较为适宜。

②宽幅条播（彩图8）　行距和播幅都较宽，播幅7cm，行距20～23cm。优点是：减少断垄，播幅加宽，种子分布均匀，改善了单株营养条件，有利于通风透光，适于亩产350kg以上水平的麦田使用。

③宽窄行条播　各地采用的配置方式有窄行20cm、宽行30cm；窄行17cm、宽行30cm；窄行17cm、宽行33cm等，高产田采用这种方式一般较等距增产5%～10%。其原因，一是株间光照和通风条件得到了改善；二是群体状态比较合理；三是叶面积变幅相对稳定。

④小窝密植　西南地区麦田土质比较黏重，兼以秋雨较多，整地播种比较困难，宜采用小窝密植方式。每亩45万窝左右，行距20～23cm，窝距10～12cm，开窝深度为3～5cm，氮、钾化肥一般配在人畜粪水中充分搅匀后集中施于窝内，过磷酸钙、油饼等混在整细的堆厩肥中盖种，盖种厚度以2cm左右为宜。使用小撬撬窝和小锄挖窝进行点播，近年来研制的简易点播机，也可开沟点播一次完成。

土壤肥力较好的高产农田，一般适宜精量或半精量播种，播种方式多采用等行距条播，行距为20～25cm，也可根据套种要求实行宽窄行播种，或在旱作栽培中采用沟播、覆盖穴播、条播等方式。精量或半精量播种可通过减少基本苗的方式，促进个体健壮生长，培育壮苗，协调群体和个体的关系，提高群体质量，实现壮秆大穗。

⑤ 宽幅精播　小麦宽幅精播技术是由中国工程院院士、山东农业大学余松烈教授牵头研究成功的一项小麦高产栽培技术。宽幅精播技术比传统播种技术增产 10% 以上。宽幅精播是以扩播幅、增行距、促匀播为核心，将改密集条播为宽幅精播的农机和农艺相结合的高产栽培技术。

a.宽幅精播技术的特点　一是扩大了播幅，将播幅由传统的 3～5cm 扩大到 7～8cm，改传统密集条播籽粒拥挤一条线为宽播幅种子分散式粒播，有利于种子分布均匀，提高出苗整齐度，无缺苗断垄、无疙瘩苗现象出现；二是增加了行距，将行距由传统的 15～20cm 增加到 26～28cm，较宽的行距有利于机械追肥，实行条施深施，既节省肥料，也提高了肥料利用率；三是播种机有镇压功能，能起到一次性镇压土壤，耙平压实的作用，播后形成波浪型沟垄，具有增加雨水积累的优点。

b.小麦宽幅精播栽培技术要点　一是品种的选用，选用具有高产潜力、分蘖成穗率高，亩产能达 600kg 以上的高产优质中等穗型或多穗型品种。二是培肥地力，坚持测土配方施肥，重视秸秆还田，增施氮素化肥，培肥地力；采取有机无机肥料相配合，氮、磷、钾平衡施肥，增施微肥的施肥方式。三是夯实播种基础，坚持深耕深松、耕耙配套，重视防治地下害虫。四是适期足墒播种，播期在 10 月 10 日～15 日，播量在 6～9kg。五是加强冬前管理，冬前合理运筹肥水，促控结合，化学除草，安全越冬。六是强化春季管理，早春划锄增温保墒，提倡返青初期搂枯黄叶，拔苗清棵。七是氮肥后移，追施氮肥适当后移，重视叶面喷肥，延缓小麦植株衰老，最终达到调控群体与个体矛盾，协调穗、粒、重三者关系，以较高的生物产量和经济系数达到小麦高产的目标。

（3）播种的均匀度　一是行内籽粒分布要均匀，不缺苗断垄，也不形成"疙瘩苗"，保证出苗后每个个体都有同等的生存和生长空间，以实现匀苗、壮苗；二是行间的均匀度，田间各行的下种量应一致，避免一行宽一行窄的现象发生，这是对播种机和机手的考验；三是播种深度的均匀一致，生产中一次播种作业面内，若行距不等，不同行间深度差别悬殊，会严重影响高产群体的创建和均衡增产。

（4）播后镇压　播后镇压技术是抗旱节水保墒的重要措施之一，可以压碎坷垃，弥补裂缝，有效减少冬季土表水分蒸发，起到保温保墒的作用。生产中越冬期间受"旱寒危害"重的麦田很大部分是土地整得过喧、播后镇压不到位所致。而且镇压是给在播种环节做得不好的麦田（如播种过浅，播量过大，播种过早）一个"救命"的机会，因此这类麦田更要做好镇压。经调查，镇压过的麦田越冬-返青期干土层可比未镇压的麦田少 2cm。

🌱 23. 秸秆还田冬小麦播种有哪些特殊要求？

做好秸秆直接还田的工作并保证小麦播种质量，出全苗、壮苗，必须遵照以下技术要求：

（1）秸秆要切碎、深埋、压实　秸秆长度不要超过 10～15cm，耕翻入土后，要覆土盖严、镇压保墒，这样既可加速秸秆分解，又不影响播种出苗。

（2）直接还田的秸秆数量要适中　以风干的秸秆计算，一般每亩约 500kg 为宜，最多不要超过 1000kg。过多的秸秆还田会影响下茬的播种质量。在水田使用秸秆还田时，还要防止秸秆分解过程中所产生的有机酸对根系的毒害。秸秆还田数量过大、操作粗放造成土壤耕作质量差，土壤覆盖不严，墒情差等易出现黄苗，影响下茬作物的生长。

（3）加强水分供应　土壤水分状况是决定秸秆腐解速度的重要因素。所以秸秆直接还田，需把秸秆切碎后翻埋入土壤中，翻埋深度 20cm 左右。一定要覆土严密，防止跑墒。对土壤墒情差的，耕翻后应灌水；而墒情好的则应镇压保墒，促使土壤密实，以利于秸秆吸水分解。

（4）秸秆直接还田条件下种冬小麦，基肥需要适当补加速效氮肥　氮肥补充量，可按风干的秸秆计算，100kg 风干秸秆要加 3～5kg 纯氮，具体施加量还要看当时土壤的残留无机氮含量。额外补施速效氮是为了解决腐解秸秆的微生物与小麦幼苗争夺氮素的矛盾。因为一般玉米秸秆所含碳氮比（C/N）较宽，在（60～80）:1 范围内，而细菌生活要求基质提供的碳氮比为 25:1 左右，如不增施化学氮肥，微生物必然会与小麦幼苗争夺土壤中速效氮素，造成幼苗缺氮，出现黄苗问题，而影响麦苗的正常生长。因此，在秸秆还田条件下种冬小麦，最好适量补施氮肥，将碳氮比调节至 30:1 左右为宜。另外，也可适当增施过磷酸钙，以增加养分，加速秸秆腐解，提高肥效。

24. 为什么说小麦播种深度不能大于 5cm，如何把握播种深度？

"一寸浅，二寸深，不深不浅寸半深"，小麦的播种深度对种子出苗及出苗后的生长均有很大影响。科学研究和生产实践证明，在土壤墒情适宜的条件下适期播种，播种深度一般以 3～5cm 为宜。底墒充足、地力较差和播种偏晚的地块，播种深度以 3cm 左右为宜；墒情较差、地力较肥的地块以 4～5cm 为宜。大粒种子可稍深，小粒种子可稍浅。冬小麦播种深度 3～5cm，这是小麦正常情况下的最佳适宜播种深度，若播种深度大于 5cm，会有哪些不好的影响呢？后期能不能补救？

（1）造成小麦播种过深的原因

① 播种机与整地方式不配套　生产上主要的播种方式有两种：一种是小型播种机播种，一般 12 行或 14 行，播种机比较轻，用功率 30 马力左右的拖拉机就能够带动，适宜一家一户和小地块播种。因为自身重量比较轻，对整地质量要求比较高，一般都得经过 4～5 道工序：玉米秸秆粉碎＋重耙灭茬＋耕翻＋旋耕，而且播种后还需要镇压，不然播种质量难以保证。另一种模式是大型小麦播种机播种，随着土地流转规模越来越大，大型小麦播种机使用越来越多，其中包括约翰迪尔 1590 24 行小麦免耕播机和 20 世纪 90 年代主推的 24 行小麦播种机，其播种行距是 15cm，播种机宽 3.6m。播种机自身重量就很重，再加上种子的重量和肥料重量，需要大马力（90 马力以上）的拖拉机才能带动，因此这种播种机对应的整地方式为免耕或重耙灭茬后直接播种。如果播种前进行了旋耕，那么播种深度将相当难以控制，非常容易造成播种过深。

② 播种机调试的不合理　没有根据地块调整好播种深度。

（2）正常情况下播种过深的危害

① 出苗会受影响，特别是种子活力不强的情况下，由于距离地表过高，无法顶破土壤，导致缺苗断垄现象的出现。

② 会出现苗弱情况，由于播种过深，小麦要出苗，所消耗的养分相对会增加，在单位面积内的水肥是一定的，出苗时消耗过多，在苗期生长过程中，易出现苗弱苗黄情况。

③ 分蘖会减少，播种过深的地块，由于出苗比正常情况下要晚，

再加上种子自身的生长情况，导致分蘖减少。

但5cm这个界限是正常情况下的规定，在实际种植过程中，它会受土壤墒情的因素而适当改变，比如当田间过于干旱，5cm深水分过少，不利于发芽，这时就需要适当地加大播种深度，有些可达到6cm(有些地方由于太干旱，播种深度更深)，所以，播种时还要看墒情。

（3）播种过深的补救措施 小麦播种过深的补救措施应当等小麦出苗，根据出苗情况再做决定。如果出苗正常，紧接着进行后面的间苗、除草等工作；如果出苗不正常，10％～20％未出，应做好补苗工作，可从同一地块其他出苗较多的移苗过去；如果出苗后麦苗比较弱，可喷施一些叶面肥或者其他促生长、提高抗逆性的肥料；如果田间大面积的未出苗，及时毁种，重新播种，可选择生育期相对短一些的品种，这次注意播种深度，不要过深。

25. 冬小麦播种时土壤湿度过低怎么办？

（1）冬小麦播种时土壤湿度过低的危害 土壤湿度过低，即土壤出现不同程度干旱时，则小麦种子吸收不到足够的水分，就会不同程度地影响种子的发芽、出苗，或出苗后分蘖生出慢，叶色灰绿，心叶短小，生长缓慢或停滞（群众称之为"缩心苗"），基部叶片逐渐变黄干枯，根少而细。

① 轻度干旱 土壤湿度为田间持水量的50％～60％，会造成少部分种子（一般低于30％的种子）因旱不能发芽、出苗。

② 中度干旱 土壤湿度为田间持水量的40％～50％，可能造成50％左右的小麦种子因旱不能发芽出苗。

③ 重度干旱 土壤湿度为田间持水量的40％以下，即接近土壤"凋萎湿度"值，在此土壤湿度下会有大部分种子（一般70％以上的种子）不能发芽、出苗。

（2）防止对策

① 选用抗旱、耐旱的小麦良种，并使用含有抗旱剂、保水剂的种子包衣剂处理过的小麦种子或经过浸水催芽处理过的种子进行播种。

② 轻度干旱条件下的小麦适期播种，应先进行种子浸种催芽，而后立即抢墒播种，且应适当加大播种量和播种深度，将种子播到稍

深一点的湿土层内，播后随即进行表层土壤的轻度压糖以保墒，在此情况下能达到小麦基本全苗。

③ 中度干旱情况下的小麦适期播种，也应在进行种子包衣或浸水催芽处理后立即抢墒播种，且应适当加大播种量，播种时先用分土器将表层干土分到两边，再将种子播到下面较湿的土壤内，并随之轻度压糖保墒，这样一般也能达到使大部分种子发芽出苗的效果。

④ 重度干旱情况下的小麦适期播种，如果即便采取上述措施种子都难以发芽出苗，那么在有一次灌水条件的地方，则应于播种前开沟或起垄灌水，待水渗下去后及时播种并浅耙糖保墒，或者播种后先浇"蒙头水"，稍干后再及时耙糖保墒。

⑤ 积极开展人工增雨，深秋的北方地区有利于对层状云系进行飞机人工增雨作业，通过种种办法来增加大气降水，缓和麦播旱情，争取小麦及时播种和顺利发芽出苗。

⑥ 加强基本农田水利建设和引黄、南水北调等水利工程建设，从根本上解决干旱威胁，保证小麦的适时播种和一播全苗。

我国黄淮海及西北内陆地区小麦播种至出苗期间降水较少，土壤湿度较低，一般不能满足小麦需求，需要灌水造墒播种。播种后及时检查土壤墒情，对墒情不足或落干影响出苗的地块，有浇水条件的进行小水灌溉，无浇水条件的及时镇压1～2遍。

26. 冬小麦播种时土壤过湿怎么办？

（1）冬小麦播种时土壤过湿的危害　虽然小麦种子比较耐湿，在土壤湿度较高甚至接近饱和的情况下，小麦种子仍能正常发芽、出苗。但是，如果土壤水分过高，接近饱和（接近田间持水量的100%）或过饱和，且持续时间较长时，则会发生渍涝灾害，造成粉种、烂种现象。若土壤过湿又遇低温，则粉种、烂种现象会更加严重。麦苗出土后叶色淡黄，分蘖生出慢，严重时叶尖变白干枯。

（2）防止对策　我国部分南方多雨地区，有时会出现土壤过湿、渍、涝现象，对小麦播种、出苗不利。在播种前得知将出现阴雨低温天气时，应在阴雨过后再播种。当小麦播种后遇到1～3天的低温（气温低于3℃）、连阴雨（雨量大于10mm，持续3天以上土壤湿度达到饱和或有积水）天气时，经常会发生小麦种子在土壤中被粉化变质，不能再发芽出苗，必须重新播种的情况。如播种后连续5～7天发生低温阴雨天气时，则会出现烂芽，严重时必须进行重播。如低温连阴雨天气不太严重，即在持续时间小于 3 天、雨量小于 5mm、温度不低于 3℃ 的情况下，一般不需要重播，但低温、连阴雨天气过后，必须及时深中耕散墒通气，破除板结，增温保墒，并追施少量速效肥，促苗早发。

27. 小麦为什么一定要镇压，什么时期镇压为好？

小麦播后镇压是抗旱、防冻和提高出苗质量的重要措施，可为小麦安全越冬、来年生长和增产提供有力保障。尤其是对秸秆还田和旋耕未耙实的麦田，一定要在小麦播种后用镇压器进行多遍镇压，保证小麦出苗后根系正常生长，提高抗旱能力。

（1）小麦镇压的好处　对处在越冬期的小麦进行镇压可以起到压碎坷垃、弥补裂缝的作用；使土壤保温保湿，小麦安全越冬。

① 冬麦区墒情较差，造成小麦播期后延，在此状态下，小麦播种深度就不能太深，播种后不能镇压或镇压力度不足，特别是坷垃较多的地块，虽然小麦出苗质量不错，但整体土壤压实不够，这对小麦安全越冬和冬后正常生长是很不利的。

② 一些麦田由于播种期土壤墒情足，出苗后随着土壤含水量的减少土壤出现较严重的龟裂，这样龟裂较明显的地块不仅会在冬季使土壤中的水分继续大量地流失，还会随着龟裂的加剧而拉断小麦根系，出现"吊死"苗现象。

③ 对一些需要浇小麦冻水的地方，若土壤底墒足，播种较晚，此时的镇压将是一种好（对不浇冻水）的弥补，它可以起到对土壤保湿提墒的作用，利于小麦安全越冬和冬后正常生长。甚至还可以推迟浇春水的时间，对构成合理的群体和根系下扎有利。

④ 防止肥料过多流失。土壤中肥料流失有两种途径：一是顺着较大的龟裂向深层土壤中流失，污染深层地下水；二是以气体的形式流向空气中，形成雾霾的重要成分——氮氧化物。镇压不仅有保水提墒的作用，还减少了肥料流失，相当于施肥。

（2）小麦镇压的适宜时期　小麦镇压的作用有多种，且与其他措施相比，其操作简单容易，时期也不严格。较好时期为入冬后土壤表层出现反复的冻融时，这个时段较长，操作可以择机灵活掌握。此时，在土壤表层有一层较为松软的表土，它在镇压的过程中不仅可以弥合裂缝，同时也起到了防止过度伤苗的作用。

28. 麦田镇压的时期和作用有哪些？

麦田镇压是小麦田间耕作管理重要手段之一。根据小麦苗期镇压时间和作用不同，可分下列几种情况。

（1）播后麦田镇压 近年来越来越多的麦田推广应用玉米秸秆还田技术，该技术容易造成小麦耕层土壤不实，会导致播下去的小麦种子及其根系不能充分与土壤接触而正常生长，使土壤形成许多孔隙而"跑风漏气"，进而致使土壤水分大量流失而缺墒，影响麦苗健康生长，不能形成冬前壮苗。因此小麦播种后要根据麦田土壤、水分、温度情况来决定是否镇压和何时镇压。对于秸秆还田且墒情不好的地块要及时进行镇压，而对于土壤含水量大、土壤黏重的地块不要镇压，以免发生土壤板结，影响麦苗生长。

（2）三、四叶期镇压 在三、四叶期压麦，有暂时抑制主茎生长，促进低叶位分蘖早生快发和根系发育的作用。

（3）冬季镇压 冬季进行镇压，可以压碎土块，压实畦面，弥合土缝，使根系与土壤密接，有利于保水、保肥、保温，能防冻保苗，控上促下，使麦根扎实，麦苗生长健壮。由于镇压后分蘖节附近土壤的水分和温度状况有所改善，麦根与土粒接触紧密，增加了根的吸收能力，有利于小分蘖和次生根的生长。镇压的次数和强度，视苗情而定。旺苗要重压，一般镇压一次，可控制旺长约一星期，因此，旺苗要连续压2～3次。弱苗要轻压，以免损伤叶片，影响分蘖。镇压时要注意土壤条件，土壤过湿不压，有露水、冰冻时不压。

（4）春季麦苗起身期镇压 对于冬前形成的旺苗麦田进行镇压也是控旺转壮的重要手段，因此麦田起身期镇压十分重要。起身期镇压应注意以下几点：一是镇压与划锄相结合，既可弥合裂隙，沉实土壤又可提墒保墒，提高地温，促进麦苗转化和根系生长。二是土壤过湿不要镇压，以免造成板结；有霜冻麦田不镇压，防止损伤麦苗；盐碱涝洼地麦田不要镇压，防止土壤板结，影响土壤通透性；对于已经拔节的麦田不要镇压，以免伤苗，造成穗数减少，影响产量。

第三节 小麦苗期易出现的问题及管理技术

29. 如何防止小麦出苗不齐？

小麦播种出苗初期，若发现出苗不齐而致使基本苗不足的麦田，可采取以下办法：

（1）及时补种 为确保全苗，在小麦出齐苗后及时查苗，对出苗不齐，造成严重缺窝断条的麦田，要抢在出苗初期，用同一品种的种子进行补种。

（2）移密补稀 在小麦三叶期，对全田出苗较好，只有少数地方缺窝、少苗的麦田，可采取在本田内移密补稀带土移栽，移栽后淋定根水的方法进行补苗。移栽时，要上不压心下不露白，埋严盖实后浇水，并适当补施肥料，以利于缓苗。

（3）干旱补水 对因干旱缺苗的，应及时浇水弥补，每天浇1次，连浇3～5天，促进麦苗生长正常、苗壮蘖多。对因施药不当伤苗的，应浇2～3次水弥补，浇水后再松土。

（4）追肥促壮 对每窝出苗比较均匀，但基本苗不足的麦田，可抢在出苗至三叶期间，以速效氮肥为主，早施适施苗肥。可促进早分蘖、分壮蘖，优化个体，达到冬壮早发、夺高产的目的。

（5）扒掉覆土 对播种过深引起缺苗的，可扒掉部分覆土，再结合灌水和中耕，改良泥土通气情况，促进侧根发育。

（6）防治病虫 小麦冬前常发生的病虫害主要是根部病害和地下害虫，要及时采取防治办法，消灭病虫害，让瘦弱的麦苗尽快转为壮苗。

（7）避免盐害 因盐害引起缺苗的麦田，应及时中耕松土，减少地面蒸发，避免返盐。采取灌水洗盐或开沟排盐法，降低泥土含盐量。

30. 冬小麦弱苗的原因有哪些，如何对症管理？

冬小麦出苗后，由于受自然条件和栽培措施的影响，往往会形成各种不同类型的弱苗，主要表现为冬前长势较弱、植株矮小、叶色发黄、分蘖较少等，使得群体过小、田间裸露。冬前单株分蘖在3个以下，群体总茎数不足 40 万/亩，叶面积系数 0.5 以下的苗，可诊断为弱苗。对于弱苗要对症管理。

（1）土壤干旱造成的弱苗 多发生于底墒不足或透风跑墒的麦田，其特点是：分蘖生出慢，叶色灰绿，心叶短小，生长缓慢或停滞（群众称之为缩心苗），中下部叶片逐渐变黄干枯，根少而细。

管理要点：结合浇水，每亩追施碳酸氢铵 15kg。

（2）土壤缺氮造成的弱苗 幼苗细弱呈直立状，分蘖减少，叶片窄短，下部叶片从叶尖开始，逐渐变黄干枯，并向上部叶片发展。

管理要点：每亩用尿素 7～8kg，或碳酸氢铵 20～25kg，在行间沟施或兑水浇施。

（3）土壤缺磷造成的弱苗 表现为根系发育差，次生根少而弱，叶色暗绿无光泽，叶尖及叶鞘呈紫红色，植株瘦小，分蘖减少。

管理要点：结合浇水、划锄，每亩用过磷酸钙 20～30kg，在行间开沟追施，追施越早效果越好。

（4）土壤湿板或盐碱危害造成的弱苗 通常表现为麦苗根系发育差，吸收能力弱，分蘖生出慢，并往往伴有脱肥症；盐碱危害重的地块，常出现成片的紫红色的小老苗，幼苗基部 1～2 片叶黄化干枯，严重时，幼苗点片枯死。

管理要点：结合深中耕，开沟追施氮磷混合肥；盐碱危害重的地块，追肥后灌水压盐，并及时划锄松土，破除板结。

（5）土壤板硬造成的弱苗 由于土壤缺墒少气，根系伸展困难，致使麦叶黄短，分蘖不能按时出现。

管理要点：先及时浇水，再深中耕松土，以破除僵硬层。

（6）土壤过湿造成的弱苗 通常表现为叶色淡紫，分蘖生出慢，严重时叶尖变白干枯。

管理要点：先及时深中耕散墒通气，再追施少量速效化肥，以促苗早发。

（7）播量过大造成的弱苗 其表现是：幼苗拥挤不堪，植株瘦弱、纤细。

管理要点：先抓紧疏苗，特别是地头、地边以及田内的疙瘩苗，要早疏、狠疏，再结合浇水，追施少量氮、磷速效肥，以弥补土壤养分的过度消耗，促使麦苗由弱转壮。

（8）播种过深造成的弱苗 其表现是：出苗缓慢，叶鞘细长，迟迟不分蘖，不长次生根。

管理要点：先扒土清棵，再及时追肥（亩施碳酸氢铵15kg），以促进根系和幼苗发育。

（9）播种过浅造成的弱苗　由于分蘖节离地表太近，水分养分条件差，使根系生长和蘖芽发育受到抑制，因而通常表现为根、蘖减少，植株黄弱，容易受冻枯死。

管理要点：结合划锄，壅土围根；植株地上部分基本停止生长时，破埂盖土。盖土厚度以使分蘖节处于地表以下3cm左右为宜；若采取客土覆盖，即以黏土盖沙、沙土盖黏，还可以改良土壤。

（10）播种过晚造成的弱苗　多因冬前生长期短，积温不足，导致麦苗生长瘦弱，分蘖少。

管理要点：以划锄和补肥补水为主，三叶期亩施碳酸氢铵15～20kg；土壤墒情差、渗水快的麦田，三叶期后及时浇分蘖水（但墒情适宜或土壤黏重、渗水性差的地块，冬前不宜浇水），封冻前最后一次划锄，要注意壅土围根，以护苗安全越冬。

31. 冬小麦冬春死苗的防治方法有哪些？

在春季起身拔节前，部分麦田出现叶片死亡现象，心叶枯死、干枯，分蘖死亡，枯叶等属于死苗。应针对不同的死苗原因，对症防治。

（1）播前一定要整好地　加深耕作层，有利于小麦根系向纵深发展。整地做到"齐、平、松、碎、净、墒"，即达到"土地平整、耕层要松、土壤要碎、地要干净、墒情良好"的要求。

（2）选用抗寒品种　选用冬性强、抗寒性好的品种是防御冻害死苗的有效措施，各地应因地制宜，引种时要了解品种特征，既要有丰产性，又要有一定抗寒性，至少应在本地大多数年份能安全越冬，方可种植。

（3）苗期灌溉　对于底墒不足的早播麦田，可在分蘖期浇好苗期水，若土壤肥力不足可适当追施少量化肥，达到促苗早发、根深叶大的目的，利于安全越冬。对于晚播苗，主要矛盾是积温不足，管理上应以中耕松土提高地温和保墒为主。苗期不宜浇水，否则会降温影响麦苗升级。

（4）适时冬灌　冬灌可形成良好的土壤水分环境，调节耕层中的土壤养分，提高土壤的热容量，冬灌使表土封得严实，促进生根，多分蘖、长大蘖、育壮苗，减少冬季寒、旱造成的死苗，浇冬水不仅有利于越冬保苗，还能减轻早春寒、旱和温度剧烈变化带来的不利影响，因此是防御冬春死苗的重要措施。封冻水浇得过早过晚都不好。浇得过早，气温较高，蒸发量大，地表容易板结龟裂，对麦苗越冬不利；过晚浇水，地已封冻，水不易下渗，地面积水结冰，会闷死麦苗。因此，封冻水一定要适时浇才好。

（5）及时压麦 压麦可破碎土团、弥实裂缝、踏实土壤，使麦根和土壤紧实结合，促进根系发育，防止冬季因地表板结龟裂所造成的麦苗死亡；压麦还有提墒、保墒的作用。

（6）适当覆盖 冬季铺沙盖麦、破土盖麦，可以加深分蘖节入土深度和保护近地层的叶片，减少土壤水分蒸发，改善分蘖节处的水分状况，起到保温防冻的作用。具体做法有三种。

① 盖土 对一些播种质量差或播种过浅的麦田可以采取盖土的方法，一般覆土 1～2cm 即可起到较好的防冻保苗效果。选择晴朗天气把地表浮土用铁耙等覆在沟内，避免根茎裸露，减少小麦死苗。另外可在麦田内撒一些坑土或老房土，也同样起到防冻效果。到春季要及时清垄，在气温 5℃ 时将土清出田埂。对于抗寒性差的品种，播种浅、墒情差的麦田，应及时盖土。

② 盖肥 在未施农家肥或施得少的麦田内，冬季撒上一层农家肥，以提高地表温度，减轻冻害，保护麦苗。

③ 盖膜 越冬期实行地膜覆盖，可增温保墒，有效地防止冻害及促进小麦缓慢生长，从而增加分蘖，发育大蘖，形成壮苗，提高分蘖成穗率。在气温 3℃ 时盖膜，盖早了容易徒长，盖晚了叶片受冻，对于晚播麦，可播后即盖膜。

（7）做好病虫害的防治工作 对地下害虫造成的死苗，应在死苗率达 3% 时，进行药物防治。对金针虫、蛴螬重发区，亩用 40% 辛硫磷乳油 300g，兑水 2～3kg，喷于 25～30kg 细土中制成毒土，顺麦垄均匀撒入地面，随即浅锄。对于蝼蛄重发区，每亩用辛硫磷胶囊剂 150～200g 拌谷子等饵料 5kg 左右，或 50% 辛硫磷乳油 50～100g 拌饵料 3～4kg，拌匀后于傍晚撒在田间，每亩 2～3kg。也可用 40% 辛硫磷乳油 1000 倍液（将喷雾器喷头取下）进行灌根。对病害造成的死苗，可在小麦苗期用 12.5% 烯唑醇可湿性粉剂 2500～3000 倍液喷雾，或 20％三唑酮乳油 120～200mL、5％井冈霉素水剂 10g 兑水 40～50kg 顺麦垄喷洒幼苗，隔 7～10 天再喷一次。喷药应喷匀、喷透，使药液充分浸透根、茎。

（8）禁止麦田放牧　麦田放牧会使麦苗受到损伤，根系被拉断引起死苗，越冬期间保留下来的绿色叶片，返青后即可进行光合作用，它是春季恢复生长时所需养分的主要来源，因此严禁麦田放牧。

32. 小麦缺苗断垄的表现有哪些，如何预防和补救？

小麦出苗后，麦田出现缺苗断垄，易造成基本苗不足，严重影响小麦群体和成穗数，影响小麦产量。其发生的原因主要是地力墒情不好，或地面不平，浇水不匀，影响出苗；或小麦种子发芽率较低、播种机故障及地下害虫的危害等。冬小麦播种后，应及时检查出苗情况，一般麦垄内 15cm 以下无苗为缺苗，15cm 以上无苗为断垄。

（1）预防措施　精细整地，地要平整。足墒播种，如果播种时土地欠墒，一定提前一周浇水，待水分适宜时再播种。一定要做好麦种的发芽试验，发芽率低于 95％的尽量不要用作麦种，播前拌种要匀。

适时防治地下害虫。

（2）补救措施

① 补种　选择与缺苗地块相同的品种，先在适宜的温度条件下浸种、催芽，或用 2.5 万倍萘乙酸或 500 倍磷酸二氢钾溶液浸泡 12 小时，然后播种，以利于麦苗生出和生长。

② 移栽　小麦移栽是利用已育苗进行补稀的一种移苗定植栽培方法。它可以补晚茬、补缺苗、补断垄，起到以晚促早作用。只要方法得当，管理跟上，仍能促进群体的平衡生长，从而获得高产。

a. 移栽时期　一般在初冬和早春两个时期进行。决定移栽期的数量指标有两个：一是日平均气温在 3℃以上，田间土表不封冻；二是小麦苗龄 4.5 叶以上，分蘖 1 个以上，次生根不少于 4 条，且移栽最晚不得迟于小麦起身期。

b. 移栽密度　移栽小麦产量高低的限制因子为亩成穗数。根据高产小麦群体动态及分蘖成穗规律，初冬移栽，每亩基本苗应在 25 万～33 万株（包括 2 叶以上分蘖）；早春移栽，3 叶以上分蘖基本苗应在每亩 33 万～40 万株。

c. 移栽方法　移栽前要润足水，取苗时尽量不伤根、少伤叶。足墒栽植。土壤干旱，需开沟、带水定植，雨后应在晴暖天气，抢墒移栽，以利于扎根缓苗。栽时根系应理顺，埋土需严实，以防冻害死苗。

33. 冬小麦疙瘩苗和立针苗的发生原因是什么，如何防治？

（1）症状

① 疙瘩苗　在播种量过大、播种技术不精时，往往会出现播种后的麦苗成疙瘩苗的情形。

② 立针苗　似一根针立在那里，叶片少，麦苗长得细，长相差，形不成足够的分蘖。

（2）发生原因

① 播种质量不好，播量过大，播种技术不精，造成播种后的麦苗成疙瘩苗。耕地技术不好，土块不碎，明暗大坷垃多；播种时因行走不均，造成疙瘩苗。

② 播种过深，播后镇压时严重压苗，尤其是秸秆粉碎还田的地块，秸秆粉碎的质量不好或土块颗粒过大，使麦苗出土受阻可形成立针苗。另外，有时为了预防麦苗受冻，施用土杂肥盖苗过厚，春季麦苗起身时也易形成立针苗。

（3）防治方法

① 掌握适宜的播种量　应根据地力、品种、产量而定。要做好麦种的发芽测定，发芽率在 95％～98％ 的麦种，可掌握 0.5kg 种子能出 10000 棵苗，如果整地好，一般亩产 500kg 的地块，需播种 7～8kg。确定产量总穗数，依穗数定好冬前分蘖总数，依冬前分蘖总数定好基本苗数，然后选用合理的播种量。

② 及时去除多余苗　对于播种过密形成的疙瘩苗，应用中耕技术及早把多余的苗除掉。

③ 播前精细整地　整后的土地要平，力争土粒细碎。

④ 提高播种质量　播种时，应掌握合理的播种深度，一般以 3～5cm 为宜，防止过深过浅。对于播种过密、过深形成的疙瘩苗、立针苗，尽早扒土，把多余的麦苗除掉，以充分利用地力、光能使个体生长健壮。

⑤ 适时浇好小麦封冻水　为了使弱苗转壮，巩固冬前蘖，增加

春生蘖，结合浇冻水追施化肥，一般每亩施尿素 15～20kg，或浇施 2%～5%的尿素或磷酸二铵溶液。

🌱 34. 什么叫小麦露籽苗，如何预防？

小麦露籽苗，是指小麦出苗后部分种子裸露于地表发芽形成的苗，大田表现为生长不均。露籽苗容易发生冻害，易受旱，后期易倒伏，易青枯。

（1）发生原因　小麦播种时，盖土不匀；或者套播小麦时，因土层坚硬，种子没播入土中形成飘籽；或因机械故障等原因，容易出现露籽苗。

（2）预防措施　小麦播种或出苗后，要及时查苗，发现种子裸露于地表或发芽，判定为露籽苗。

要精细整地，保证小麦播种质量；对套播麦可在旋耕机中间安装大规格犁刀，反旋开墒沟，用开沟形成的细土盖种；发现种子裸露于地表或有露籽苗时要及早盖土。

🌱 35. 冬小麦黄苗的原因有哪些，如何防治？

冬小麦从小麦出苗到拔节前，田块中存在的黄叶、黄心、黄蘖等都属于黄苗（彩图 9）。

（1）发生原因

① 整地质量不好，明暗坷垃多，土壤悬松，扎根不实，导致麦苗缩心、黄叶。

② 施用未充分腐熟的基肥，或种肥施用过多，使种子或幼苗接触肥料，烧伤或死亡。

③ 低温、土壤干旱、大风和霜冻等气象因素影响。这种黄叶出现时间往往和天气变化紧密联系在一起，范围也往往很大，整块田表现比较一致。墒情不好，播种过深，使小麦苗瘦弱，叶片细长而黄。

④ 播种过早，麦苗过旺，地力差。麦田播种过早，麦苗过旺，且未施基肥或追肥不及时，麦苗由于缺乏营养而发黄。

⑤ 土壤板结、淹水、渍涝、盐碱害、有毒物质等因素影响。所有能够影响根系生长甚至造成部分根系死亡的因素都可以造成黄叶。土壤黏重，水分过多，通气不良，易造成根系发育不好，麦苗瘦弱，

叶发白发黄。

⑥ 土壤脱肥缺素。包括氮、磷、钾、钙肥等，尤其是在缺磷肥严重时叶黄苗小。

缺乏氮素营养的麦苗均匀地褪绿变黄，叶尖干枯，下部老叶发黄并枯死，植株矮小叶片弱，分蘖少。这种黄苗多出现在土壤贫瘠、基肥不足或追肥不及时的地块。

小麦缺钾，首先从老叶叶尖开始发黄，然后沿叶脉伸展，变黄部分与健部界线分明，呈镶嵌形，叶片黄化发软，后期常贴于地面。这类黄苗多发生在沙质地，一般表现为畦边重于畦中。

小麦缺锰，新叶叶脉间呈条状褪绿，变黄绿色到黄色。有时叶片呈浅绿色，黄色条纹扩大成为褐色斑点，叶尖焦枯。

⑦ 病虫危害。地下害虫，主要有蝼蛄、蛴螬、金针虫、胞囊线虫等，通过咬食根或茎基部茎叶，造成叶片发黄。病害主要有纹枯病、全蚀病和根腐病等。它们都属于真菌病害，发生初期均表现黄叶，但病斑发生的部位和病斑形状有所不同。纹枯病主要危害叶鞘，形成像云彩一样的斑点（比较大）并且从下往上扩展，颜色稍淡；全蚀病主要危害茎基部和根部，典型的病斑发生在茎基部，颜色很深，很像黑膏药，叶鞘上也会形成病斑，但不会向上扩展；根腐病只发生在根部，变褐腐烂。

⑧ 除草剂中毒发生黄苗。

（2）防治方法

① 对于播量过大造成植株黄瘦、细弱，营养不良，相互争光、争肥、争水，进而形成的黄弱苗。管理上要先抓紧疏苗，再结合浇水，追施少量氮、磷速效肥，以弥补土壤养分的过度消耗，促使麦苗由弱转壮。

② 对于因墒情不好或因播种过深形成的黄苗，要用竹耙扒去表土，帮助麦苗出土，或进行清理，以促进麦苗生长。

③ 对于因土壤过于黏重通气不好形成的黄苗，应先及时浇水，再中耕松土，破除僵硬层。

④ 对于因缺乏氮、磷、钾、锰肥的土壤造成的黄苗，抓紧时间补施速效性肥料，缺氮应在麦苗三叶期及时追施分蘖肥，每亩用尿素 $7 \sim 8 kg$ 或人粪尿 $600 \sim 700 kg$，在行间沟施或兑水浇施。缺磷则亩追过磷酸钙 $25 kg$ 或用 $3\% \sim 5\%$ 的过磷酸钙浸出液在叶面喷洒；缺钾时

亩追氯化钾 8～10kg，或磷酸二氢钾 150g，兑水 50～75kg，在叶面喷洒。对缺锰黄苗，应及时喷施 0.1％～0.3％的硫酸锰溶液 2～3 次。

⑤ 对于因施用未充分腐熟的有机肥或施种肥过多造成的黄苗，应立即浇水稀释肥效。

⑥ 对于因地下害虫、根腐病等病虫害造成的黄苗，地下害虫可选用 50％辛硫磷乳油 1000 倍液，或 90％晶体敌百虫 1000 倍液、10％吡虫啉可湿性粉剂 1000 倍液等，在被害麦苗周边进行灌根。麦圆蜘蛛，可选用的药剂有 0.3 波美度石硫合剂，或 20％哒螨灵可湿性粉剂 3000～4000 倍液、50％氟虫脲乳油 1000 倍液、50％四螨嗪悬浮液 5000 倍液等喷雾防治。

⑦ 对于除草剂中毒造成的黄苗，要及时喷施调节剂、叶面肥或解毒药物如赤霉酸，每亩用药 2g 兑水 50kg，均匀喷洒麦苗，可刺激麦苗生长，减轻药害。有条件的可灌一次水，增施分蘖肥，以减缓药害的症状和危害。

🌱 36. 冬小麦僵苗和小老苗的原因是什么，如何防治？

"小老苗"是小麦出苗后，由于种种原因出现的幼苗出叶、发根、分蘖缓慢，植株矮小，叶色深绿，不能正常分蘖，田间裸露的现象。这类麦苗在北方称为"小老苗"，在南方称为"僵苗"。造成"小老苗"和"僵苗"的主要原因是土壤板结潮湿，土壤通透性不良，整地质量差，土层薄，播种过深，土壤肥力差或磷肥严重缺乏等。

① 长江中下游麦区，秋播期间阴雨连绵，土壤板结、通气性差，以至形成黄根、红叶、独秆的"僵苗"。对这类麦田应加强麦田排水，松土散湿，增温促根；并补施磷肥，促根增蘖促发苗。

② 在北方冬麦区，"小老苗"主要发生在排水不良的低洼、易涝、盐碱地和稻茬地上。这些地的通病是地下水位高，土壤板湿，通透性差，早春地温低，速效氮、磷养分释放慢。有些地块是由于返盐伤根。对这类麦田应健全排水系统，降低地下水位，生育期间应勤松土，改善土壤通透性。

③ 秋季土壤干旱、脱肥也可形成"小老苗"，对这类麦田应结合浇水，追施氮、磷肥，使其尽快发苗。

④ 晚播小麦，冬前苗体小，次生根少。浇冻水偏晚又造成耕层

冻结、水分过多时，返青期返浆重、表层通气状况恶化，影响次生根出生，也易形成"小老苗"。对这类麦田，应在早春松土通气，促进发根。另外，在各类土壤中，都可因播种过深，导致苗体细弱，形成迟迟不发的"小老苗"。这在晚播小麦中表现更甚。

由上可见，形成"小老苗""僵苗"的原因是多方面的，采取补救措施时，应针对原因，对症解决。

37. 什么是小麦"土里闷"，如何预防？

小麦"土里闷"，是指小麦播种后，冬前不能正常出苗，麦田基本裸露，来年春天才开始出苗生长的现象。由于小麦开始生长较晚，后期植株矮小，成熟期明显晚于正常小麦。

（1）发生原因 主要是前茬作物收获晚或干旱或积水等，播种太晚，冬前温度偏低，积温少；土壤干旱，种子不能吸水萌动出苗。

（2）预防措施 对于土壤干旱不能正常出苗的麦田，要灌好底墒水，保证小麦出苗生长的水分需求；加快整地，尽量提早播种，若晚播不可避免，来年早春要及时中耕提高地温；加强水肥管理，促进出苗与幼苗生长。

38. 如何防治冬前小麦旺长？

过旺苗（彩图 10）是指冬前群体过大、个体生长发育过快、瘦弱、细长，或冬前就开始起身拔节的麦苗。小麦生育期长达 8 个多月，其间经过出苗、分蘖、越冬、返青等 11 个生育时期，易遭受暖冬、春寒等多种不良气候因素影响，出现冬前旺长、早春冻害、冬后倒伏等诸多问题，导致小麦减产，农谚讲"麦无二旺"就是这个道理。特别是暖冬气候，气温偏高、播种期偏早、播量偏大都容易形成小麦旺长。

（1）良种配套良法，搞好播种 在播种前应根据各地多年以来的气候特点选用冬性强的优良品种。适期晚播，尽量减少由于早播和秋冬气候偏暖引起的冬前旺长。根据地力高低、品种分蘖力强弱、播期早晚科学确定播种量，搞好精量和半精量播种，减少种子浪费，降低冬前形成旺苗的概率。

当地偏春性的品种一般在日平均温度在 16℃ 左右，冬前积温在

550～650℃时播种，一般肥力地块播量在 8～10kg，保证冬前单株分蘖 5～6 个，群体总茎数不超过 70 万/亩；当地偏冬性的品种一般在日平均温度 18℃左右，冬前积温 700～750℃时播种，一般肥力地块播量在 7～9kg，保证冬前单株分蘖 6～7 个，群体总茎数不超过 80 万/亩。

（2）因早播形成旺苗要踩压　由于早播，发现有旺长苗头的麦田，在麦苗分蘖以后可根据情况适时进行踩压，通过踩压使麦苗受到一定的伤害，起到暂时延缓小麦生长的作用。

（3）旺长程度轻的可深锄断根　对于旺长不严重的麦田可采用深耕断根的方法控制其生长。时间在立冬前后选晴天的下午进行深中耕，深度达 10cm 左右。通过深中耕达到切断部分根系，削弱植株吸收能力抑制地上部分生长的目的。

（4）严重旺长的要镇压　对因播期偏早、播量偏大等原因发生旺长的麦田，越冬前或起身前均可适时进行镇压。越冬前一是对因秸秆还田土壤架空和整地质量差坷垃多的地块进行镇压，以密封裂缝，使土壤和根系密接，预防麦苗根系受冻而死苗。二是对偏春性、半冬性品种旺长严重的地块，于 11 月中、下旬采用石磙镇压或人工踩踏的方法对其进行重度机械损伤，抑制茎叶过快生长。

在冬小麦返青期至起身前镇压，能控制地上部生长和过多分蘖的发生，在早春气温偏高的情况下，还能控制生育进程，避免过早进入拔节期，是控旺转壮的重要措施。镇压宜在上午 10 时以后无露水时进行。地湿麦田不压，以防土壤板结，影响土壤通气；已拔节麦田不压，以免折断节间，造成穗数不足。具体方法是用机动三轮车、小型拖拉机或耕牛牵石磙、铁制镇压器或闲置汽油桶（装适量水）等对旺长麦田（尤其是旋耕的旺长麦田）进行镇压。通过压实土壤、增温保墒，促进发根，控旺转壮，预防"倒春寒"和后期倒伏。没有机械的地方也可采用人工踏压的办法。镇压次数视苗情而定，一般旺苗麦田镇压 1～2 次即可。

（5）化学控旺　对旺长严重的麦田可在越冬期和春季拔节前化控。早春群体过大、有倒伏危险的麦田，可在小麦返青后中耕和镇压，小麦起身后、拔节前适当喷施生长延缓剂［如多唑·甲哌鎓（壮丰安）、多效唑等］，控制麦田旺长，缩短基部节间，降低株高，防止倒伏。

目前生产上应用较多的是 20% 多唑·甲哌鎓（壮丰安）乳油，每亩用量 30～40mL，兑水 30～40L 叶面喷洒。特别注意要掌握好喷药时期，过早过晚都不利，同时要注意合理用量并喷洒均匀，防止产生药害。

在 10 月中旬，喷洒多效唑溶液，对抑制叶片过度生长，有良好的效果，喷洒浓度为 100～200mg/L，即每亩用 15% 多效唑可湿性粉剂 30～40g，兑水 10～15L，叶面施用。

（6）控制肥水　为预防旺长应转变一次性施基肥不再追肥的传统做法，还应改变返青期追肥的传统做法。科学合理施肥，协调好氮磷钾肥比例，不过量偏施氮肥，提倡施用测土配方肥料，避免施肥盲目性和肥料浪费。

高产田还应采用氮肥后移技术，它是将氮素化肥的基肥比例减少到 50%，追肥比例增加到 50%，同时将春季追肥时间后移到拔节期。利用这项技术，可以有效地控制无效分蘖过多滋生，提高生育后期的根系活力，有利于延缓衰老，提高粒重，有利于提高生物产量和经济系数。尽量少施或不施苗肥，少施腊肥，适当迟施拔节孕穗肥。如土壤肥沃基肥充足的地块，应采取控制措施，推迟春季第一次肥水时间；如果地力差且由于早播形成的旺苗，要加强管理，适量补施氮肥，防止出现脱肥现象。

（7）及时防治病虫害　旺长麦田易发生病虫害。对蝼蛄、蛴螬、金针虫等地下害虫为害严重的地块或地段，应用 50% 辛硫磷乳油 300 倍液灌根，以杀死越冬幼虫，控制虫害。冬小麦返青后，应根据预测预报及时施药防治冬小麦蚜虫、红蜘蛛、纹枯病、锈病等病虫害。

另外注意旺长麦田要严禁牲畜啃青，因为牲畜啃青会将很多麦苗连根拔起，还会使很多麦苗的分蘖节外露，冬季来临使大量麦苗受冻死亡。

39. 为什么说小麦控旺并不是小麦越矮越好，如何用好化学控旺剂？

随着近几年来小麦控旺技术得到广大农户的重视，小麦化学控旺的应用也越来越普遍，但是现在经销商、零售商和农户对小麦控旺也产生了一些误区：一味地追求小麦的矮化效果，认为用了控旺产品，小麦高度越矮，控旺的产品就越好。

实际上任何作物的生长发育、开花结果都需要大量的营养物质，如果植物没有合理的高度，没有充足营养物质的积累，就会引起减产，因此小麦控旺产品并不是控制株高越好的产品就是好产品，好的控旺产品会在控制株高的同时，促进小麦的根系发达、茎秆粗壮、韧性更好，这样小麦的抗倒伏能力就越强。既抗倒伏又增长的才是好产品。

（1）矮壮素的正确使用

① 功能特点　矮壮素是赤霉酸的拮抗剂，使用矮壮素后，能有效控制植株徒长，促进生殖生长，植株节间缩短，长得矮、壮、粗，根系发达，抗倒伏，同时叶色加深、叶片增厚、叶绿素含量增多、光合作用增强，从而提高某些作物的坐果率，改善品质，提高产量。

矮壮素能提高根系的吸水能力，影响植物体内脯氨酸的积累，有利于提高植物的抗逆性，如抗旱、抗寒、抗盐碱及抗病等能力。矮壮素可经由叶片、幼枝、芽、根系和种子进入到植株体内，因此可以浸种、拌种、喷洒、浇灌，根据不同作物选择不同的施药方法，以期达到最佳效果。

② 矮壮素在小麦上的使用　用0.3%～0.5%药液浸种6小时，药液：种子＝1：0.8，晾干后播种；拌种用2%～3%药液喷在种子上，闷种12小时播种，可壮苗，使根系发达、分蘖早、分蘖多，增产12%左右。在分蘖初期，用0.15%～0.25%药液喷洒，喷洒药液量50kg/亩（浓度不宜再高，否则会推迟抽穗和成熟），麦苗矮健，分蘖多，增产6.7%～20.1%。或在分蘖末拔节初喷洒，能有效抑制茎秆下部1～3节节间伸长，对防止小麦倒伏极为有利，并提高成穗率。如在拔节期喷洒，则在抑制节间伸长的同时，影响穗的正常发育，造成减产。

（2）多效唑的正确使用

① 功能特点　多效唑是一种植物生长调节剂，具有延缓植物生长，抑制茎秆伸长，缩短节间，促进植物分蘖，增加植物抗逆性能，提高产量等效果。本品适用于水稻、麦类、花生、果树、烟草、油菜、大豆、花卉、草坪等作物，使用效果显著。

② 多效唑在小麦上的使用　在返青期，每亩喷洒200mg/L药液30kg，可使植株矮化，抗倒伏能力增强，并能兼治小麦白粉病和提高植株对氮素的吸收利用率。

（3）甲哌鎓（缩节胺）的正确使用

① 功能特点　98%甲哌鎓可湿性粉剂是新型植物生长调节剂，可用于多种作物，发挥多种功效，能促进植物发育，使其提前开花、防止脱落、增加产量，能增强叶绿素合成，抑制主茎和果枝伸长。根据用量在植物不同生长期喷洒，可调节植物生长，使植株坚实抗倒伏，改善色泽，增加产量。

98%甲哌鎓可湿性粉剂是一种与赤霉酸拮抗的植物生长调节剂，用于棉花等植物上。此外，98%甲哌鎓可湿性粉剂用于冬小麦可防止倒伏；用于柑橘可增加糖度；用于观赏植物可抑制植株徒长，使植株坚实，抗倒伏和改善色泽；用于番茄、瓜类和豆类可提高产量，促进提早成熟。

② 98%甲哌鎓可湿性粉剂使用原则　喷高不喷低、喷壮不喷弱、喷涝不喷旱、喷肥不喷瘦，少量、多次的原则。

③ 98%甲哌鎓可湿性粉剂在小麦上的使用

a.拌种　用 4~5g，兑水 2.5kg，麦种 5kg，搅拌均匀，随种随拌，晾干即可播种。

b.拔节期　每亩用 10g，兑水 15kg，喷洒。

c.扬花期　每亩用 10g，兑水 15kg，喷洒。

40. 小麦无分蘖发生的原因有哪些，如何预防？

小麦冬前分蘖期和春季分蘖期，没有正常分蘖发生，只有主茎生长。表现为一粒种子只有一个单茎的现象，也无分蘖成穗。

（1）发生原因　一是播量过大，单株营养条件差，只能满足主茎生长，没有足够的营养供应分蘖生长，造成不能正常分蘖。

二是播种过晚，冬前小麦 3~4 叶时气温稳定达到 3℃以下，小麦进入越冬阶段停止生长，返青后或有少量分蘖，但由于发育进程与主茎差异较大，营养不能充足供应，长势弱，最终成为无效分蘖而死亡。

小麦的正常分蘖有一定规律，小麦分蘖发生在地下不伸长的茎节上，也称为分蘖节，分蘖节的每个茎节长一片叶子，同时产生一个分蘖。小麦的叶片与分蘖有同伸关系，当主茎长出第 3 片叶子时，会在胚芽鞘上长出第 1 个分蘖，称胚芽鞘蘖。主茎长出第 4 片叶子时，分蘖节上长出第 1 个分蘖，主茎长出第 5 片时，分蘖节上长出第 2 个分蘖，依次类推。主茎上长出的分蘖为一级分蘖，一级分蘖有（$N-3$）的分蘖规律（N 为主茎叶片数）；一级分蘖也能产生分蘖，称为二级分蘖，二级分蘖长到 3 片叶时产生第一个二级分蘖，二级分蘖有（$N-2$）的分蘖规律。到小麦主茎长到第 4 片叶以后还没有分蘖，称为分蘖异常。第 4 片叶后，某一片叶上没有长出分蘖，为缺位蘖，严重时所有叶位都没有长出分蘖。

（2）预防措施 降低播量，充分发挥小麦个体的分蘖能力。一般高产麦田小麦播量控制在 6～8kg/亩，中产麦田播量控制在 8～10kg/亩，对分蘖能力较强的品种或播种较早的麦田，其播量还需适当降低。

适时播种，保证小麦正常分蘖壮苗越冬。一般冬性小麦品种，应在冬前积温 700～800℃时播种，冬前叶龄达到 7 叶 1 心左右，一级分蘖 4～5 个；一般春性小麦品种，应在冬前积温 600～700℃时播种，冬前叶龄达到 6 叶左右，一级分蘖 3～4 个。

第三章

小麦田间管理技术

第一节　小麦各阶段的田间管理技术要领

41. 每年小麦长势不齐是什么原因?

据农民反映,有些地区小麦每年都会有一半长势差,并且出苗稀的状况发生。原因有以下几点。

第一,可能是土壤的原因。要看这部分土壤的性质,是不是耕层瘠薄;或耕层下是沙质土,保水保肥性差,导致小麦生长没有后劲,逐渐变弱不长;或者土质偏盐碱不发苗。

第二,如果不是土质或耕层的原因,就要看土壤中是否含有较多的病菌,比如根腐病病菌、纹枯病病菌、全蚀病病菌等,这些病害的根部或接近地面的茎基部都有明显的变色腐烂或病斑,播种之前用含有杀菌剂的包衣剂拌种就能减轻发生。

第三,孢囊线虫病也会导致小麦出现植株矮小、叶片黄等症状,拔出根系能看到上面有很多肿大的根节。

第四,小麦土传花叶病毒病也会抑制植株的生长,但不矮化,只是纤弱穗小,叶片上有黄色条纹。

只有找出病因,才能够进行及时有效的防治。

42. 如何抓好冬前及越冬期麦田管理?

从播种出苗到越冬开始(日平均气温降到 2℃以下)是小麦的冬前生长时期。适期播种的冬小麦一般经历 50～60 天。从年前平均气温降至 2℃以下开始到翌年平均气温回升到 2℃左右时为止,一般称为小麦越冬期。冬小麦从出苗到越冬具有"三长一完成"的生育特点，即长叶、长根、长分蘖和完成春化阶段。其田间管理的调控目标：在适播期高质量播种，争取麦苗达到齐、匀、全，促弱控旺，促根增蘖，力促年前成大蘖和壮蘖，培育壮苗，为翌年多成穗、成大穗奠定良好基础，并协调好幼苗生长与养分贮存的关系，确保麦苗安全越冬。

（1）查苗补苗，疏密补缺 小麦群体虽然具有一定的自动调节能力，但缺苗断垄仍对小麦产量影响很大。因此，在小麦刚出苗时，就要及时进行查苗补种。要求无漏播、无缺苗断垄。一般行内 15cm 一段无苗为缺苗，15cm 以上行段无苗为断垄。为了使补种的种子早出土，可将补种的麦种在冷水中泡 24 小时后晾干播种，确保苗全苗匀。若补种后仍有缺苗断垄，可在越冬前 20～30 天疏密补稀，移栽补苗，补栽时要做到"上不压心，下不露白"。栽后要浇水踏实，以利于成活。

对播量大而苗多者或田间疙瘩苗，要采取疏苗措施，保证麦苗密度适宜，分布均匀。

（2）破除地面板结 播种后遇雨或浇"蒙头水"（播种后进行田面灌水）后，要及时破除地面板结，以利于出苗。浇冻水过早的麦田要及时进行锄划，既可以锄草，又可以松土保墒，并可避免由于土壤龟裂造成的冬季干寒风侵袭死苗。

（3）看苗分类管理

① 弱苗管理 对因误期晚播，积温不足，苗小、根少、根短的弱苗，冬前只宜浅中耕，以松土、增温、保墒为主，促苗早发快长。冬前一般不宜追肥浇水，以免降低地温，影响幼苗生长。对整地粗放，地面高低不平，明、暗坷垃较多，土壤悬松，麦苗根系发育不良，生长缓慢或停止的麦田，应采取镇压、浇水、浇后浅中耕等措施来补救。对播种过深，麦苗瘦弱，叶片细长或迟迟不出的麦田，应采取镇压和浅中耕等措施以提墒保墒。对于因地力、墒情不足等造成的弱苗，要抓住冬前有利时机追肥浇水，一般每亩追施尿素 10kg 左右，并及时中耕松土、促根增蘖、促弱转壮。

② 壮苗管理 对壮苗应以保为主，要合理运筹肥水及中耕等措施，以防止其转弱或转旺。对肥力基础较差，但底墒充足的麦田，可趁墒适量追施尿素等速效肥料，以防脱肥变黄，促苗一壮到底。对肥

力、墒情均不足，只是由于适时早播，生长尚属正常的麦田，应及早施肥浇水，防止由壮变弱。对底肥足、墒情好，适时播种，生长正常的麦田，可采用划锄保墒的办法，促根壮蘖，灭除杂草，一般不宜追肥浇水，若出苗后长期干旱，可普浇一次分蘖盘根水；若麦苗长势不匀，可结合浇分蘖水点片追施尿素等速效肥料；若土壤不实，可浇水以踏实土壤，或进行碾压，以防止土壤空虚透风。

③ 旺苗管理　对于因土壤肥力基础较好、底肥用量大、墒情适宜、播期偏早而生长过旺，冬前群体有可能超过100万株的麦田，应采取深中耕或镇压等措施，以控大蘖促小蘖，争取麦苗由旺转壮。对于地力并不肥，只是因播种量大，基本苗过多而造成的群体大，麦苗徒长，根系发育不良，且有旺长现象的麦田，可采取镇压并结合深中耕措施，以控制主茎和大蘖生长，控旺转壮。

（4）适时冬灌　小麦越冬前适时冬灌是保苗安全越冬、早春防旱、防倒春寒的重要措施。对秸秆还田、旋耕播种、土壤悬空不实或缺墒的麦田必须进行冬灌。冬灌应注意掌握以下技术要点。

① 适时冬灌　冬灌过早，气温过高，易导致麦苗过旺生长，且蒸发量大，入冬时失墒过多，起不到冬灌应有的作用。灌水过晚，温度太低，土壤冻结，水不易下渗，很可能造成积水结冰而死苗，对小麦根系发育及安全越冬不利。适时冬灌的时间一般在日平均气温7～8℃时开始，到0℃左右夜冻昼消时完成，即在"立冬"至"小雪"期间进行。

② 看墒看苗冬灌　小麦是否需要冬灌，一要看墒情，凡冬前土壤含水量沙土地在15%左右，两合土在20%左右，黏土地在22%左右，地下水位高的麦田可以不冬灌；凡冬前土壤湿度低于田间持水量80%且有浇水条件的麦田，都应进行冬灌。二要看苗情，单株分蘖在1.5个以上的麦田，比较适宜冬灌，一般弱苗特别是晚播的单根独苗，最好不要冬灌，否则容易发生冻害。

③ 按顺序冬灌　一般是先灌渗水性差的黏土地、低洼地，后灌渗水性强、失墒快的沙土地；先灌底墒不足或表墒较差的二、三类麦田，后灌墒情较好、播种较早，并有旺长趋势的麦田。

④ 适量冬灌　冬灌水量不可过大，以能浇透、当天渗完为宜，小水慢浇，切忌大水漫灌，以免造成地面积水，形成冰层使麦苗窒息而死苗。

⑤ 灌后划锄　浇过冬水后的麦田，在墒情适宜时要及时划锄松土，以免地表板结龟裂、透风伤根而造成黄苗、死苗。

⑥ 追肥与冬灌　对于基肥较足、地力较好的麦田，浇冬水时一般不必追肥。但对于没施基肥或基肥用量不足、地力较差的麦田，或群、个体达不到壮苗标准（每亩群体在50万株下）的麦田，可结合浇越冬水追氮素肥料，一般每亩追施尿素5～7.5kg，以促苗升级转化。除氮肥外，基肥中没施磷钾肥的麦田，还应在冬前追施磷钾肥。

特别提示：对于墒情较好的旺长麦田，可不浇越冬水，采取冬前镇压技术以控制地上部旺长，培育冬前壮苗，防止越冬期低温冻害。

（5）中耕镇压防旺长　每次降雨或浇水后要适时中耕保墒，破除板结，促根蘖健壮发育。小麦中耕，苗期一般进行3次，即分蘖始期一次，宜浅耕，以促根促蘖；年前分蘖盛期一次，可深锄5～6cm，控制群体；早春一次，以浅锄，促进春发。

对群体过大旺麦田，可采取深中耕断根或镇压措施，控旺转壮，保苗安全越冬。播种过早的旺苗，幼苗叶片细长，分蘖不足，主茎和部分大蘖冬前就进入二棱期。这类旺苗往往前旺后弱，冬季遇连续5小时 −10～−8℃低温会冻伤，应适期镇压，以抑制麦苗主茎和大蘖生长，控制旺长。镇压宜选在晴天的早晨进行，有霜冻或露水未干时不能镇压，以免伤苗，镇压后及时划锄，浇冻水，同时每亩施碳酸氢铵10～15kg。必要时喷施一次0.2%～0.3%矮壮素溶液，以抑制旺长，防御冻害。通过镇压，促进低位分蘖早生快发，形成壮苗越冬。

（6）覆盖防冻

① 覆盖秸秆　冬前在旱地小麦行间每亩撒施300～400kg麦糠、碎麦秸或其他植物性废弃物，既保墒，又防冻，腐烂后还可以改良土壤，培肥地力，是旱地小麦抗旱、防冻、增产的有效措施。

② 盖粪　在小麦进入越冬期后，顺垄撒施一层粪肥，可以避风保墒，增温防冻，并为麦苗返青生长补充养分。盖粪的厚度以3～4cm为宜；粪肥不足时，晚茬麦田、浅播麦田、沙地麦田以及播种弱冬性品种的麦田要优先盖。

③ 壅土围根　在越冬前麦苗即将停止生长时，结合划锄，壅土围根，可以有效防止小麦越冬期受冻；冻害严重的年份效果尤为明显，一般可增产5%～10%。

（7）搞好杂草冬治　杂草于冬前 11 月至 12 月上旬进行防除，因为此时田间杂草基本出齐（出土 80%～90%），且草小（2～4 叶），抗药性差，小麦苗小（3～5 叶），遮蔽物少，暴露面积大，着药效果好，一次施药，基本全控，而且施药早间隔时间长，除草剂残留少，对后茬作物影响小，是化学除草的最佳时期。应于 11 月至 12 月上旬，日平均气温 10℃ 以上时及时防除麦田杂草。对野燕麦、看麦娘、黑麦草等禾本科杂草，每亩用 6.9% 精噁唑禾草灵水乳剂 60～70mL 或 10% 精噁唑禾草灵乳油 30～40mL，兑水 30kg 喷雾防治；对播娘蒿、荠菜、猪殃殃等阔叶类杂草，每亩可用 75% 苯磺隆干悬浮剂 1～1.8g，或用 10% 苯磺隆可湿性粉剂 10g，或用 20% 氯氟吡氧乙酸乳油 50～60mL 加水 30～40kg 喷雾防治。

（8）做好防治病虫工作　越冬前主要害虫是蝼蛄、金针虫、麦秆蝇、蚜虫等，多发性病害有锈病、白粉病、全蚀病等，要注意监测，控制发病中心，及时防治。

（9）严禁麦田放牧啃青　越冬期间保留下来的绿色叶片，返青后即可进行光合作用，它是刚恢复生长时所需养分的主要来源。"牛羊吃叶猪拱根，小鸡专叼麦心叶。"畜禽啃麦，直接减少光合面积，严重影响干物质的生产与积累；啃青损伤植株，使其抗冻耐寒能力大大降低；啃去主茎或大蘖后，来春虽可再发小蘖并成穗，但分蘖成穗率明显下降，且啃青后的小蘖幼穗分化开始时间晚，历期短，最终导致穗小粒少，茎秆纤弱，易倒伏，且成熟期推迟，粒重大幅度下降。一般啃麦次数越多，减产越严重。因此，各级各类麦田均要加强冬前麦田管护，管好畜禽，杜绝畜禽啃青，以免影响小麦产量。

🌱 43. 小麦苗情偏弱，春季培管技术措施有哪些？

小麦冬前苗情偏弱，春季田间管理应按照"以促为主、促控结合"的原则，因地制宜、因苗施策，搞好分类管理，促二、三类苗转化升级，增分蘖促生根保穗数，减少小花退化、增粒数。重点应抓好以下几个方面的技术措施：

（1）及早镇压，保墒增温促早发　春季镇压可压碎土块，弥封裂缝，使经过冬季冻融疏松了的土壤表土层沉实，使土壤与根系密接，有利于根系吸收养分，减少水分蒸发。因此，对于吊根苗和耕种粗放、坷垃较多、秸秆还田导致土壤暄松的地块，一定要在早春土壤化冻后进行镇压，沉实土壤，减少水分蒸发和避免冷空气侵入分蘖节附近冻伤麦苗；对没有浇水条件的旱地麦田，在土壤化冻后及时镇压，促使土壤下层水分向上移动，起到提墒、保墒、增温、抗旱的作用。早春镇压要和划锄结合起来，先压后锄，以达到上松下实、提墒保墒增温抗旱促早发的作用。

（2）**适时进行化学除草，控制杂草危害**　麦田除草最好在冬前进行，但受冬前干旱、降温较早等因素的影响，冬前化学除草面积相对较少。因此，适时搞好春季化学除草工作尤为重要。在北方，要在小麦返青初期及早化学除草。但要避开倒春寒天气，喷药前后3天内日平均气温在6℃以上，日最低气温不能低于0℃，白天喷药时气温要高于10℃。针对麦田杂草群落结构，可选用如下除草剂：

双子叶杂草中，以播娘蒿、荠菜等为主的麦田，可选用双氟磺草胺、2甲4氯钠、2,4-滴异辛酯等药剂；以猪殃殃为主的麦田，可选用氯氟吡氧乙酸、双氟・氟氯酯、双氟・唑嘧胺等；对于以猪殃殃、荠菜、播娘蒿等阔叶杂草混生的麦田，建议选用复配制剂，如双氟・氟氯酯，或双氟・氯氟吡，或双氟・唑草酮等，可扩大杀草谱，提高防效。

单子叶杂草中，以雀麦为主的小麦田，可选用啶磺草胺＋专用助剂，或氟唑磺隆，甲基二磺隆＋专用助剂等防治；以野燕麦为主的麦田，可选用炔草酯，或精噁唑禾草灵等防治；以节节麦为主的麦田，可选用甲基二磺隆＋专用助剂等防治；以看麦娘、硬草为主的麦田可选用炔草酯，或精噁唑禾草灵等防治。

双子叶和单子叶杂草混合发生的麦田可用以上药剂混合进行茎叶喷雾防治，或者选用含有以上成分的复配制剂。要严格按照药剂推荐剂量喷施除草剂，避免随意增大剂量对小麦及后茬作物造成药害，禁止使用长残效除草剂如氯磺隆、甲磺隆等。

（3）**分类指导，科学施肥浇水**　肥水管理要因地因苗制宜，突出分类指导。

① 三类麦田　三类麦田多属于晚播弱苗，春季田间管理应以促为主。尤其是"一根针"或"土里捂"麦田，要通过"早划锄、早追肥"等措施促进苗情转化升级。一般在早春表层土化冻2cm时开始划锄，拔节前力争划锄2～3遍，增温促早发。同时，在早春土壤化冻后及早追施氮素化肥和磷肥，促根增蘖保穗数。只要墒情尚可，应

尽量避免早春浇水，以免降低地温，影响土壤透气性等导致麦苗生长发育延缓。待日平均气温稳定在 5℃时，三类苗可以同时施肥浇水，每亩施尿素 5～8kg，促三类苗转化升级；到拔节期每亩再施尿素 8kg，促进穗花发育，增加每穗粒数。

② 二类麦田　二类麦田属于弱苗和壮苗之间的过渡类型，春季田间管理的重点是促进春季分蘖的发生，巩固冬前分蘖，提高冬春分蘖的成穗率。一般在小麦起身期进行肥水管理，结合浇水亩追尿素 15kg 左右。

③ 一类麦田　一类麦田多属于壮苗麦田，在管理措施上要突出氮肥后移。对地力水平较高，群体 70 万～80 万的一类麦田，要在小麦拔节中后期追肥浇水，以获得更高产量；对地力水平一般，群体 60 万～70 万的一类麦田，要在小麦拔节初期进行肥水管理。一般结合浇水亩追尿素 15～20kg。

④ 旺长麦田　旺长麦田由于群体较大，叶片细长，拔节期以后，容易造成田间郁闭、光照不良，从而招致倒伏。主要应采取以下管理措施：

一是镇压。返青期至起身期镇压可有效抑制分蘖增生和基部节间过度伸长，调节群体结构，提高小麦抗倒伏能力，是控旺转壮的重要技术措施。注意在上午霜冻消除、露水消失后再镇压。旺长严重地块可每隔一周左右镇压一次，共镇压 2～3 次。

二是因苗确定春季追肥浇水时间。对于年前植株营养体生长过旺，地力消耗过大，有"脱肥"现象的麦田，可在起身期追肥浇水，防止过旺苗转弱苗；对于没有出现脱肥现象的过旺麦田，早春不要急于施肥浇水，应在镇压的基础上，将追肥推迟到拔节后期，一般施肥量为亩追尿素 12～15kg。

⑤ 旱地麦田　旱地麦田由于没有浇水条件，应在早春土壤化冻后抓紧进行镇压划锄、顶凌耙耱等，以提墒、保墒。弱苗麦田，可在土壤返浆后，借墒施入氮素化肥，促苗早发；一般壮苗麦田，应在小麦起身至拔节期间降雨后，抓紧借雨追肥。一般亩追施尿素 12kg。对底肥没施磷肥的要在氮肥中配施磷酸二铵，促根下扎，提高抗旱能力。

（4）精准用药，绿色防控病虫害　返青拔节期是麦蜘蛛的危害盛期，也是纹枯病、茎基腐病、根腐病等根茎部病害的侵染扩展高峰期，要抓住这一多种病虫混合集中发生的关键时期，根据当地病虫发生情况，以主要病虫为目标，选用适宜杀虫剂与杀菌剂混用，一次施药兼治多种病虫。要精准用药，尽量做到绿色防控。防治纹枯病、根腐病可每亩选用250g/L丙环唑乳油30～40mL，或300g/L苯醚·丙环唑乳油20～30mL，或240g/L噻呋酰胺悬浮剂20mL喷小麦茎基部，间隔10～15天再喷一次；防治麦蜘蛛宜在上午10:00以前或下午4:00以后进行，可亩用5%阿维菌素悬浮剂4～8g或4%联苯菊酯微乳剂30～50mL。

（5）密切关注天气变化，防止早春冻害 早春冻害（倒春寒）是早春常发灾害。防止早春冻害最有效的措施是密切关注天气变化，在降温之前灌水。由于水的比热容比空气和土壤的比热容大，因此早春寒流到来之前浇水能使近地层空气中水汽增多，在发生凝结时，放出潜热，以减小地面温度的变幅。因此，有浇灌条件的地区，在寒潮来前浇水，可以调节近地面层小气候，对防御早春冻害有很好的效果。

小麦是具有分蘖特性的作物，遭受早春冻害的麦田不会将全部分蘖冻死，另外还有小麦蘖芽可以长成分蘖成穗。只要加强管理，仍可获得好的收成。因此，若早春一旦发生冻害，就要及时进行补救。主要补救措施：一是抓紧时间，追施肥料。对遭受冻害的麦田，根据受害程度，抓紧时间，追施速效化肥，促苗早发，提高2～4级高位分蘖的成穗率。一般每亩追施尿素10kg左右。二是及时适量浇水，促进小麦对氮素的吸收，平衡植株水分状况，使小分蘖尽快生长，增加有效分蘖数，弥补主茎损失。三是叶面喷施植物生长调节剂。小麦受冻后，及时叶面喷施植物细胞膜稳态剂、复硝酚钠等植物生长调节剂，可促进中、小分蘖的迅速生长和潜伏芽的快发，明显增加小麦成穗数和千粒重，显著增加冻害麦田小麦产量。

44. 冬小麦早春季节发黄连片死的可能原因有哪些，如何防治？

进入3月，小麦要进行施肥、浇水、除草、打药等管理，但有的小麦出现发黄连片死，农民不敢施肥，不敢打药。这种情况的可能原因有以下几点。

（1）播种耕层浅 一般来说，麦田秸秆还田现象比较多，虽提高了土壤肥力，但是，因玉米秸秆还田量大，耕层一般都不足 20cm，小麦很难扎根于土壤中，养分供给不足，长此以往，易出现黄化现象。

建议：以后种植时，秸秆切碎后一定要镇压保墒，防止出现中空。对于已经耕种的小麦要及时补施氮肥，最好年前补施氮肥。

（2）缺氮、缺磷型发黄 指由于播种过早、基肥施得不足或基肥中含氮量低，导致小麦叶片发黄。

建议：应在返青期每亩追施尿素 5kg 左右，起身或拔节期每亩再追施尿素 12～15kg。

（3）病虫为害导致发黄 麦蚜和麦蜘蛛吸取叶片汁液而造成的叶片发黄，主要发生在越冬期前后。小麦病害主要有叶枯病、纹枯病、全蚀病和根腐病。它们都是真菌病害，发生初期都能表现黄叶。

（4）冻害 年前骤然低温，部分区域出现降雪天气，小麦未能逐渐适应低温，抗逆能力相当弱，而且跨越式接受寒冷，造成部分地块冬小麦出现叶片黄化、根系弱小、发黑腐烂、冻害干枯等现象。

（5）除草剂药害 开春后，随着气温回升，小麦进入返青期，杂草也进入快速生长阶段，如不及时防治，容易形成"草欺苗"现象，影响小麦生长，甚至形成草荒。此时若除草，小麦刚开始返青，根苗脆弱，承受不住除草剂的杀伤力。药打到地里，昼夜温差又大，易出现药害，导致叶片发黄。

小麦发黄、死棵现象对小麦产量影响很大。若不能及时处理，将影响小麦的正常生长和安全越冬，造成严重减产。

3 月是小麦除草的时期，施药前要注意查看天气预报，一定要避开倒春寒天气，保证喷药后 3 天内日平均气温在 6℃ 以上，最低气温不能低于 0℃，最好在 4℃ 以上，喷药时白天气温要高于 10℃，这样才能既保证除草效果，又不会出现药害。

45. 小麦返青迟缓的原因有哪些，如何预防？

春季返青期（彩图 11），小麦新叶片迟迟不能长出，北方冬麦区麦田呈现一片枯黄，无明显越冬期的黄淮麦区春季仍为冬前长出的老叶，呈现深绿色，这种现象叫小麦返青迟缓。一般春季返青期，麦田呈枯黄或深绿，迟迟长不出春生的新叶片，可诊断为小麦返青迟缓现象。

（1）发生原因　主要是春季土壤干旱，耕层土壤含水量不足相对含水量的30%；土壤板结，地温偏低都会影响小麦的正常返青。

（2）预防措施　春季返青期要及时浇返青水，保证土壤相对含水量在60%以上；及时中耕，破除土壤板结，提升地温，促进小麦返青与生长。

46. 如何抓好小麦返青起身期的管理？

在冬麦区，当春季天气回暖，温度升至2～4℃及以上时，小麦即从越冬状态恢复生长；至返青时，麦田呈现明快的绿色。小麦返青也是一生中的重要转折时期，冬前壮苗能否安全越冬，转为春季壮苗，并进而发育为壮株，是小麦能否高产的重要环节。返青起身期是决定每穗小穗数目，提高成穗率，为穗数增多奠定基础的主要时期。其管理要点如下。

（1）搂麦和压麦　搂麦（或锄麦）可以松土保墒，还能提高地温，促进根系发育。在大田生产中，是否搂麦，要根据具体条件来决定。对有旺长趋势的麦田可深搂（锄），以抑制春季分蘖发生。如果冻水浇得适时、适量，经冬、春冻融作用后形成松散的表层，即可不必搂麦。若冻水浇得早，或秋、冬温度过高，土壤失水严重，地表龟裂、板结时，应在早春及时搂麦（或锄地），以便弥合裂缝，松土保墒。对这类麦田，也可在地表化冻5cm左右时，在晴天的下午进行压麦，可以起到弥缝保墒作用。对有旺长趋势的麦田，早春压麦有抑制旺长、防止倒伏的积极作用。

（2）返青后中耕　小麦返青后对麦田进行中耕，可以增温保墒，消灭杂草，促进麦苗健壮生长。对弱苗或受冻的麦田，要浅中耕，防止伤根。对于旺长或有旺长趋势麦田，应进行深耕断根，控制地上部生长，变旺苗为壮苗。对群体大、个体弱的假旺苗，一般不宜深中耕，可采取人工剔苗、横耙疏苗等措施，控制群体增长。

（3）返青期追肥　返青期追肥要根据苗情、地力等决定是否实施。

① 弱苗　对于由各种原因引起的弱苗，返青期施肥对促其转壮和增加穗数是有利的。对于冻害严重的麦田、晚播麦田、脱肥发黄麦田和群体小的麦田要趁墒追肥，每亩施尿素10kg或硝酸磷肥18kg，

到拔节期再视苗情追施一次肥。对于施肥充足或已施用冬肥的麦田，则不能再施返青肥。追肥要注意土壤墒情，墒情不足的要结合浇水进行。

② 旺苗和壮苗　对于在秋、冬已建立了适宜群体的壮苗和偏旺苗，只要不表现脱肥，返青期则不必施肥，以免造成群体过大。

（4）返青期浇水　是否浇返青水，应视墒情、地力、温度和苗情而定。土壤墒情适宜时，返青期一般不浇水，以免浇水后造成地面板结，降低地温而影响返青。对于未浇冻水或冻水浇得过早，越冬期间严重失墒，返青期 0～50cm 土层的水分严重亏缺，特别是当分蘖节处于干土层而影响返青时，应及时浇返青水。浇水的时间应在 5cm 平均地温稳定在 5℃以上时进行，返青水浇得太早，有时会引起早春冻害。

（5）起身期（二棱期）肥水　由于二棱期肥水以保蘖增穗为主要目的，因此是否需要施用二棱期肥水，应以是否需要保蘖为主要衡量指标。

① 若年前群体适中或较大，基肥和地力充足，不施二棱肥也能确保要求的穗数时，则可以不施或减量施用，以取其利避其害。

② 若冬前基本苗少，群体偏小，基肥少而又地力弱时，则应酌情施用，以确保穗数。

③ 对于晚播麦田，在基本苗够数，基肥施用充足，而墒情又较好时，则不应施用二棱期肥水，以免延迟成熟，造成减产。

值得注意的是：单棱期肥水和二棱期肥水效应基本相同，需要施用时只择其一。若返青期不需补水，一般以二棱肥水为好。单棱肥和二棱肥的施肥量不宜过大，以能起到保蘖作用而在拔节前又不脱肥为原则。一般施肥量占全生育期总施肥量的 1/4 左右。若施肥量过大，常导致中上部叶片过大，基部节间过长，田间郁闭，穗数过多，而引起倒伏。

（6）做好病虫害防治　小麦返青后以纹枯病、白粉病等病害为主要防治对象，在小麦拔节前，用 12.5% 烯唑醇可湿性粉剂，每亩 30g，兑水 40kg，重点喷洒小麦茎基部进行防治。对小麦蚜虫，可用 4.5% 氯氰菊酯乳油，每亩 30～40mL，兑水 40kg 喷雾防治。对红蜘蛛，可用 1.8% 阿维菌素乳油，每亩 8～10mL，兑水 40kg 喷雾防治。

（7）预防晚霜冻害　3 月中下旬至 4 月初常会出现程度较强的寒

流天气，要密切注意天气变化，在寒流到来以前抓紧浇水平抑麦田地湿，预防冻害发生。

（8）提前拔除杂草　起身拔节期是便于区别野燕麦、大麦和杂株的关键时期。对一些种子繁殖田而言，要结合春灌拔除野燕麦、大麦和杂株等，提高小麦种子田纯度。

47. 小麦返青期水肥管理的误区有哪些？

（1）误区一：返青水越早浇越好，返青肥越早施越好　从返青开始（新年后发出第一片心叶）到拔节之前，历时约一个月，属苗期阶段的最后一个时期，这个时期的生长主要是生根、长叶和分蘖。在2月中上旬浇水施肥，容易发青苗而不发好苗。

正确方法：返青水肥应结合小麦的生长情况、田间持水量的多少进行施用，对于麦苗长势弱、单株分蘖少的麦田，要在返青期及时施肥浇水；对于麦苗土壤墒情和麦苗生长正常的麦田，春季施肥、灌溉可推迟到拔节末期进行。

（2）误区二：重施氮肥忽视磷钾肥　氮肥过多，磷肥钾肥不足会造成小麦无效分蘖增加，茎秆细弱，抗倒伏、抗寒、抗病能力下降，容易遭受春季倒春寒冻害，中后期病虫害加重，且易倒伏，影响小麦千粒重及产量的提高。

正确方法：应控制和减少氮肥投入，补施磷钾肥，建议选用中氮低磷钾配方的复合肥，以增强小麦整体抗性。

（3）误区三：用量越多越好，尤其是氮肥　有的农民追施返青氮肥过多，认为越多施越好，而不是根据土壤肥力水平和小麦产量水平来确定返青肥的施入量。还有的农民盲目效仿别人施肥，结果是小麦长势过旺，但产量低。

正确方法：返青期施肥对弱苗转壮和增加穗数有利，因而要对因地力不足等原因引起的弱苗及早施返青肥，最好在小麦抽生一叶时施入。但施肥充足或已施用冬肥的麦田就不能再施返青肥了。对在秋冬已形成壮苗的群体和偏旺苗，只要不表现出脱肥症状，返青期就不必施肥，防止群体过大。对年前已经苗情过旺（群体过大）的田块，应及时采取化控或在起身前深耕断根的措施防治过旺，并将施肥后浇水时间推迟到拔节后期甚至到旗叶露尖时。

48. 小麦过早拔节如何调控?

小麦遇到暖冬，容易引起小麦前期旺长，从而过早拔节，导致后期倒伏。多年生产实践表明：无论小麦前期长得多好，如若遇上过早拔节和倒伏，都会造成不同程度的减产。

（1）过早拔节的害处　一是由于营养生长旺盛，叶面积系数过大消耗养分；二是由于茎秆脆弱造成倒伏；三是因为荫蔽严重遭受病害；四是降低小麦淀粉品质。

（2）预防过早拔节的措施

① 改善根际环境，抑制无效分蘖　对于条播的小麦，当进入分蘖盛期后，要深中耕、勤中耕，一是可以切断一部分根系，减少对肥水的吸收；二是可以抑制新生分蘖；三是可以使无效分蘖死亡；四是可以降低密度，增强通风透光性能。中耕深度要达 7～8cm。

② 增加压麦强度，控上促下生长　对于已经旺长的小麦，可用木碌或石碌对麦苗进行镇压，一般镇压 1～2 次，营养生长旺盛的镇压 3 次。一是可以保墒扎根；二是可以保温防冻；三是可以控上促下，缩短小麦茎秆第 1～2 节长度，促进茎秆苗壮，增强抗倒伏能力。

③ 区别不同苗情，分别酌情追肥　对于抓住了季节、施足了底肥以及前茬为棉花、桃肥施得较足的小麦，可以不追肥或少追肥，以防助苗旺长。对于播种较迟分蘖较少、个体发育不足的小麦，一是可以追分蘖肥，每亩施尿素 8kg 左右，二是可以追拔节肥，每亩施碳酸氢铵 20～25kg。

④ 科学化学调控，协调小麦平稳生长　为了防止小麦倒伏，要选用延缓型的植物生长调节剂，使小麦内源赤霉素的生物合成受阻，控制细胞伸长，但不抑制细胞分裂，控制营养生长，促进生殖生长，从而使小麦根系发达，节密叶厚，叶色深绿，增强抗倒伏能力。

对于长势较旺的麦苗，一是可以在小麦的拔节至孕穗期喷施甲哌鎓，每亩 25%甲哌鎓水剂（助壮素）10～20mL 或 98%甲哌鎓可湿性粉剂（缩节胺）2.5～5.0g，兑水 50kg 施用；二是可以在小麦返青至拔节期，每亩用 20%多唑·甲哌鎓（壮丰安）乳油 25～30mg，兑水 25～30kg 喷施；三是可以在小麦拔节前 10 天左右喷施 15%多效唑可湿性粉剂，一般每亩 30～40g，长势过旺的每亩 50g，兑水 30～40kg 喷施；四是可以在小麦拔节初期，喷施 0.15%~0.3%的矮壮素溶液，每亩 50~70kg。

在喷施以上化学调节剂时，要严格按照剂量施用，不重喷不漏喷，选择晴天午后喷施。一旦发现施用浓度过大对小麦产生抑制作用时，可喷施 0.01%芸苔素内酯（保靓）溶液或 50mg/L 的赤霉酸解除药害。

49. 小麦拔节初期基部节间过长的原因有哪些，如何预防？

查看小麦基部第一、第二节间长度，正常情况下，随着气温回升，小麦节间从基部第一节到穗下节逐步加长，基部第一、第二节间一般在 3cm 以下，如果基部第一、第二节间长度超过 4~5cm，则为基部节间过长的拔节异常现象。

春季拔节初期，由于气温快速回升，小麦生长加快，基部第一、第二节间快速伸长，超过 4~5cm，将会导致株高过高，超过 85cm，后期遇到大风天气极易倒伏，造成小麦减产。

（1）发生原因　春季拔节初期，气温快速回升至 25℃以上，基部节间快速生长，造成基部节间过长。

（2）预防措施　春季拔节初期，如遇到气温回升过快的异常高温天气现象，要及时喷洒甲哌鎓等抑制生长的化控药剂，防止基部节间的快速生长。

50. 小麦拔节期节间伸长异常的原因有哪些，如何预防？

一般小麦地上部分有 5 个节间伸长，小麦节间伸长异常现象表现为：一是个别品种或有些年份出现 6 个节间伸长的现象，即分蘖节的最后一节也伸长表现为六节小麦，而较小的分蘖由于发育较晚，仍为 5 个节间伸长；二是个别春性品种或有些年份出现 4 个节间伸长的现象，即使有多个分蘖的小麦也都表现为 4 个节间伸长。

（1）发生原因　出现 6 个节间伸长情况的主要原因是春季小麦返青期气温回升较早较快，小麦分蘖节上的节间也开始伸长，造成伸长节间数增多。出现 4 个节间伸长情况的主要原因是春性品种总叶片（节数）较少，发育较快，返青期气温回升时只有 4 个节间可伸长生长。

（2）预防措施　茎生节间数的多少并不直接影响小麦的产量。

但多数情况下，由于返青期气温回升快，拔节期气温高，会导致节间数增多，基部节间过长，因此要采取喷施甲哌鎓等措施，防止株高过高，后期倒伏。茎生 4 个节间对小麦生产无直接影响。

51. 如何防止小麦拔节期植株狂长？

（1）拔节期植株狂长表现　小麦在拔节阶段，各节间快速伸长，株高可达 90cm 以上；秸秆细长、弯曲，叶片长而下披；单株分蘖多，大小分蘖"齐头并进"；麦田群体大，每亩总茎数超过 100 万，极易发生倒伏。

小麦拔节期（彩图 12）查看分蘖两极分化情况，大小分蘖没有出现两极分化情况，即小分蘖不能较快萎缩死亡，与大分蘖一起生长，就会出现群体过大、植株狂长的现象。

（2）发生原因　土壤肥力高，施肥量过大，特别是小麦拔节期分蘖开始两极分化时，由于土壤水分充足、营养过剩，大小分蘖一起长，小分蘖没有得到有效控制，出现群体过大、植株狂长的现象。

（3）预防措施　在小麦拔节期分蘖开始两极分化时，要严格控制土壤水分和肥料供应；对土壤肥力高，群体大的麦田，控制土壤水分在田间持水量的 55% 以下，不能追肥，限制小分蘖继续生长，促进大小分蘖两极分化，保证麦田群体回归到每亩 45 万～50 万。

52. 如何抓好拔节期的管理？

在小麦幼穗分化进入小花分化期（春三叶伸出）时，茎的基部伸长节间开始明显伸长活动，这种伸长活动叫作"生理拔节"。当第一伸长节间露出地面 1.5～2cm 时，叫作"农学拔节"，也就是栽培上习惯讲的"拔节"。从雌、雄蕊原基分化至药隔形成期都可以看作栽培上的拔节期。所以，拔节期管理又常称为药隔期管理。

（1）肥水管理　拔节期是小麦一生中肥水管理的重要时期。拔节期管理有利于提高小麦分蘖成穗率和穗粒数。因此，加强小麦拔节期肥水管理十分重要。

对于一类麦田，在拔节中期结合浇水，每亩可追高氮复混、复合肥（32-4-4、23-5-5）20～25kg；对于起身期追过肥的二类麦田，拔节期不必追肥，根据墒情进行浇水；返青期追过肥的三类麦田，在拔节期后期进行第二次追肥，一般结合浇水，每亩可追高氮复混肥或复合肥 10～15kg。

（2）预防倒春寒　小麦拔节后，抗寒能力明显下降，春季气候变化异常。因此，要密切关注天气变化，做好防冻、减灾工作。在寒流到来之前，采取普遍浇水、喷洒防冻剂等措施，预防晚霜冻害。一旦发生冻害，要及时采取浇水施肥等补救措施，促进麦苗尽快恢复生长。

（3）重视病虫害防治　小麦拔节期是多种病虫害发生的主要时期，要做好预测预报，若达到防治指标，应及早进行防治。要重点注意防治小麦全蚀病、纹枯病、小麦吸浆虫、红蜘蛛等病虫害。

小麦色相异常原因主要是植物营养失调、病虫害和逆境危害。应学会"察颜观色"，从异常色相中辨别原因，并开展具有针对性的麦田管理。

🌱 53. 如何抓好孕穗、抽穗期的麦田管理？

小麦进入孕穗阶段，营养体和结实器官已基本形成，单位面积穗数和每穗小穗数、小花数也已基本形成，但此期麦田管理对小穗、小花结实率影响极大，是制约每穗粒数的重要时期，同时对后期建造高光效的群体也有很大影响。其田间管理技术要点如下。

（1）保证水分供应　小麦拔节以后需要充足的水分供应。这时要求土壤干旱时应及时进行灌溉，否则可造成小穗不孕和小花不孕，使小麦穗粒数减少，产量大幅度下降。对于群体较大的麦田，注意不要在有大风的情况下浇水，以免浇水后由于大风而造成根倒。

但也不能盲目灌溉，应根据叶色和土壤墒情而定，否则易引起小麦渍害。故要做到沟直底平，沟沟相通，做到雨住田干，雨天排明水，晴天排暗水，降低地下水位，改善土壤通气条件，为多雨环境下的小麦生长创造良好的土壤环境。小麦受渍后，根际呼吸受阻，引起烂根黄叶而早衰，同时渍害会引起病害，故应注意及时搞好清沟防（排）渍工作。

（2）酌情追肥　孕穗期是否追肥，要看地力和苗情。当小麦拔节时群体发展不足、落黄过早、地瘦苗稀、有明显脱肥时，要早施重施拔节孕穗肥，充分供给养分，争取较多的分蘖变成有效穗。

拔节时群体适宜，起身拔节前茎蘖数较多，叶色正常褪淡，第一节间已经定长时，可酌情追施拔节孕穗肥。

对拔节时群体偏大，叶片浓绿披垂，生长时旺的麦田，孕穗肥无叶色褪淡现象，可以不施拔节孕穗肥，以防贪青晚熟而减产。

叶面喷硼可显著提高小麦产量10%以上。小麦对硼的敏感期为孕穗期和花期。孕穗期缺硼，影响雌蕊、雄蕊的正常发育。扬花受精受抑，空壳率增加，千粒重下降。在孕穗期和灌浆期各喷洒1次，每亩施用高纯磷酸二氢钾100～200g＋"硼源库"15g＋尿素100g，兑水15kg均匀喷施。

（3）及早防治病虫害　小麦进入孕穗期后，容易发生病虫害。小麦孕穗期的病虫害主要有锈病、白粉病、纹枯病、红蜘蛛和小麦吸浆虫等，要根据田间病虫害的发生为害程度及时进行防治。

（4）防止倒伏　小麦孕穗、抽穗后，由于植株高度增加，地上部重量增大，茎秆发育尚不充实等，在遇到不利天气条件或管理不当时，常易倒伏。为了防止过早发生倒伏，对群体过大的麦田，一要做到控制灌水量，二要做到大风时不浇水，尤其是喷灌条件下更应注意。

54. 小麦抽穗异常的原因有哪些，如何预防？

（1）抽穗异常表现　小麦抽穗期不能正常抽穗，表现为穗芒卡在旗叶叶鞘中，穗子呈畸形，形成"旗叶盖顶"现象。严重影响小麦正常抽穗、开花和灌浆过程。

（2）发生原因　主要是小麦孕穗期遇到低温冷害，旗叶叶鞘受到冷害不能正常展开，导致不能正常抽穗。

（3）预防措施　小麦抽穗期应保持土壤含水量在田间持水量的70%～75%，增加田间湿度，减轻低温危害；选用抗冻性较强或发育较快的小麦品种，避免遭受低温危害。

55. 麦田穗层不齐的发生原因有哪些，如何预防？

（1）穗层不齐表现　小麦抽穗后，麦田主茎与分蘖植株高矮不一，即会形成多层穗。一般抽穗后，上部与下部穗层相差3～5cm，即为两层或多层穗现象。

（2）发生原因　小麦个体生长发育进展快慢不一致，多为主茎与分蘖之间生长发育进程差异较大，一般主茎生长发育早植株高，而分蘖生长发育晚，植株矮，形成上层的主茎穗及下部的分蘖穗多个穗层，一般分蘖成穗多的麦田容易发生多层穗。

（3）预防措施　多层穗一般是基本苗少，单株成穗数多，低级分蘖与主茎发育进程差异大造成的，所以首先要保证适宜的播量，中、高产麦田，基本苗应为成穗数的 1/2 左右；其次要加强水肥调控，促进大分蘖成穗，控制小分蘖成穗，加快分蘖的两极分化进程，保证麦田具有合理的群体动态及大分蘖与主茎的均衡生长。

56. 小麦抽穗扬花后的管理有哪些？

小麦抽穗以后，田间的亩穗数已经固定，而为了提高产量，只有两种办法，一是增加穗粒数，即每个麦穗上的麦粒数量，二是提高粒重，即每颗麦粒的重量，以上两种办法（增加穗粒数、提高粒重）对于最终小麦的产量有着很重要的作用。

（1）防倒伏　小麦抽穗以后，要注意小麦的倒伏，小麦一旦出现倒伏后，对产量的影响是很大的。容易引起倒伏的因素有多种，比如连续的大雨天气，同时伴随着大风；另外一些病害也会加大小麦倒伏的概率，比如根腐病等，如果遇到了大暴雨又有大风的天气，就会给预防增加更大难度。

（2）喷施叶面肥　喷施叶面肥的好处有多种：①能为小麦生长提供营养元素，尤其是一些中微量元素，利于粒重的增加；②增加了叶片的功能，减少干热风的危害；③提高田间小麦灌浆的速率，有效增加粒重，促进小麦的高产。

（3）浇水　虽然抽穗以后浇水，容易造成倒伏的情况发生，但是，针对比较干旱的地块，还是需要通过浇水来促进小麦的正常生长。小麦在整个生育期中，从开花到成熟，对于水分的需求比较大，占整个生育期的 20%～25%，如果抽穗以后，田间过于干旱，不仅会影响穗粒数，还会影响粒重，最终导致减产。

（4）除草　小麦抽穗以后，如果再打除草剂，产生药害的概率会大大增加，另外，小麦长势比很多杂草要高，药液也不容易喷施到杂草上，所以，这里说的除草，是在田间杂草过多的情况下进行的。有些田块，可能前期没有除草，或者除草效果不好，而抽穗以后，杂草过多过密，影响了小麦的正常生长，这时候需要人工拔草，以此来保证小麦的正常生长，提高最终的产量，此期是否除草需根据具体情况来定。

以上管理措施，对于增加穗粒数和提高粒重，有着不错的效果，当然，在实际种植过程中，也要根据具体情况具体选择。

57. 小麦小穗不孕不结实的原因有哪些，如何预防？

在小麦开花与籽粒形成期，基部小穗的小花不能开花结实，到灌浆成熟期出现多个不能结实的退化小穗，可视为小穗不孕不结实现象。

（1）小穗不孕不结实的田间表现　小麦灌浆成熟期穗基部有多个小穗表现出不孕，不能结实，严重影响小麦的产量提高。

（2）发生原因　小麦小穗发育进程的先后顺序是：从中部到上部，最后是下部。由于下部小穗发育较晚，生长势弱，当群体较大、穗数较多，养分供应不足时，发育最晚的基部小穗得不到养分的供应而退化。

（3）预防措施　严格控制麦田群体和穗数，保证小麦群体与土壤肥力、养分供应相适应；在小麦的小穗小花发育过程中，要加强水分管理，保证充足的养分供应，防止小穗小花退化。

58. 麦田生长后期的田间管理技术措施有哪些？

小麦生长后期包括开花（彩图 13）、灌浆（彩图 14）和成熟（彩图 15）等生育时期，一般经历 35 天左右的时间，是小麦产量形成的关键时期。该期生育中心转向籽粒，营养器官逐渐衰亡，其主要田间管理要点如下。

（1）浇水　后期供水是争取粒重的决定性措施。

小麦籽粒形成期间，对水分的要求十分迫切，水分不足导致籽粒退化，穗粒数降低，因此要及时浇好扬花水。

小麦扬花以后至多半仁开始，就进入灌浆阶段，进入灌浆以后，根系逐渐衰退，对环境条件适应能力减弱，要求有较平稳的地温和适宜的水汽比例，麦田含水量低于 65% 时，严重影响产量，高于 80% 时易引起贪青晚熟。一般以田间最大持水量的 70%～75% 为宜。因此，要适时浇好灌浆水，有利于防止根系衰退，以达到以水养根，以根养叶，以叶保粒的作用，浇灌浆水的次数、水量，根据土质、墒情、苗情而定。在土壤保水性能好、底墒足、有贪青趋势的麦田，浇一次水或不浇，其他麦田，一般浇一次。

但又要防止生长后期雨水过多，土壤湿度大、透气性差，引起根系早衰、叶片早枯、粒重下降，甚至烂根倒伏、青枯死苗等现象，应及早清沟降渍，沟深要达 20cm 以上，做到沟沟相通，沟通河，雨过田干。

（2）补肥 小麦开花至成熟期间，要吸收全生育期需氮总量的 1/3 和需磷量的 2/5。后期供肥不足，会引起叶片和根系过早衰亡，降低粒重。因此，对于开花时表现脱肥而过早显黄的麦田，应采用叶面喷氮的方法予以补充，以便增花攻粒，减少小花退化，减少不孕小穗数，争取多增粒。叶面喷氮的方法如下。

① 喷洒次数 根据人力、土壤肥力和苗情而定，若喷 2 次可在抽穗期和乳熟期各喷一次，喷一次则以乳熟期为宜。

② 喷洒时间 最好在傍晚前，也可在上午露水下去后至中午 11 点前以及下午 3 点以后，喷后遇雨需补喷 1 次。

③ 喷洒浓度 喷施 1%～2% 的尿素溶液，或 3%～4% 的过磷酸钙溶液，或喷 500 倍磷酸二氢钾溶液 75～80kg/亩。但一般叶面喷施以尿素溶液效果好，注意喷匀，防止烧叶。

（3）防治病虫草害 小麦抽穗后经常发生黏虫、蚜虫、吸浆虫、飞虱、白粉病、锈病、赤霉病等病虫害，不仅直接消耗植株养分，而且严重损伤绿叶，造成光合物质生产率降低，严重影响产量，及时防治对提高粒重有积极意义。建议选用"一喷三防"配方施药技术（见第 91 问）。此外，还应及时拔除节节麦、野燕麦、雀麦等禾本科恶性杂草。

（4）防干热风 高温低湿伴随强风而形成的干热风是小麦发育后期的主要气象灾害，常导致正在乳熟的籽粒灌浆不足，提前枯熟，粒重下降，造成严重减产，品质下降。

（5）防止倒伏 麦子生长后期倒伏不仅严重影响产量，使品质下降，而且造成收获困难。生产中除采取清沟降渍、防病治虫外，还可喷施高效叶面肥，保持秆青叶绿。在全穗即将抽出时，每亩用 40% 健壮素 40mL 兑水 50kg 喷雾，抑制穗下节间伸长，增强抗倒伏能力。

59. 小麦叶片干尖的原因有哪些，如何预防？

（1）小麦叶片干尖（彩图16）表现　小麦叶片干尖在不同生育期均会发生，表现为叶片顶部干枯，一般在1cm左右，严重影响叶片的光合作用和干物质生产。

（2）发生原因　小麦苗期叶片干尖主要由干旱、冻害等造成；后期叶片干尖主要由营养供应不足、干热风天气等造成。

（3）预防措施　加强水肥管理保障养分，苗期采取预防冻害、后期采取预防干热风等措施，可有效防止叶片干尖的发生。

60. 小麦易出现空穗现象的情形有哪些，如何预防？

（1）天气异常　在小麦种植区，如果小麦拔节孕穗期或扬花期遇到"倒春寒"天气，小麦遭受冻害或冷害，使小麦授粉受阻，不利于小麦灌浆，易形成空穗（彩图17）；小麦授粉期间，遇到连续阴雨或者大风天气，也会造成小麦授粉不良，使小麦空穗增多；小麦扬花期或者灌浆期遇到"干热风"天气，可使小麦花粉败育或者灌浆受阻，导致小麦空穗。

预防措施：建议在小麦进入拔节期后要密切关注天气变化，期间可补喷一些硼肥和磷酸二氢钾，或者0.136%赤・吲乙・芸苔（碧护）等，促进授粉，提高小麦抵抗力。

（2）种子问题　一些小麦种子在种植年数过多后，小麦种子陈旧，小麦的抵抗力变差，很容易出现空穗。

预防措施：建议小麦种子在种植2~3年后就要选择新的种子。选用抗逆能力强，适合当地种植的小麦品种。

（3）化肥和农药施用不当　种植小麦时如果化肥施用不当也会导致小麦空穗现象的出现，小麦在抽穗以后要尽量减少氮肥的使用，否则不但导致小麦花的败育或开花推迟，而且造成小麦贪青晚熟。

另外，一些杀虫剂和除草剂使用不当也会导致花的败育，小麦也可能会出现空穗。

预防措施：在使用化肥、农药时一定要合理。

（4）病虫害防治不及时　小麦穗期发生的一些病虫害，如果防治不及时，会造成空穗，虫害有小麦白粉虱、吸浆虫等，病害有小麦颖枯病和小麦白粉病等，严重时会导致小麦减产甚至绝收。

以小麦吸浆虫为例，它是小麦作物主要害虫之一，其幼虫以小麦籽粒中的浆液为食，每年在春天气温升高之时危害小麦生长，如不及时防治，将会造成小麦颗粒干瘪、空穗，没有产量。

预防措施：及时采取预防措施，发现病虫害要及时防治。

（5）缺硼、钙肥，或磷、钾肥等营养元素　小麦花粉的发育和小麦花的受精过程需要硼和钙，缺硼和钙就会导致花的败育，形成空穗，建议在小麦抽穗期到灌浆期间补充硼肥和钙肥，可以喷施硼砂和螯合钙。

小麦灌浆期缺磷或缺钾也会因为影响灌浆而造成空穗，建议农户在此期间可以喷施磷酸二氢钾 2～3 次。

小麦空穗现象的原因主要有以上 5 种，农民要正确分析小麦空穗形成的原因，并采取科学、合理、有效的防治措施，方能获得理想产量。

61. 小麦穗发芽的原因有哪些，如何预防？

（1）小麦穗发芽的田间表现　小麦成熟期遇到阴雨天气，小麦籽粒在穗上萌动、拨开颖壳后胚根突破种皮或胚根胚芽露出颖壳的现象为小麦穗发芽（彩图 18）。后期小麦倒伏后，也会发生穗发芽。小麦穗发芽后，由于干物质降解，产量降低；籽粒的营养品质和加工品质明显恶化，质量等级下降；做种子用的小麦也失去种用价值。

（2）发生原因　小麦成熟期遇到阴雨天气，籽粒吸水膨胀，由于温度适宜（≥25℃以上）、空气充足，促进籽粒内部碳氮分解代谢，导致籽粒萌动或发芽。

（3）预防措施　选用抗穗发芽能力强的或早熟的小麦品种；小麦成熟后要及时收获，防止遇雨发芽；遇雨收获的小麦要及时晾晒或烘干，防止发芽。

62. 小麦后期早衰的原因有哪些，如何预防？

小麦后期早衰，是指小麦灌浆期叶片、茎秆发黄，根系死亡，植株提前枯死，比正常小麦明显提前成熟，籽粒干瘪，千粒重明显减低的现象。

（1）早衰原因

① 管理不当　如肥水运筹不当，造成前期群体过大，个体发育不良，后期土壤养分耗竭，上部叶片功能期缩短，则植株易早衰。如稻茬麦田因土壤含水量高，质地黏重，耕作层浅，拔节以后发生的上层根少，则引起早衰。

② 渍害　渍水导致土壤缺氧，根系呼吸、吸收功能衰退，地上部叶绿素降解，光合能力下降，物质合成与积累减少。不仅如此，不同时期小麦对渍水的反应差异很大，随生育进程的推进，小麦耐渍能力逐渐下降，故农谚有"寸麦不怕尺水，尺麦怕寸水"之说。若拔节孕穗期受渍，功能叶内蛋白质下降，同时，根系发育不良，引起早衰。

③ 干旱胁迫　土壤干旱或大气干旱易造成植株根系吸水困难或体内失水过多，使水分平衡遭到破坏，正常的生理代谢受抑制。尤其是小麦生育后期，气温高，土壤蒸发及植株蒸腾量很大，若土壤严重干旱，根系不能从土壤中吸收水分，造成植株萎蔫，籽粒灌浆不能正常进行，灌浆速度下降，千粒重降低，严重时小麦死亡，灌浆期大大缩短，产量大幅度下降。

④ 盐碱为害　其特点就是旱、碱、薄、板，使小麦发育晚，长势弱。到小麦生育后期，盐碱地小麦往往受旱、碱胁迫，绿叶面积急剧下降，一般花后 25 天，叶片大部分枯黄，导致小麦不正常成熟，灌浆骤然停止。籽粒灌浆期比一般麦田约缩短 5～7 天。

⑤ 脱肥　基肥不足，追肥不及时，植株营养跟不上，易出现早衰。在旱薄地，因土壤营养缺乏，小麦光合等生理过程受到影响，尤其是小麦生育后期，营养更加匮乏，使植株因供应养分不足早衰，灌浆期缩短，粒重下降。

⑥ 病虫害　小麦生育后期尤其是高产田块常发生病虫危害，一般有白粉病、锈病、赤霉病、叶枯病、蚜虫、小麦黏虫等危害，如果不能及时进行防治或防治不力，就会造成小麦病虫害大发生、大流行，也往往导致小麦早衰，使粒重下降。

（2）预防措施

① 施足基肥　增施有机肥，实行秸秆还田，不断培肥地力，同时结合深耕细作，改善土壤理化性状，并做到氮磷钾配比合理，保证小麦稳健生长，防止早衰。一般亩产 300～400kg 的小麦，每亩要施

农家肥 3000kg，纯氮 10～12kg、五氧化二磷 6～8kg。钾肥要视土壤中速效钾含量而定，一般土壤中速效钾含量不足 100mg/kg 的，要给予补充，每亩可施用氯化钾 10～12kg。基肥用量一般占总施肥量的 70％～80％。

施肥方法：有机肥与磷、钾化肥以及氮素化肥用量的 2/3 全部用作基肥，氮素化肥用量的 1/3 用作拔节肥。

② 适期适量追肥　小麦生育后期，仍需要一定的氮、磷、钾营养元素，而此时，采用土壤施肥比较困难，并且根系吸收能力减弱，对肥料的利用率低。叶面喷肥，植株吸收快，肥料利用率高，一般可达 90％以上。

叶面追肥，主要在小麦灌浆初期，喷施 0.2％～0.3％的磷酸二氢钾溶液，1％～2％尿素溶液，1％～2％过磷酸钙溶液，5％草木灰水或植物生长调节剂，如绿风 95 等，保根、护叶，延长上中叶片的功能期，保证叶片正常落黄及碳水化合物向穗部籽粒运转，防止叶片早衰。

③ 防旱防渍　灌浆水对延缓小麦后期衰老、提高粒重有重要作用。一般应在小麦开花后 10 天左右浇灌浆水，以后视天气状况再浇水。春季多雨时段，要注意清沟沥水，做到雨止田干，开好畦沟、腰沟、地头沟，排除"三水"（地面水、潜层水、地下水）的危害。

④ 及时防治病虫害　应建立健全麦田病虫害防御体系，搞好病虫害的预测预报及综合防治工作。

⑤ 适时收获　在蜡熟末期收获最佳。

63. 小麦贪青晚熟的原因有哪些，如何预防？

（1）小麦贪青晚熟表现　小麦成熟期茎叶仍保持浓绿，籽粒含水量较高，成熟期明显推迟。小麦晚熟后易遇到后期灾害性天气，直接影响灌浆过程，造成减产。

（2）贪青晚熟原因　一是品种冬性较强，生育期较长，在当地小麦正常成熟期不能完成生育过程。

二是施肥不当引起的，尤其与拔节肥的施用有较大关系。增施拔节肥，可保证后期有充足的营养，增加穗粒数和粒重，提高产量。而如果拔节肥施用过多，就会引起小麦贪青晚熟。

（3）预防措施　选用与当地气候生态条件相适应的品种类型，

一般北部冬麦区选用冬性、半冬性小麦品种，黄淮冬麦区选用半冬性、春性小麦品种，长江中下游冬麦区选用春性小麦品种。

根据土壤肥力条件合理施肥，拔节肥的用量，占总施肥量的15%～20%，每亩施尿素 5～8kg，如果未追施提苗肥可增加到 30% 左右，每亩施尿素 10～12.5kg。施用时间掌握在叶色出现正常褪淡，总茎蘖数开始下降时，如叶色浓绿未退，分蘖又未开始下降，就要推迟施或少施拔节肥。而对于地力不高，苗情不旺的田块，拔节肥用量可适当增加。

第二节　小麦用肥技术

64. 小麦如何施好基肥？

（1）基肥的作用　基肥是小麦播种或定植前，结合土壤耕作施用的肥料。基肥的作用首先在于提高土壤供肥水平，使植株氮素水平提高，增强分蘖能力；其次是调整生育期的养分供应状况，使土壤在小麦各个生育阶段都能为小麦提供各种养料。

（2）基肥的种类　基肥以有机肥、磷肥、钾肥和微肥为主，以速效氮肥为辅。圈、人粪尿、土杂肥、秸秆沤制等有机肥具有肥源广、成本低、养分全、肥效缓、有机质含量高、能改良土壤理化特性等优点，对各类土壤和不同作物都有良好的增产作用。因此，基肥施用应坚持增施有机肥，并与化肥搭配使用的原则。适宜作基肥的化学肥料有：

① 氮肥　碳酸氢铵、尿素、硫酸铵、氯化铵等，目前以尿素为主，其他几种氮肥用得很少，如硫酸铵、氯化铵，目前生产上已很少见。

② 磷肥　过磷酸钙、钙镁磷肥、重过磷酸钙等。目前以过磷酸钙应用比较普遍。重过磷酸钙养分含量高，应用效果好。

③ 钾肥　硫酸钾、氯化钾。在小麦上两种钾肥都可应用。

④ 复合肥　分为二元复合肥和三元复合肥，同时含两种营养元素的称为二元复合肥，如磷酸二铵、磷酸一铵、硝酸磷肥等，硝酸磷肥由于氮素易流失，在降雨较多、地下水位较高地区不宜作基肥。含3 种营养元素的称为三元复合肥。目前用量较大的是不同厂家生产的

复混肥。

（3）基肥的用量 基肥施用量要根据土壤基础肥力和产量水平而定。一般麦田每亩施优质有机肥5000kg以上，纯氮13～15kg（折合碳酸氢铵75～85kg或尿素28～30kg）、五氧化二磷6～8kg（折合过磷酸钙50～60kg，或磷酸二铵20～22kg）、氧化钾9～11kg（折合氯化钾18～22.5kg）、硫酸锌1～1.5kg（隔年施用）。推广应用腐植酸生态肥和有机无机复合肥，或每亩施三元复合肥50kg。大量小麦肥料试验证明，土壤基础肥力较低和中低产水平麦田，要适当加大基肥施用量，速效氮肥基肥与追肥的比例以7：3为宜；土壤基础肥力较高和高产水平麦田，要适当减少基肥施用量，速效氮肥基肥与追肥的比例以6：4（或5：5）为宜。

（4）基肥的施用技术 小麦基肥施用技术有将基肥撒施于地表面后立即耕翻和将基肥施于垡沟内边施肥边耕翻等方法。

① 结合深耕施肥 对于土壤质地偏黏，保肥性能强，又无灌水条件的麦田，可将全部肥料一次作基肥施用，俗称"一炮轰"。即施用时将肥料施入整个耕层，使其充分与耕层土壤混合，扩大肥料与根系的接触面。在瘠薄地可适当浅施，也可结合耕翻分层施用，将迟效性肥料施入耕层中、下部或整个耕层，结合耕地把速效性肥料施到耕层的上部，以适应不同时期根系的吸收。

② 集中施肥 用开沟条施的方法施用基肥，在肥料较少的情况下可采用此法。可将磷肥与优质有机肥料混合堆沤后集中施用，以防止磷被土壤固定，进而提高肥效。

③ 微肥可作基肥 在土壤有效锌低于0.5mg/kg时，可隔年施用锌肥，每亩施硫酸锌1kg左右。也可拌种，用锌、锰肥拌种时，每千克种子用硫酸锌2～6g，硫酸锰0.5～1g，拌种后随即播种。作基肥时，由于用量少，很难撒施均匀，可将其与细土掺和后撒施地表，随耕入土。

④ 磷肥与农家肥混合或堆沤后使用 可以减少磷肥与土壤接触，防止水溶性磷的固定，利于小麦的吸收。

⑤ 土壤速效钾低于50mg/kg时，应增施钾肥 每亩施氯化钾5～10kg。盐碱地最好施硫酸钾。

（5）存在的问题

① 长期以来，农民认为农家肥堆头大、运输难、施用不便、劲

头小、肥效慢，普遍存在着重化肥、轻农家有机肥的倾向。

② 有的农户长期习惯在小麦播种施用磷钾肥的同时，每亩施用碳酸氢铵 80～100kg 或尿素 40～50kg，这种施用方法会造成一些不良后果。

一是降低了化肥的利用率，碳酸氢铵、尿素施用过多，土壤难以吸附保存，作物也难以一时吸收完毕，遇雨会溶化下渗，导致肥料流失浪费。

二是会降低小麦的抗寒能力，氮肥施得过多，会加速小麦叶片的抽生和快长，导致小麦体内的碳氮比例失调，使作物体内含碳化合物减少，麦苗疯长，抗寒性差，易遭受冻害死苗。

三是会降低小麦的抗旱、抗倒伏能力，氮肥过多施在土壤耕作层里，小麦根系就会就近吸收，导致根系不再向下生长和深扎，这样根系短浅就降低了小麦的抗旱和抗倒伏能力。

四是影响发芽和出苗，氮肥过多，容易撒施不匀，最易出现肥害，轻则影响发芽和出苗，重则引起烧种、烧根而缺苗断垄，导致小麦基本苗不足。

五是可能造成土壤板结。

（6）基肥施用过量的处理办法　基肥施用过量，麦苗出土后长势过旺，分蘖多，叶片宽大，田间郁闭严重。当麦田主茎长出 5 片叶时，在小麦行间深锄 5～7cm，切断部分次生根，控制养分吸收，减少分蘖，培育壮苗。

65. 小麦怎样施好种肥？

（1）种肥的作用　种肥是在小麦播种时与种子混播的肥料。其目的是保证小麦出苗后能及时吸收到养分，对增加小麦冬前分蘖和次生根的生长均有良好作用。小麦种肥在基肥用量不足或贫瘠土壤和晚播麦田上应用，其增产效果更为显著。种肥的施用效果取决于土壤、施肥水平、肥料种类、栽培技术等。因为肥料与种子相距较近，故对肥料种类、质量要把握好，否则容易引起烧种、烂种，造成缺苗断垄。

（2）种肥的种类与用量　用于种肥的肥料一般是易被作物幼苗吸收利用的速效性肥料，要求为理化性质比较稳定，对种子发芽及幼苗生长无毒副作用的速效性肥料。而过酸、过碱、吸湿性强、含有毒副成分的肥料不宜作种肥。常用的种肥和施用技术有以下几种。

① 硫酸铵 硫酸铵的吸湿性小，易溶解，适量施用对种子萌发和幼苗生长无不良影响，最适合作小麦种肥。硫酸铵可直接与小麦种子混播，每亩 3～4kg，或按种子重量的 50％与麦种干拌均匀后混合播种。

② 钙镁磷肥 不潮解，不结块，对种子没有腐蚀性，施入土壤后，不易流失，易被土壤溶液中的酸和作物根系分泌的酸逐渐分解，为作物吸收利用，宜作小麦种肥，每亩 5～10kg，可以拌种施用。

③ 磷酸二铵 是以磷为主的氮、磷二元复合肥，每亩用 2.5～3kg，条施于播种沟内。

④ 磷酸二氢钾 用作种肥，可以改善小麦苗期的磷、钾营养，促进根系下扎，有利于苗全、苗壮。施用方法：一是拌种，用磷酸二氢钾 500g，兑水 5kg，溶解后拌麦种 50kg，拌匀堆闷 6 小时播种；二是浸种，将选好的麦种放入 0.5％磷酸二氢钾溶液中浸泡 6 小时，捞出晾干后播种。

⑤ 硫酸钾 在缺钾的土壤上，可用硫酸钾作种肥。硫酸钾施入土壤后，钾离子可被作物直接吸收利用。每亩用量为 1.5～2.5kg。要注意，硫酸钾的肥分含量高，不能与种子接触，以免烧幼苗。要控制好用量，以肥料与种子相距 3～5cm 为佳。

⑥ 硫酸锌 在缺锌地区施用，可使小麦增产 10％～18％。拌种，用硫酸锌 50g 溶于适量水中，拌麦种 50kg，拌匀堆闷 4 小时，晾干后播种。浸种，将选好的麦种放入 0.05％硫酸锌溶液中浸泡 12～24 小时，捞出晾干播种。

⑦ 硼砂 在缺硼地区施用。拌种用硼砂 10g，溶于 5kg 水中，拌麦种 50kg。浸种时将选好的麦种放入 0.03％硼砂溶液中浸泡 10 小时。

⑧ 硫酸锰 在缺锰地区，播种时，每千克麦种用硫酸锰 4～6g 拌匀。

⑨ 硫酸铜 用硫酸铜按种子重量的 0.2％拌种，拌匀后堆闷 15 小时播种。

⑩ 钼酸铵 在缺钼地区，每千克麦种用钼酸铵 2～6g，拌种前先用 40℃的温水将钼酸铵溶解，将选好的麦种放入 0.05％～0.1％钼酸铵溶液中浸泡 12 小时。

此外，充分腐熟的厩肥、牛羊粪、猪粪、鸡粪、兔粪等，压碎过筛后，均可以作种肥施用，可与小麦种子拌和后施用。

（3）不宜作种肥的肥料

① 对种子有腐蚀作用的肥料　碳酸氢铵具有吸湿性、腐蚀性和挥发性。过磷酸钙易溶解，但大多集中在施肥点 0.5cm 范围内，含有游离酸，具有腐蚀性，易吸湿结块，施入土壤后，易被土壤化学固定而降低磷的有效性。用这些化肥作种肥，对小麦种子发芽和幼苗生长产生严重危害。如必须用这些化肥作种肥，应避免与种子直接接触，可将碳酸氢铵在播种沟下与种子相隔一定的土层内使用；过磷酸钙用作种肥时，必须选优质特级品，不能接触种子。条施每亩用过磷酸钙 5～7.5kg，与 5～10 倍腐熟的有机肥混匀，顺着播种沟条施在种子下方或侧下方 2～3cm 处。拌种每亩用过磷酸钙 3～5kg，先与1～2 倍细干的有机肥料拌匀，再与浸种后阴干的麦种放在一起搅拌，随拌随播。

② 对种子有毒害作用的肥料　尿素因其含氮量较高，在农业生产中使用率较高。但因其含有缩二脲，对种子和幼苗产生毒害作用。另外游离状态的尿素分子也会渗入种子的蛋白质结构中，使蛋白质变性，降低种子发芽出苗率。

③ 含有有害离子的肥料　施入土壤后氯化铵、氯化钾等化肥中的氯离子，产生水溶性的氯化物，对小麦种子发芽、生根和幼苗生长极为不利。另外，硝酸铵和硝酸钾等肥料中的硝酸根离子，对小麦种子的发芽也有一定的影响，因而不宜作种肥施用。

（4）种肥的施用方法　施用种肥可根据肥料的种类确定适宜的方法，速效性氮、磷肥一般可采用与种子混播，或者肥、种分次播，即将肥料先施于种子下方，然后再播种。微肥一般可采用拌种、浸种等方法。

🌱 66. 小麦怎样施好追肥？

追肥是在作物生长期间进行施肥，其目的是补充基肥施用不足，且满足作物生长发育期间对养分的需要，特别是为了满足作物营养最大效率期对养分的需求，是小麦获得高产的重要措施。追肥的化肥品种主要是性质较稳定的速效氮肥，其用量一般占总施肥量的 90% 以上（旱薄地除外）。在基施磷、钾肥不足的田块，也应尽早进行追肥，以提高肥料利用率。小麦不同时期的追肥方法如下。

（1）苗期追肥 苗期追肥简称"苗肥"，一般是在出苗的分蘖初期，占总用肥量的 20%。每亩追施碳酸氢铵 5～10kg，或尿素 3～5kg，或少量的人粪尿。其作用是促进苗匀苗壮，增加冬前分蘖，特别是对于基本苗不足的麦田或晚播麦，丘陵旱薄地和养分分解慢的泥田、湿田等低产土壤，早施苗肥效果好。但是对于基肥和种肥比较充足的麦田，苗期也可以不追肥。

（2）越冬期追肥 也叫"腊肥"，由于复种指数高，种麦前来不及施足有机肥作基肥，再者小麦分蘖期是一个吸氮高峰，一般都要重施腊肥，以促根、壮蘖，弥补基肥不足。

南方和长江流域都有重施腊肥的习惯。腊肥是以施用半速效性和迟效性农家肥为主，对于三类苗应以施用速效性肥料为主，以促进长根分蘖，长成壮苗，促使三类苗迅速转化、升级。

对于北方冬麦区，播种较晚、个体长势差、分蘖少的三类苗，分蘖初期没有追肥的，一般都要采取春肥冬施的措施，结合浇冻水追肥，可在"小雪"前后施氮肥，每亩施碳酸氢铵 5～10kg，或尿素 3～5kg，对于施过苗肥的可以不施"腊肥"。小麦进入越冬期后，可将马粪等暖性肥料撒在麦田，起到保温增肥的作用。

（3）返青期追肥 返青期追肥，其肥效体现在分蘖高峰前，主要是增加春季分蘖，巩固冬前分蘖，相应增加亩穗数。此时追肥有利于弱苗转壮，对于肥力较差，基肥不足，播种迟，冬前分蘖少，生长较弱的麦田，应早追或重追返青肥，主要追施氮素化肥，每亩施碳酸氢铵 15～20kg 或尿素 5～10kg，过磷酸钙 9～10kg，应深施 6cm 以上。

对于磷、钾肥施用不足或严重缺乏的麦田，要在小麦返青时及时施用，一次施足。

对于基肥充足、冬前蘖壮蘖足的麦田一般不宜追返青肥，应蹲苗，防止封垄过早，造成田间郁闭和倒伏。

（4）起身期追肥 起身期追肥的作用效果在春季分蘖高峰之后，能提高小麦的有效蘖和成穗率，促进旗叶及倒二叶的增大，为建立合理的群体结构和促进穗部性状的发育奠定基础。起身肥水要因地因苗合理施用。对于生长发育良好的中高产田要重施起身肥水；有旺长趋势的麦田应于起身后期追肥浇水。此期的追肥量一般占氮素化肥总用量的 60%～70%，可根据地力和苗情灵活掌握。对于已追返青肥的麦田，此期不再追肥。

（5）拔节期追肥 拔节肥是在冬小麦分蘖高峰后施用，促进大蘖成穗，提高成穗率，促进穗部性状转化和小花分化，争取穗大粒多。施肥量和施肥时间要根据苗情、墒情和群体发展而定。通常将拔节期麦苗生长情况分为三种类型，并采用相应的追肥和管理措施。

① 过旺苗 叶形如猪耳朵，叶色黑绿，叶片肥宽柔软，向下披垂，分蘖很多，有郁闭现象。对这类苗不宜追施氮肥，且应控制浇水。

② 壮苗 叶形如驴耳朵，叶较长而色青绿，叶尖微斜，分蘖适中。对这类麦苗可施少量氮肥，每亩施碳酸氢铵 10～15kg 或尿素 3～5kg，配合施用磷钾肥，每亩施过磷酸钙 5～10kg、氯化钾 3～5kg，并配合浇水。

③ 弱苗 叶形如马耳朵，叶色黄绿，叶片狭小直立，分蘖很少，表现缺肥。对这类麦苗应在拔节前期追施，多施速效性氮肥，每亩施碳酸氢铵 20～40kg 或尿素 10～15kg。

土壤微量元素缺乏的地区或地块，在小麦返青期至拔节期之间，喷施 2～3 次微肥、稀土等，有较明显的增产效果。

（6）孕穗期追肥 孕穗期主要是施氮肥，用量少。一般每亩施碳酸氢铵 5～10kg 或尿素 3～5kg。

（7）后期施肥 小麦抽穗以后仍需要一定的氮、磷、钾等元素。这时小麦根系老化，吸收能力减弱。因此，一般采用根外追肥的办法。

抽穗到乳熟期叶色发黄，有脱肥早衰现象的麦田，可以喷施 1%～2% 浓度的尿素，每亩喷溶液 50L 左右。对叶色浓绿、有贪青晚熟趋势的麦田，每亩可喷施 0.2% 浓度的磷酸二氢钾溶液 50L。第一次喷施在灌浆初期，第二次喷施在第一次后的 7 天左右。在小麦生长后期喷施黄腐酸、核苷酸、氨基酸等生长调节剂和微量元素，对提高小麦产量可起到一定作用。

67. 春小麦施肥技术要点有哪些？

春小麦和冬小麦在生长发育方面有很大区别，春小麦特点是早春播种，生长期短，从播种到成熟仅 100～120 天。春小麦主要分布在东北、西北等地。春小麦产量 500kg/亩的田块，每生产 100kg 籽粒需纯氮 2.5～3.0kg、五氧化二磷 0.78～1.17kg、氧化钾 1.9～4.2kg。氮、磷、钾比例为 2.8：1：3.15。春小麦对氮、磷、钾吸收有两个高峰期：第一个为拔节至孕穗期，第二个为开花至乳熟期，前者略比后者高。对磷吸收率从出苗至乳熟期一直是上升的，从拔节期开始剧增，到乳熟期达到最高值。根据春小麦生育规律和营养特点，应重施基肥和早施追肥。

（1）基肥 由于春小麦在早春土壤刚化冻 5～7cm 时，顶凌播种，地温很低，应特别重施基肥。基肥每亩施用农家肥 2000～4000kg、碳酸氢铵 25～40kg、过磷酸钙 30～40kg。春小麦施基肥以秋翻、春耙两次施肥效果最好，秋翻施一次基肥次之，春耙前施肥最差。

（2）种肥 由于肥料集中在种子附近，小麦发芽长根后即可利用，其具体方法是在播种前进行土地平整做成畦以后，按预定行距开沟，再于沟内撒肥、播种、覆土、镇压。如果地干时，可先播种、踏实，然后再撒、覆土、镇压。一般每亩施碳酸氢铵 10kg，过磷酸钙 15～25kg，与优质农家肥 100kg 混合施用，或者施二元氮磷复合肥 10～20kg。

近年来，春小麦产区用一次性施肥法，全部肥料用作基肥和种肥。一般在施足农家肥的基础上，每亩施氨水 40～50kg 或碳酸氢铵 40kg 左右，过磷酸钙 50kg。播种时，结合施少量种肥，每亩施磷酸二铵 5～8kg，以后不施追肥。这一方法适合于旱地。

（3）追肥 春小麦是属于"胎里富"的作物，发育较早，多数品种在 3 叶期就开始生长锥的伸长并进行穗轴分化。4 叶期开始幼穗分化，要求较多的养分。

因此，第一次追肥应在 3 叶期或 3 叶 1 心时进行。这次肥称为分蘖肥，要重施，大约占追肥量的 2/3。每亩施尿素 15～20kg，主要是提高分蘖成穗率，促壮苗早发，为穗大粒多奠定基础。

拔节期进行的第二次追肥，称为拔节肥，一般轻施，大约占追施量的 1/3，每亩施尿素 7～10kg。在未追施分蘖肥的地块，应早施、重施拔节肥。孕穗期酌量施保花增粒肥。绝大部分麦田施了拔节肥后，就不再施肥了，主要进行叶面施肥，与冬小麦相同。

🌱 68. 麦田有机肥施用不当有哪些害处，如何预防？

（1）麦田有机肥施用不当的田间表现 远看麦田成片状黄化，

近看小麦幼苗老叶黄化甚至干枯，但新叶生长正常，有的整株死亡。裸露的土壤上分布着与土壤颜色不一致的有机肥团。这是由于有机肥施用过量、施用未腐熟有机肥或有机肥施用不均匀引起的。

（2）预防措施　施用腐熟有机肥或尽可能施用颗粒状的有机肥；有机肥如结块一定要打散后、撒匀后翻入土壤。及时浇水，并在浇水后及时中耕松土来补救。

🌱 69. 麦田土壤酸化的表现有哪些，如何预防？

（1）麦田土壤酸化后的田间表现　土壤板结，部分土壤表面出现红色颗粒。小麦苗期植株矮小，分蘖少，群体过小，田间裸露。进入小麦拔节期后，整体生长参差不齐，断垄严重；不间断性地出现小麦叶片干枯、慢死；下部叶片黄化，植株生长迟缓并逐渐死亡；根系弯曲卷缩、发黄，呈铁锈色，根系活力差，难以下扎；植株矮小，分蘖少，整体偏低；成熟期小麦成穗数低，植株瘦小。

（2）发生原因　土壤酸化严重，$0\sim20\rm cm$ 表层土壤 pH 平均 5.0（$4.5\sim5.5$）左右，$20\sim40\rm cm$ 亚表层土壤 pH 比表层高 0.62；土壤酸化状态下土壤磷活性增强，土壤有效磷偏高，表层土壤有效磷高，严重影响小麦正常生长。

一般要通过取土测定土壤 pH，如表层土壤 pH 在 5.5 以下，小麦生长较弱，表现出上述症状，即为土壤酸化危害。

（3）预防措施　深耕深翻，减轻表土层酸化程度。注意减少化学氮肥投入，特别是注意减少"双氯"肥料投入。增加有机肥投入和秸秆粉碎深耕还田。对已出现酸化土壤的增加土壤调理剂施用。如发现问题尽早防治，避免造成严重后果。

🌱 70. 麦田土壤湿板和盐害的危害有哪些，如何预防？

（1）麦田土壤湿板和盐害在生产上的表现　麦苗根系生长慢、数量少，根粗而短，吸收能力弱，分蘖出生慢，并往往伴有脱肥症；盐碱危害重的地块，常出现成片的紫红色的"小老苗"，幼苗基部 $1\sim2$ 片叶黄化干枯，严重时，幼苗点片枯死，植株细小和缺株断垄，甚至大面积死亡，有的因高浓度盐碱而诱导缺磷，出现紫红色小老苗。

（2）发生原因　土壤湿度过高，造成土壤通气不良，影响根系呼吸作用。土壤容重过高（通常高于 1.5），影响了根系生长和下扎。土壤含盐量高于 0.3%，由于渗透压过高，造成作物"生理干旱"。

（3）预防措施 挖沟排水降低地下水位。用淡水洗盐，客土（好土）压盐。注意平整土地，合理耕翻，秸秆覆盖，防止高处聚盐。适时播种，躲开地表积盐返盐高峰季节。注意增施有机肥改良土壤结构，增施磷肥提高植物耐盐能力。注意补施中、微量元素。

71. 晚播小麦如何通过合理施肥争取高产？

11 月中旬以后播种的小麦为晚播麦。因播种晚，难以达到苗全、苗壮、苗匀，不易获得高产。但是如果施肥得当，高产也是完全有可能的。

（1）施足底肥 晚播小麦从播种到出苗需 10～15 天，这就缩短了冬前生长时间，麦苗很容易因为在土壤中生长时间过长而致弱。所以晚播麦必须施足底肥，每亩施优质农家肥 300kg、小麦专用底肥 30～40kg，以满足小麦冬前、冬后生长发育需要。

（2）早施提苗肥 每亩施用尿素（或高氮复合肥）40～50kg。

（3）追施腊肥 为防止小麦遭受冻害，每亩用优质圈肥 2000～3000kg，同时增施尿素 10～15kg，均匀施入麦田。

（4）巧施返青肥 开春后，除每亩施用高氮、磷、钾肥 10kg 外，用氨基酸或腐植酸叶面肥（如农都乐）每亩 250g 喷施。

（5）重施拔节、孕穗肥 每亩施尿素 20kg、钾肥 5～10kg，其他微量元素肥可结合菌毒清、吡虫啉等防病治虫药剂一起叶面喷施。

（6）根外追肥 生长期内，每亩用农都乐有机活性液肥 100～150mL 兑水 50kg 于上午 10 时前或下午 4 时后喷施，以利于增产。

72. 为什么小麦腊肥宜选有机肥，如何施用？

在小麦越冬期间增施腊肥，既能补充基肥、苗肥的不足，巩固和增加冬前分蘖，促进根系发育，达到根健苗壮、安全越冬的目的，又能保持和稳定小麦根部土壤温度，通过冬季肥料缓慢分解被根系吸收，积聚储存大量的营养，为小麦春发健长奠定基础。

腊肥以富含有机质、带有温热性的肥料为主，如土杂肥、堆肥、厩肥、河泥、陈墙土、人畜粪尿等肥效稳而长的有机肥，适量配施化肥。一般在 12 月中下旬至次年 1 月中旬施用腊肥，在施肥适期内越早施用越好。

小麦腊肥的施用要因苗制宜，分类进行。播种较晚、地力差和底肥不足的弱苗田，要施足腊肥，以速效肥为主，每亩施腐熟猪牛栏粪 2000kg 或碳酸氢铵 20～25kg，或者趁雨雪过后每亩施尿素 10kg，以促进分蘖发生。

对麦苗叶片下部发黄、叶尖发红、老叶叶尖褪绿甚至坏死、茎秆细弱的缺磷缺钾麦田，每亩增施过磷酸钙 25kg、氯化钾 5～6kg 或者草木灰 100～150kg。草木灰能吸热保温，可以防止小麦受冻。

基肥足、地力好、播种早、长势旺的麦田，要控制腊肥用量，以河泥等有机肥为主，少施或不施化肥，并采取镇压等措施控旺促壮、控上促下，改善小麦越冬环境。

对播种早、基肥足、墒情好的壮苗麦田，可以适量施腊肥，以有机肥为主，结合镇压每亩施人畜粪尿 1250kg，以补充麦苗生长所需的养分。

🌱73. 小麦开春返青期，如何看苗施肥？

开春后冬小麦进入返青阶段，从返青至挑旗的这段时间为春季生长阶段，一般历时 50～60 天，是产量形成的关键时期。小麦返青后生长转旺，吸收养分也逐渐增多，因此追施拔节孕穗肥是当务之急。

春季麦田施肥，应在增施有机肥的基础上，合理施用化肥，提高肥料利用率，减少土壤污染。一般高产田控氮、稳磷、增钾、补微；中产田稳氮、增磷、针对性补施钾肥。

从小麦的生理学角度来讲，返青到起身这个阶段，植株继续分蘖、出叶和发根，并且开始幼穗分化，是巩固冬前壮苗、争取弱苗转壮、抑制旺苗生长最有利的时期。所以，根据不同类型的麦田，采用不同的施肥措施，是非常必要的。看苗施肥可用三个字来概括：保、促、控。

（1）保 年前越冬时已达到"六叶一心"的、有四五个分蘖的、亩总茎已达八十万左右、植株健壮、叶色正常、不发黄的一类麦田，返青后不要马上施肥浇水，以防生长过旺，消耗过多的营养，不利于后期高产。这类麦田，应采取划锄、除草、防治病虫害等措施，以保证年前有效分蘖、安全生长，有利于提高小麦成穗率，为后期小麦高产打下良好的基础。

田间措施以"保"为主，到小麦拔节期前后，再施肥浇水，即氮素后移施肥法，有利于小麦高产。

（2）促　年前种植过晚，肥力条件差，底肥不足的麦田；越冬时麦苗矮小，分蘖很少的麦田；返青时植株弱，叶发黄，亩总茎数低于40万的三类麦田；或秸秆还田没有浇越冬水，土壤疏松透气，水分蒸发强烈，土壤干旱，出现吊根现象的麦田，要及时浇返青水，施返青肥。

此类麦田肥料的施用应注意几点。第一，不要施用或少施用有机肥料。俗话说："圈肥养地，化肥催苗。"由于初春温度低，农家肥分解缓慢，不能满足小麦对养分的需要。第二，应施速效化学肥料，因为化肥肥效快，能及时满足小麦生长发育的需要，每亩可以施尿素10～15kg，浇好返青水。在此基础上，可喷施一遍叶面肥，促发新根、抗寒、抗旱、抗病，有利于小麦弱苗转壮苗。第三，施肥时还应关注到一些高产田块中的弱苗，要施点"偏心"肥，使整个地块的长势达到一致，有利于小麦增产。

（3）控　年前播种过早，播种量过大，出现了旺长的小麦，由于过早封垄出现叶披散、叶片过大过薄的现象，返青后，要对它们采取以"控"为主的措施，多划锄，尽量不浇水，蹲苗。此外，还应密切注意是否有冻害，如有冻害，应采取相应的措施。

74. 小麦追施拔节孕穗肥有哪些技巧？

"雨水"节气后，气温快速回升，小麦进入返青拔节期，是管理关键期。拔节孕穗期是决定小麦成穗率和结实率，夺取壮秆大穗的关键期，也是小麦第二个需肥高峰期，需肥量一般占总需肥量的50%左右。科学追施拔节肥，可保证小麦生长需要，形成大穗，增加粒数，一般每穗可增加3～4粒，亩增产50kg左右。

（1）掌握追施时间　对于群体适宜、长势正常的麦田，宜在3月中下旬，即小麦基部第一节间定长（5～7cm）、叶色转淡、小分蘖死亡时追施拔节肥。

对播种晚、冬前生长不足、个体不壮的晚弱苗麦田及叶片发黄、受冻较重的麦田，在3月上中旬及早追肥，能有效增加粒数，对争取春季分蘖成穗，保证每亩有足够的穗数也有一定作用。

早春追施过返青肥的田块，应根据苗情推迟拔节肥的追施时间，一般可在4月上旬追肥。

（2）**把握追肥数量与方法**　小麦拔节肥施用量一般亩追施尿素8～10kg，前期磷钾肥施用较少田块应每亩追施高浓度三元复合或复混肥10～15kg，加尿素5～8kg为宜。趁雨或结合灌溉撒施肥料。施过返青肥推迟追肥的每亩用尿素3～5kg。

（3）**防冻害**　小麦拔节期一般寒潮天气发生比较频繁，冻害程度往往因为发生时期和小麦的生育进程有所不同。因此，在寒潮发生前如遇到天气干旱，土壤墒情不足，应及时灌溉增加土壤墒情。或开展叶面喷肥，并结合每亩追施3～5kg尿素，加快小麦的恢复生长。

75. 小麦扬花至灌浆期可喷施哪些叶面肥促进抗病高产？

小麦扬花后是进入产量形成的关键时期，在扬花至灌浆期抓喷叶面肥可有效提高产量和品质。

（1）**适宜叶面喷施的肥料**

① 磷酸二氢钾　磷酸二氢钾对于促进小麦灌浆，预防干热风很有帮助，能够有效提高千粒重，增产效果显著。磷酸二氢钾可以减轻小麦蒸腾作用，增加叶面组织的含水率，增强作物抵抗干热风和旱情的能力。还能减轻病虫危害，使小麦落黄好。喷洒高纯磷酸二氢钾可使小麦叶面的叶绿素增加，促进干物质积累量、单穗粒数、千粒重、淀粉和含糖量增加，提高结实率。在干热风危害严重年，增产提质效果更加显著。扬花期、灌浆期，各喷洒1次，每亩施用200g高纯磷酸二氢钾兑水30kg喷施。或每亩用99.5%多维磷酸二氢钾100g，兑水30kg均匀喷雾，间隔1周1次，连喷2～3次。

② 草木灰浸出液　取未经雨淋的新鲜草木灰5～10kg，加入100kg清水充分搅拌，浸泡12～14小时，取其澄清液喷施，如加入2%过磷酸钙浸出液混喷效果更好。一般间隔7～10天喷1次，连喷2～3次，不但能增加养分，促进籽粒饱满，且具有良好的抗病防虫、防倒伏作用。

③ 沼液　将经过厌氧发酵45天以上的沼液从沼气池水压间压取，停放2～3天后用纯沼液喷施，亩用量30kg，气温高时加入适量清水稀释后再喷，以免蒸发快造成浓度增大而烧伤叶片。一般7～10天喷施1次，连喷3次以上，可起到壮秆防倒伏、增加产量、提高品质、抗病防虫的良好作用。

④ 硼肥　对小麦花粉形成及受精有良好作用，能提高结实率，

避免出现小麦不孕症，达到良好的增产效果。小麦缺硼，雄蕊发育不正常，花药偏少，造成散粉少、不能散粉、花粉畸形或有时无花粉，导致空粒穗，结实率低。小麦扬花期，进入补硼高峰期，巧施"硼源库"，亩用 30g，兑水 30kg，保花增粒，可增产 20%。

⑤ 尿素　施用尿素主要针对肥力不够、叶色偏黄的小麦田，这种田块一般会出现早衰现象，叶面喷施尿素能够有效提升叶片功能，提高千粒重，尿素每亩施用一般为 100～200g。

（2）看苗喷施

① 对于叶色偏黄的小麦田　抽穗期、灌浆期喷施一次尿素＋磷酸二氢钾＋硼肥＋锌肥，由于是超常浓度喷雾，建议使用食品级磷酸二氢钾（磷钾源库），配方是每亩用尿素 50～100g＋"磷钾源库" 100g＋"硼源库" 15g＋螯合锌 10g，兑水 15～20kg 喷施。

喷施硼、锌肥可增强小麦抗逆性和结实率，扬花期、灌浆期，加入 0.1%"硼源库"和乙二胺四乙酸（EDTA）螯合锌溶液，可明显增强小麦的抗逆性，并提高灌浆速度和籽粒饱满度。

② 对于正常情况下的小麦田　配方是："磷钾源库" 100g＋"硼源库" 15g＋螯合锌 10g（不加尿素，"磷钾源库"可以适当增加），兑水 15～20kg 喷施，每亩喷药液 30～40kg。

扬花灌浆期正值小麦"一喷三防"进行期，可以加入杀虫杀菌剂结合进行。如果有条件，还可以加入芸苔素内酯和有机硅，起到增效的作用。

③ "一喷三防"　10%吡虫啉可湿性粉剂 20g＋2.5%高效氯氟氰菊酯水乳剂 80mL＋45%戊唑醇·咪鲜胺 25g＋"磷钾源库" 100g＋芸苔素内酯 8mL＋"硼源库" 15g。兑水 15kg，在抽穗期、灌浆期各喷施一次。此混配溶液可同时防治蚜虫、赤霉病、白粉病，兼治吸浆虫、锈病、叶枯病，增强小麦的抗逆性，对抗干热风。

（3）注意事项

① 喷雾时力求均匀，以叶片湿润不滴水为好。时间以上午 9 时前、下午 4 时后为宜，尤以下午 4～5 时效果最好。对脱肥重、墒情差的麦田，或喷肥期出现干热风时，要酌情增加喷肥次数。有病虫发生的麦田，可在肥液中适当加入农药兼治。扬花期喷肥要错开上午 9～11 时和下午 3～6 时两个扬花高峰期，否则花粉管会因吸水而胀裂，影响受精结实，导致减产。

② 草木灰必须充分浸泡，让有效成分完全溶于水中才能发挥其增产效果，切忌随泡随用。

③ 喷肥后 12 小时内如遇降雨，天晴后应补喷。

④ 对于麦田杂草，特别是野燕麦、大麦及植株较大的杂草，与小麦争水争肥，收获时其种子混入麦子中，影响小麦的商品性，所以一定要除去，但这个时期已不适合化学防治，只能进行人工拔除。

第三节　小麦用水技术

76. 小麦灌水技术有哪些？

良好的灌水技术，必须使灌溉田块受水均匀，不产生地面流失、深层渗漏及土壤结构破坏等情况，从而达到合理而经济用水的目的。小麦灌水方法主要有畦灌、沟灌和喷灌。

（1）**畦灌**　在平整土地的基础上，修筑土埂，将麦田分隔成若干个长方形或方形小畦。灌水时，引水入畦，水在田面上以连续水层沿畦田坡度方向移动，湿润土层。一般畦面坡度以 0.1%～0.3% 最为适宜。畦田规格主要取决于水源、土壤性质、地面坡度等。土壤透水性强、地面坡度小、土地不够平整时，畦宜短。反之，则可稍长。渠灌区水量较大，以畦长 30～70m，畦宽 2～4m 为宜；井灌区水量较小，一般畦长 20～30m，宽 1.0～1.5m。畦埂高度一般为 25～30cm，底宽 30～35cm。为了使灌水均匀，还应控制入畦流量（即流入畦内的水量，一般以每秒若干升表示），也可用单宽流量（即每米畦宽所通过的流量）表示，灌时掌握好适宜流量非常重要，采取适宜的流量，才可以做到地表不冲刷，畦面首尾受水均匀，根系活动层内土壤湿度相近。单宽流量过大时，水在畦内流动过快，容易发生上冲下淤，畦首受水不足，畦尾渗水量偏大，灌水不均的现象；流量过小，会出现畦首渗水深，畦层渗水浅，甚至出现计划水量浇完，畦尾仍灌不上水的现象。一般在地面坡度为 0.3% 的黏土或壤土地，畦长 40～50m 的情况下，单宽流量为每秒 3～4L 即可。一般沙土地入畦流量可大些。畦灌还须注意改畦时间。坡度小及初浇麦田，单宽流量可稍大些。当水即将流到畦尾时，改浇下一畦，以便在改畦后水仍可流到畦层。如果麦田土壤紧实或坡度较大，则单宽流量可以小些，当水流到畦长的 70%～80% 时，即可改畦。如此既可使水浇到畦尾，又可避免积水浸出畦外。

（2）沟灌　常用于地势较平的平原地区及稻麦两熟地区。采取沟灌遇旱既能灌水，遇涝又可利用沟来排水。稻麦两熟区的沟灌是利用畦沟或垄沟引水灌溉。水集中在沟内借毛细管作用向两侧浸润，这种方法不仅比畦灌省水，而且可减少表土板结。沟灌须在每块田的四周开挖输水沟，灌水沟与输水沟垂直，输水沟稍深于灌水沟，便于排水。

（3）喷灌　即喷洒灌溉，它是借助一套专门设备（如动力、水泵、输水管和喷头等），将水喷到空中，散成细小的水滴，均匀地落在田间，如同降雨对小麦进行灌溉。

① 主要优点　省水，喷灌基本上不产生深层渗漏和地面径流的问题，灌水比较均匀，一般较地面灌溉可节约水量 30%～50%，不仅节约了灌溉用水，且可扩大灌溉面积；喷洒水点小，很少破坏土壤结构；不必修埂打畦，可以减少渠道占地面积，提高土地利用率，在地形不太平整的地区或坡地丘陵山区或水源不足地区，更能发挥其优越性。

② 主要缺点　喷灌也有一定的局限性。易受风力影响，一般在 3～4 级以上大风时，灌溉均匀度降低；空气湿度过低时，水滴未落到地面之前，在空中的蒸发损失较大；只有表土湿润，深层土壤湿润不够，影响小麦根系深扎，难以抗御严重干旱；在高产田后期喷灌时，容易造成倒伏。在具体运用时，要注意克服这些缺点。

③ 喷灌方式　喷灌有固定、半固定和移动三种形式。固定式喷灌设备投资高，但操作方便，灌溉效率高；半固定式是动力、水泵和干管固定，喷头和支管可以移动，设备投资比固定式少；移动式喷灌机设备简单，使用灵活，投资少，但管理的劳动强度较大。

77. 北方麦区灌溉技术要点有哪些？

北方地区年降水量分布不均衡，小麦生育期间降水量只占全年降水量的 25%～40%，仅能满足小麦全生育期耗水量的 1/5～1/3，尤其在小麦拔节至灌浆中后期的耗水高峰期，正值春旱缺雨季节，土壤贮水消耗大。因此，北方麦区小麦整个生育期间土壤水分含量变化大，灌水与降水效应显著，小麦生育期间的灌溉是十分必需的。麦田灌溉技术主要涉及灌水量、灌溉时期和灌溉方式。小麦灌水量与灌溉时期主要根据小麦需水、土壤墒情、气候、苗情等确定。

（1）灌水总量　按水分平衡法来确定，即：灌水总量＝小麦一生耗水量－播前土壤贮水量－生育期降水量＋收获期土壤贮水量。

（2）灌溉时期　根据小麦不同生育时期对土壤水分的要求不同（表2）来确定，一般出苗至返青，要求为田间持水量的75%～80%，低于55%则出苗困难，低于35%则不能出苗。

拔节至抽穗阶段，营养生长与生殖生长同时进行，器官大量形成，气温上升较快，对水分反应极为敏感，该期适宜水分应为田间持水量的70%～90%，低于60%时会引起分蘖成穗与穗粒数的下降，对产量影响很大。

开花至成熟期，宜保持土壤水分不低于田间持水量的70%，有利于灌浆增重，若低于70%易造成干旱逼熟，粒重降低。为了维持土壤的适宜水分，应及时灌水。

一般生产中年补充灌溉约4～5次（底墒水、越冬水、拔节水、孕穗水、灌浆水），每次灌水量40～50m³/亩。从北方水分资源贫乏和经济高效生产考虑，一般灌溉方式均采用节水灌溉。节水灌溉是在最大限度地利用自然降水资源的条件下，实行关键期定额补充灌溉的方式。根据各地试验，一般孕穗水较为关键。另外，在水源奇缺的地区，应用喷灌、滴灌、地膜覆盖管灌等技术，节水效果更好。

表2　冬小麦各生育期的适宜土壤水分（占田间持水量的百分数）

项目	出苗	分蘖至越冬	返青	拔节	抽穗	灌浆至成熟
适宜范围/%	75～80	60～80	70～85	70～90	75～90	70～85
显著受影响的土壤水分含量/%	60以上、90以下	55以下	60以下	65以下	70以下	65以下
土层深度/m	0.4	0.4	0.6	0.6	0.8	0.8

78. 南方麦区灌溉技术要点有哪些？

南方小麦生育期降水较多，除由于阶段性干旱需要灌水外，一般春夏之交的连阴雨，往往出现"三水"（地面水、潜层水、地下水），易发生麦田涝渍害，一直是该地区小麦产量的制约因素，因此还必须实施麦田排水。

麦田排涝防渍的主要措施有：一要做好麦田排涝防渍的基础工作，做到明沟除涝、暗沟防渍，降低麦田"三水"；二要健全麦田"三沟"配套系统，要求沟沟相通，依次加深，主沟通河，达到既能排出地面水、潜层水，又能降低地下水位的要求；三要改良土壤，增施有机肥，增加土壤孔隙度和通透性；四要培育壮苗，提高麦田抗涝渍能力；五要选用早熟耐渍的品种及沿江水网地区麦田连片种植。

79. 水浇麦田怎样进行抗旱灌水？

重旱水浇麦田，要早浇水促早发。对于没有浇越冬水，受旱严重，分蘖节处于干土层，次生根长不出来或很短，出现点片黄苗或死苗的重旱麦田，只要白天浇水能较快渗下，就应抓紧浇水保苗；浇水时应注意小水灌溉，避免大水漫灌造成地表积水结冰，麦苗受冻。

轻旱水浇麦田，要适当推迟浇水。对于底墒较好，受旱较轻，尚未出现黄苗、死苗的麦田，可待日均气温回升到3℃以上后，于中午前后浇水追肥，确保麦苗返青生长有足够的水分，促进春生分蘖和次生根早生快长，提高分蘖成穗率。

水浇麦田，要及时镇压控旺。有浇水条件的麦田，应在返青期镇压，沉实土壤，弥封裂缝，减少水分蒸发和避免根系受旱，实现控旺转壮；镇压要在小麦返青起身前，无霜日的10~16时进行，并做到有霜冻麦田不压、盐碱涝洼麦田不压、已拔节麦田不压。

80. 冬小麦节水灌溉技术措施有哪些？

（1）播前进行贮蓄灌溉　为满足小麦生长期的水分需要，小麦播前应采用灌水定额的灌溉方法。研究发现，当土壤灌水深度达到50~200cm时，有利于小麦根系下扎，增加深层根系比例，形成粗苗壮苗。灌水定额方法使小麦在生育期间不仅可利用土壤进行深层蓄水，而且也减少了因频繁灌溉而造成的大量土壤蒸发。

（2）灌小麦关键期水　小麦在不同时期对水的需求量也有所区别，根据这一特点采用关键期灌水的方法是一项有效的节水措施。

如果冬前墒情较好，采取灌拔节水和孕穗水的方法效果最好；如果冬前墒情不好，采用灌冬水和孕穗水的方法效果较为明显。因此在水资源较为短缺的情况下，保证小麦关键时期用水，是提高水分利用率，实现高产、高效的重要措施。

（3）**硬化水渠，减少渗漏**　通过平整土地可以达到节水的效果，实践证明，土地平整可提高灌水效率 30%～50%，节约用水 50% 以上。为提高灌水质量还可对骨干水渠加设防渗设施，努力做到滴水归田。

（4）**采用先进的灌溉技术**　由于我国水资源短缺，现有储水量很难满足小麦的生长需要。在此情况下采用的喷灌、滴灌、渗灌及管道灌溉等先进的灌水技术，成为节水的有效手段之一。研究发现，喷灌比地面灌溉节水 20%～40%；渗灌比畦灌节水 40%；滴灌可比畦灌省水 5/6～3/4。此外，先进的灌溉技术一般不会导致土壤板结及养分淋溶，有利于土壤水、肥、气、热的协调作用和微生物的活动，促进养分转化，从而提高小麦产量。

（5）**灌溉与其他农艺措施相结合**　在麦田完成灌水后，应及时采取中耕松土、地膜覆盖等蓄水保墒措施。不仅可以防止水分蒸发，提高水分利用效率，还可以达到节水的目的。

81. 春小麦节水灌溉技术措施有哪些？

（1）**早期早浇一次水**　小麦起身拔节期的灌水，对提高小麦产量起着至关重要的作用。在土壤墒情适宜的情况下，春季第一次浇水宜推迟至拔节初期，以控制春季无效分蘖过多滋生和茎基部一二节间的伸长，并结合浇水进行施肥；对地力较高、苗情偏旺地块，此次灌水可适当延迟到拔节末期进行；对地力较差、苗情偏弱的地块，春季第一次水可提前至起身期进行。

（2）**中后期适时浇水**　小麦孕穗期以后的灌水，能防止小花退化、增加穗粒数，同时也可使籽粒蛋白质含量增加，提高面筋数量和质量。在小麦生育中后期，应在挑旗孕穗期至抽穗扬花期结合浇水补施少量肥料，但此期灌水不可过晚，一般不晚于灌浆期。

（3）**后期合理控制浇水**　小麦乳熟至收割阶段，要适当控制其灌水次数，可提高籽粒的光泽度和角质度，明显减少"黑胚"现象，提高籽粒蛋白质含量，延长面团稳定时间。所以从产量、品质同步优化考虑，在小麦生育后期，应适当控制浇水次数。

82. 如何进行农业化学抗旱节水？

农业化学抗旱节水技术是以抗旱为目标、以节水为内涵、以增产为目的的技术。其独特的抗旱功能表现为既可抗御土壤及大气干旱用于旱地抗旱，又可用于水地节水，具有很强的水分调控能力，并可与常规措施配套使用。

农业化学抗旱节水技术适应性广，可适用于各类地区、各类作物，也可采用各种通常的施用方法，还能与农药、微量元素混用，缓释增效。田间应用表明，使用农业化学抗旱节水技术，亩增产 10%～20%。而且除抗旱型种子复合包衣剂中含有农药成分（属高效低毒）外，其余部分均无毒无害，使用安全可靠，有利于保持生态环境。主要制剂和作用如下。

（1）种子处理　播种前用抗旱型种子复合包衣剂对种子进行拌种处理，其作用为抗旱出苗，种子出苗率提高 15.2%～20%。同时具备多种功能：抗旱节水，种子消毒，防病治虫，补肥增效，促进生长和增加产量。

（2）幼苗处理　幼苗移栽前用农用抗旱保水剂蘸根后移栽，其作用是抗旱保苗，提高幼苗成活率 10%～30%。

（3）土壤处理　对播种或移栽后的土表面喷施土壤保墒剂，其液态膜封闭土表面，抑制水分蒸发，提高土壤温度，有利于抗旱壮苗。

（4）植株处理　在农作物出苗后的漫长生育期中遇到干旱，尤其是在需水关键时期遇旱，可用以黄腐酸类物质为主要成分的抗旱剂叶面喷施，减少气孔开张，抑制水分蒸腾，促进新陈代谢，加强光合作用，在水分调控上做到开源节流，以增强农作物抗御干旱的能力。

根据旱情轻重和时间长短，上述制剂可单独使用，也可配套使用，以作物全生育期的农业化学抗旱节水系列与品种和常规的措施相结合，形成全新的抗逆减灾技术体系。

83. 什么叫"蒙头水"，如何浇小麦"蒙头水"？

冬小麦播种的季节，在已播种地区应密切关注墒情变化及小麦出苗情况。若土壤出现缺墒状况，小麦出苗困难，可采取浇灌"蒙头水"措施，力保小麦正常出苗。要注意及早查苗补苗，缺苗断垄严重的，可用种子催芽补种，确保苗全苗匀。

（1）"蒙头水"的概念　小麦"蒙头水"是小麦播种后萌芽前田间进行灌溉的统称。

小麦播种后浇"蒙头水"，有两种情况：一是被动"蒙头水"；二是主动"蒙头水"。

由于抢墒播种而被迫于播后不全苗时才浇水，称为被动"蒙头水"。在这种情况下，由于浇水会导致地温下降、土壤板结、通气不良，与足墒播种相比，往往麦苗长势弱，分蘖减少，不利于培育冬前壮苗，以至于不能形成理想的壮苗而影响到以后生长发育，导致产量降低。因此应尽量避免浇"蒙头水"。这种"蒙头水"的不良作用因土壤质地不同也有差异，黏土更严重些。但作为一种补救措施，还是比不浇的好。

由于接茬过于紧张，来不及造墒，而采用先播种后浇水的方式，这样有针对性地浇水并及时中耕破板结称主动"蒙头水"。此种情况虽然仍存在地温下降、土壤板结等不利因素，但可通过正确的播种方式和管理措施加以弥补。主要技术措施有：整地质量要好，土地要整平；播种要浅，以3～4cm深为宜，播量相应增加一些；播完后马上浇水，随播随浇；浇水要浇透；在适宜中耕时要及时中耕，破除板结。

（2）根据出苗率和墒情浇"蒙头水"　　如果小麦播种后出苗率已达90%左右，此时浇水就没有什么问题，但如果小麦出苗率在50%左右甚至更少，这时候就要看墒情了。小麦播种后出苗率特别低，千万不能盲目地立即浇水，要观察分析，判断问题出在干旱、病虫害、种子等哪个环节，再采取相应措施。

（3）注意事项

① 尽量在播种前浇水　若土壤过于干旱、墒情不够，会影响小麦出苗，应在小麦整地前浇一次水，不宜浇太多，把土壤的墒情给补上来即可，之后整地、播种均不会存在较大缺水问题。

② 切忌漫灌浇水　如果必须在小麦播种后浇水，一定不要漫灌浇水，特别是在还有小麦未出苗的情况下，不然会导致烂种出现，影响小麦出苗。浇水以没有田间积水为宜。

84. 冬小麦浇冻水的方法和注意事项有哪些？

（1）冬小麦浇冻水（彩图 19）的前提条件

① 看地、看墒、看苗情　为了小麦在返青时能处于适宜的土壤含水量，一般土壤墒情不足，5～20cm 土壤含水量沙土地低于 16%，壤土含水量低于 18%，黏土地低于 20% 都应冬灌。高于上述指标，土壤墒情较好，可以缓灌或不灌。

② 根据田间小麦出苗率来决定　如果已出苗 90% 以上，就没多大问题，想浇水就可以浇水了，如果有缺苗现象，可以从其他地方补苗。

③ 麦苗长势好、底墒足或稍旺的田块，可适当晚浇或不浇，防止群体过旺、过大。对播种稍晚的晚茬冬小麦，因冬前生长时间短，叶、根较少，苗小且弱，分蘖少或无，为争取有效积温促进麦苗生长发育，只要底墒尚好，也可不浇，但要及时锄地保墒，使其促根壮苗增蘖。

（2）冬小麦浇冻水的作用

① 对于秸秆还田质量不好的麦田，并且在小麦播种后没有进行镇压。最好是要浇冻水。

② 可起到加速作物秸秆腐烂的作用，同时促进微生物活动、加速肥料养分的分解转化，为小麦年后生长发育提供更多的养分。

③ 小麦浇冻水，并不只是为了给土壤提供水分，更是为了踏实土壤、促进小麦盘根和大蘖发育，保证麦苗安全越冬。

④ 具有冬水春用的作用，可有效保证春天小麦返青后及时得到水的供给。

⑤ 可以踏实土壤，冻融风化坷垃，弥补裂缝。

⑥ 对盐碱地起到压碱保苗和减轻土壤发生盐碱化作用。

⑦ 提高土壤的导热性，可有效地缩小田间温度变幅，防止因温度剧烈升降造成冻害死苗。

（3）浇灌冻水的方法

① 合理确定浇灌冻水的时间　浇水时间以"夜冻昼消"最为适宜，一般在 11 月下旬"小雪"前后，日平均气温掌握在 7～8℃时开始，到 4～5℃左右时结束。浇灌过早气温偏高，蒸发量大，不能起到保温增墒的作用，长势较好的麦田，还会因水肥充足引起麦苗徒

长，严重的引起冬前拔节，易造成冻害；浇灌过晚，温度偏低，水分不易下渗，形成积水，地表冻结，冬灌后植株容易受冻害死苗。

在一天当中应选择在上午 9 时后至下午 4 时进行，灌水量不宜过大，以能浇透当天渗完为宜，切忌大水漫灌，地面积水，结成冻层。浇后应及时镇压划锄，防止地面龟裂，透风伤根，造成死苗。

② 浇灌冻水看墒情、看苗情　为了小麦在返青时能处于适宜的土壤含水量，一般土壤墒情不足，耕层土壤含水量沙土地低于 16%，壤土含水量低于 18%，黏土地低于 20% 时都应冬灌。高于上述指标，土壤墒情较好，可以缓灌或不灌。

对叶少、根少，没有分蘖或分蘖很少的弱苗麦田，尤其是晚播苗不宜进行冬灌；对于群体大、长势旺的麦田，如墒情好，可推迟冬灌或不冬灌。底墒好、充足的麦田可不浇越冬水。

③ 灌水要适量　冬灌时间以上午灌水，入夜前渗完为宜。一般亩灌水量 45~50m³，灌水时水量不宜过大。对于缺肥麦田可结合冬灌追肥，冬灌每亩补施尿素 5~8kg。浇水后要及时进行锄划保墒，提高地温，防止土壤板结龟裂透风，保证小麦安全越冬。

④ 浇冻水后及时锄划、搂麦　待地里能进人时，及时锄划搂麦，破除板结，防止地面裂缝，并可除草保墒。上促苗壮，下促根系发育。

（4）浇水后的突发状况　有些小麦田出现一种怪现象，一浇水就有一种虫子露出地面，该虫为杂食性害虫，除小麦田发生之外，西瓜、菠菜、生菜、甘蓝、韭菜、大蒜田亦有发生，而且，危害比小麦严重。这种虫子是"瓦矛夜蛾的幼虫"（也叫"黑纹地老虎"），是近年来新发生的一种鳞翅目害虫。

该幼虫昼伏夜出，夜间出土觅食，如果遇浇水，瓦矛夜蛾幼虫则爬到植株上部，或转移到邻近未浇水的地块内。瓦矛夜蛾幼虫在灌水前很难查到，且田间植株被害症状不明显。一般在麦田灌水后，其幼虫爬至小麦植株上或周边蔬菜上咬食叶片。除了小麦，它对各种果蔬菜都有极大危害。

此种情况下，可以用高效氯氟氰菊酯混加三唑类杀菌剂＋多种微量元素＋多种温和型调节剂等一喷多防，以达到防病、促进增产的效果。

85. 如何浇好小麦返青水？

春节之后，冬小麦陆续进入返青期。有灌溉条件的田块，要因时浇水保苗，落实中耕划锄等措施，推广喷灌、滴灌、垄灌、隔垄交替灌等节水灌溉技术；无灌溉条件的地块采取中耕培土、化控增湿等措施，提高作物抗旱能力，减小干旱影响。浇返青水（彩图20）要根据不同墒情而定。

① 冬季或早春进行镇压的冬小麦，根据返青情况，苗情长势较好的麦田，可适时晚浇返青水。避免小麦生长速度过快，植株旺长造成倒伏。

② 凡是冬前抢墒播种播期较晚，又未冬灌、耕地质量差、田间失墒严重的麦田，及小麦个体发育较差、群体小、旱情严重的麦田均应及时浇返青水。根据天气情况，如果天气预报一周左右气温较高，又都是晴天，日平均温度在3℃可浇返青水。有利于冬小麦返青起身，生长成壮苗。

③ 如果一般麦田只要墒情允许，应延缓或不浇返青水，将返青水推迟到起身或拔节期进行；对群体小、长势差，或冬前旺长、春季长势弱的麦田，可结合浇水亩追施尿素10kg，浇水后待麦田墒情适宜时及时划锄保墒。

④ 浇返青水要严格控制浇水量。因早春昼夜气温变化大加之冷暖气流频繁交替，浇水量以浇小水为宜，不宜大水漫灌，防止一旦有寒流发生气温及地温太低给小麦造成冻害。

⑤ 浇返青水还要根据苗情而定。对于冬前适期播种的麦田，由于地力不足造成分蘖少，穗数不够的（冬前每亩总茎数50万左右）可浇返青水，并结合浇水每亩追施尿素7.5～10kg、硫酸钾或氯化钾5～7.5kg，以促进早春小麦分蘖，尽可能争取较多的穗数，为丰产打好基础。

晚播麦及总茎数70万～90万的壮苗或90万以上的偏旺苗肥水充足一般不浇返青水，以中耕松土、保墒增温为主，把春生分蘖压到最低限度；冬前旺长的麦田因冬前生长量大，消耗肥水多，而又未冬灌，田间墒情差，早春遭遇倒春寒易导致死苗，也应注意及时浇返青水。

⑥ 浇水和地温有关系，3月份前后，小麦刚刚返青，温度上不

来，地温低，不利于小麦生长。如果此时浇水，就会降低地温，导致小麦返青慢，对小麦今后生长是不利的。此时的主攻方向应是划锄土壤，提高地温。浇水应适当推迟到春分前后进行。

总之，浇返青水要因地、因苗制宜，切忌盲目，以免造成不必要的损失。

86. 小麦返青第一水宜早浇还是晚浇？

早浇返青水减产，适当晚浇返青水"好上加好"，除麦田受旱"不得不早浇"的特殊情况之外。

（1）返青第一水（"春一水"）适当晚浇的原因

① 小麦越冬前的"初生根"长度可以达到 $50\sim60$cm，有足够的抗冻和抗旱能力。

② 适当晚浇"春一水"，增产显著。据试验，早浇"春一水"的减产幅度较大，比晚浇 20 天（浇起身水）的减产 $34\sim41$kg，比晚浇 30 天（浇拔节水）的减产 $62\sim75$kg。

换言之，早春的干土层厚度不大于 3cm，可适当推迟浇水，在不增加投入的前提下，每亩可增产 $34\sim75$kg。

③ 一般小麦浇"春一水"都结合追施氮肥。但是，小麦在起身前所需氮量仅仅占总需氮量的 17.05%，在拔节期到孕穗期需氮却占到 63%，所以，适当晚浇水、晚施肥对增产的作用显著。而且，减少了无效分蘖，提高抗病（全蚀病、根腐病、纹枯病等）和抗倒伏能力。

（2）注意事项 为了实现晚浇"春一水"，还应做到以下三点。

① 播种后镇压，提高抗旱能力。

② 能浇则浇"封冻水"（早春苗壮、叶黑、返青快、抗旱、抗冻）。

③ 小麦起身期要预防小麦倒伏和全蚀病、根腐病、纹枯病等根部土传病害。

87. 小麦浇完返青水后发黄的可能原因有哪些，如何补救？

小麦返青期，是浇返青水、施返青肥的最佳时机，但有些田块浇水施肥后会出现暂时返青，而后继续黄化，究竟是什么原因引起的呢？现在对小麦不同原因引起的黄化进行分析，以便及早对症下药。

原因之一：浇水量过大，且地势低洼引起盐渍，相对渍水状态在5天以上。有机质分解缓慢，养分不能及时吸收，致使麦苗叶色发黄，生长缓慢，根系发育受阻，扎根浅，严重的还会出现烂根死苗现象。

补救措施：对地势低洼田少量浇水，以轻松拔出麦苗为准，对已经超量浇过水的田块，应开沟排水，加深、疏通田间排水沟。

原因之二：缺钾黄苗，且大量施氮。与缺氮苗弱不同，缺钾发黄常发生在沙质土壤的田块，而且畦边重于畦中，发黄的麦苗一般先从叶尖开始，然后沿着叶缘向下伸展，黄斑与正常部分界线明显，成为镶嵌型黄化，黄叶往往软化，后期贴于地面。

补救措施：缺钾麦田一般每亩可追施 2.5～5kg 钾肥。由于之前施过氮肥，再追施可不用氮或氮钾类肥，也可结合病虫害防治，用 2% 的磷酸二氢钾进行叶面喷施即可。

原因之三：缺镁或缺铜，缺镁小麦中下位叶脉失绿，残留绿斑成串。缺铜小麦上位剑叶黄化、变薄、扭曲披垂，形成顶端黄化病，老叶片弯折，叶尖枯萎成螺旋状，叶鞘下部有灰斑。

补救措施：重施氮肥会引起中微量元素吸收障碍，应减少氮肥使用量，注意中微量元素的使用。

原因之四：小麦根腐病。小麦根腐病全生育期均可发生，苗期引起的根腐病会伴随叶斑出现，小麦后期发生根腐病会引起小麦早衰瘪粒多、穗腐、黑麦胚，严重时会减产。

补救措施：小麦连作田土壤内积累大量病菌，在下季深翻一次。种子带菌率越高，幼苗发病率和病情指数越高。播种时用三唑酮或戊唑醇包衣处理。返青期结合浇水，用噁霉灵或甲霜·噁霉灵灌根。

原因之五：小麦黄矮病，又叫黄叶病、嵌边病，新叶从叶尖开始发黄。叶片颜色为金黄色到鲜黄色，黄化部分占全叶片的 30%～50%。

补救措施：小麦黄矮病在冬暖春寒时节发病概率高，主要做好麦叉蚜和飞虱防治。重点在近路边、沟边、场边等麦田。

原因之六：天气异常，巧遇倒春寒，没有浇透水引起低温冻害。麦拔节前遇到 $-8～-5℃$ 的低温、拔节后遇到 $0℃$ 左右的低温都容易造成冻害。

补救措施：小麦在寒流到来之前对干旱麦田及时进行浇灌，保证墒情充足，可以减轻低温冷害危害程度。没有浇透水的受害田，等寒流过后，及时再浇一次水，要浇足浇透。

88. 小麦浇灌浆水有哪些讲究？

面对高温干旱，农民为小麦浇水，以保持适宜的土壤水分，增加空气湿度，起到延缓根系早衰，增强叶片光合作用，达到预防或减轻干热风危害的效果。但有时在浇完灌浆水后，发现小麦干枯了，这是什么原因呢？

原来，小麦灌浆期是小麦一生活动最旺盛时期，此时对水肥需求量最大。大水漫灌或浇水量大时，土壤水长时间饱和，土壤中缺乏空气，根系呼吸受到抑制，水分养分吸收出现暂时障碍，造成短暂水分、养分供应减慢。如果高温暴晒天气下浇水，在植株强力蒸腾作用下，叶片等器官迅速脱水，变得干枯，出现绿穗黄叶的现象。

（1）因地制宜浇小麦灌浆水 灌浆水浇得好，有利于小麦产量的进一步提高，如技术掌握不好，不仅不会增产，反而会导致产量的损失和水资源及人力资源的浪费。

一看"天"。即灌浆期降水多少，若小麦灌浆期（5月10日～25日）出现一次降水量达 20mm 以上的降水过程，可以不浇灌浆水，如果灌浆期降水量很少，可以考虑浇灌浆水。

二看"地"。即土壤的肥力基础，土壤肥力高的地块可不浇灌浆水，因为土壤肥力高，可以部分补偿土壤水分的相对不足，不浇灌浆水对产量影响很小，浇灌浆水反而可能会导致产量的下降。而土壤肥力水平一般的地块，以及保水性差的沙质土壤，应浇灌浆水。

三看"种"。即所种植的小麦品种，抗旱节水性强的品种可以不浇灌浆水。优质强筋小麦品种，最好不浇灌浆水，有利于提高籽粒品质。而对常规品种灌浆水仍有一定增产作用，可以考虑浇灌浆水。

四看"苗"。群体偏大，追肥量过大，具有倒伏风险的地块不浇灌浆水，因为不浇灌浆水对产量即便有影响，其幅度也不大，而一旦出现倒伏，产量降低更多，风险更大。

五看"水"。即根据前期浇水次数而定，已浇过返青水、拔节水和开花水共三水的麦田，一定不要再浇灌浆水。

（2）注意事项

① 尽量采用喷灌等节水灌溉措施，减少单次灌水量，缩短吸收

障碍期。大水漫灌在水到地头后，尽早排除积水，缩短淹水时间。

② 避开高温时段浇水，与打药防病治虫一样，应在早晚温度较低时进行作业。

③ 一旦出现症状，及时进行根外追肥，结合一喷三防，通过叶面喷施补充水分和养分，减缓叶片等失水速度，直到根系呼吸恢复正常。

第四节　小麦用药技术

89. 麦田如何正确选择农药？

根据无公害农产品生产的要求，在小麦安全生产过程中，农药使用的原则是：优先使用生物和生化农药，严格化学农药使用；必要时应选用"三证"（农药登记证、农药生产批准证、执行标准号）齐全的高效、低毒、低残留、环境兼容性好的化学农药；每种有机合成农药在小麦生长期内应尽量避免重复使用。一般杜绝使用目前已禁用的农药（表3）。

表3　小麦安生生产中禁止使用的化学农药品种

农药种类	农药名称	禁用原因
无机砷杀菌剂	砷酸钙、砷酸铅	高毒
有机砷杀菌剂	甲胂酸锌、甲基胂酸铁铵（田安）、福美甲胂、福美胂	高残毒
有机锡杀菌剂	薯瘟锡（三苯基醋酸锡）、三苯基氯化锡、毒菌锡、氯化锡	高残留
有机汞杀菌剂	氯化乙基汞（西力生）、醋酸苯汞（赛力散）	剧毒高残留
有机杂环类	敌枯双	致畸
氟制剂	氟化钙、氟化钠、氟乙酸钠、氟乙酰胺、氟铝酸钠、氟硅酸钠	剧毒、高毒、易药害
有机氯杀菌剂	DDT、六六六、林丹、艾氏剂、狄氏剂、五氯酚钠、氯丹、毒杀芬、硫丹	高残留
有机氯杀螨剂	三氯杀螨醇	高残留
卤代烷类熏蒸杀虫剂	二溴乙烷、二溴氯丙烷	致癌、致畸

农药种类	农药名称	禁用原因
有机磷杀虫剂	甲拌磷、乙拌磷、久效磷、对硫磷、甲基对硫磷、甲胺磷、氧化乐果、治螟磷、蝇毒磷、水胺硫磷、磷胺、内吸磷、甲基异柳磷、甲基环硫磷、杀扑磷	高毒
氨基甲酸酯杀虫剂	克百威(呋喃丹)、涕灭威、灭多威	高毒
二甲基甲脒类杀虫杀螨剂	杀虫脒	慢性毒性、致癌
取代苯类杀虫杀菌剂	五氯硝基苯、稻瘟醇(五氯苯甲醇)、苯菌灵(苯莱特)	国外有致癌报道或二次药害
二苯醚类除草剂	除草醚、草枯醚	慢性毒性
其他	基环硫磷、灭线磷、螨胺磷、克线丹、磷化铝、磷化钙	药害、高毒

小麦的安全生产与小麦的卫生品质密切相关，在小麦病虫害的防治过程中，应遵循以下四点：一是以预测预报为主的原则；二是以生物防治为重点的策略；三是推行农业和物理防治措施；四是优化化学防治方法。

90. 麦田各阶段用药对象有哪些？

小麦生产过程中要不断改进农药使用方法，提高农药利用率，降低农药用量，保证农药的使用安全。根据当地病虫草害的种类，确定主要防治对象。播种期种子处理以防治地下害虫、黑穗病、纹枯病和全蚀病等病虫害为主；播后苗前至返青期以防治杂草和苗期白粉病、锈病、纹枯病等为主；返青拔节至抽穗期以防治纹枯病、红蜘蛛、白粉病、锈病、叶枯病等病虫害为主；抽穗期至扬花期以防治赤霉病、黑胚病、吸浆虫等病虫害为主；灌浆期以防治蚜虫、白粉病、锈病、叶枯病等病虫害为主。

91. 什么叫小麦"一喷三防"，如何搞好小麦的"一喷三防"？

小麦"一喷三防"在小麦生产中的作用非常重要，是小麦抽穗-灌浆期管理的关键措施，它可以最大限度地减少病虫害发生，促进小麦正常生长灌浆，确保小麦丰产丰收。此阶段病虫发生种类多，适宜的气温有利于病虫发生蔓延为害，也是各类病虫害防治的关键期。虫害主要有小麦吸浆虫、蚜虫等；病害主要有小麦锈病、白粉病、赤霉病等；小麦中后期易受干热风的影响。

（1）**概念**　在小麦穗期将杀虫剂、杀菌剂、植物生长调节剂（如微肥、抗旱剂等）混配，一次施药可以达到防病虫害、防干热风、防倒伏、增加粒重的目的，简称"一喷三防"。

（2）**防治指标**　小麦蚜虫百茎虫量 500 头；小麦条锈病田间普遍率（病叶率）达 1％～2％；白粉病普遍率达 2％；赤霉病在扬花期遇连阴雨 2 天以上；小麦吸浆虫在小麦扬花初期网捕，每 10 复网成虫 20 头或用手扒开麦垄可看到 2～3 头成虫。

（3）**防控目标**　重点防控小麦条锈病、赤霉病、白粉病、吸浆虫、蚜虫、麦蜘蛛等，防治率达到 90％以上，专业化统防统治比例达 37％以上，高产创建示范片实现统防统治全覆盖，综合防治效果 85％以上，病虫为害损失率控制在 5％以内，化学农药使用量明显降低。

（4）**防控策略**　坚持"突出重点、分区治理、因地制宜、分类指导"的原则，采取绿色防控与化学防治相结合，应急处置与持续治理相结合，专业化统防统治与群防群治相结合的防控策略，对重点地区、关键阶段的重大病虫实施科学防控，确保小麦产量和品质安全。

（5）**小麦"一喷三防"配方组合**

① 亩用 10％吡虫啉可湿性粉剂 20g＋2.5％高效氯氟氰菊酯水乳剂 80mL＋45％戊唑・咪鲜胺水乳剂 25g＋98％磷酸二氢钾 100g＋芸苔素内酯 8mL，每亩兑水 50kg 喷雾。主要用于防治蚜虫、赤霉病、白粉病，兼治吸浆虫、锈病、叶枯病、干热风。

② 亩用 10％吡虫啉可湿性粉剂 20g＋4.5％高效氯氰菊酯乳油 80mL＋50％多菌灵可湿性粉剂 80g＋98％磷酸二氢钾 100g＋芸苔素内酯 8mL，每亩兑水 50kg 喷雾。主要用于防治蚜虫、赤霉病，兼治吸浆虫、白粉病、叶枯病、锈病、干热风。

③ 亩用 2.5％联苯菊酯水乳剂 80mL＋25％氰烯菌酯悬浮剂 10mL＋98％磷酸二氢钾 100g，每亩兑水 50kg 喷雾。主要用于防治蚜虫、赤霉病，兼治吸浆虫、锈病、白粉病、叶枯病、干热风。

④ 亩用 22％噻虫・高氯氟悬浮剂 8mL＋15％三唑酮可湿性粉剂 70g＋98％磷酸二氢钾 100g，每亩兑水 50kg 喷雾。主要用于防治蚜虫、白粉病，兼治吸浆虫、赤霉病、锈病、叶枯病、干热风。

⑤ 亩用 15％三唑酮可湿性粉剂 80～100g 或 43％戊唑醇悬浮剂 20mL＋10％吡虫啉可湿性粉剂 20～30g 或 2.5％高效氯氰菊酯乳油 100mL＋99％磷酸二氢钾 50～60g，兑水 30～45kg 均匀喷雾。用于防治条锈病、白粉病、小麦穗蚜。

⑥ 亩用 6％氰烯菌酯悬浮剂 50g 或 25％多菌灵可湿性粉剂 200g 或 45％戊唑・咪鲜胺乳油 25mL＋2.5％高效氯氰菊酯乳油 100mL＋99％磷酸二氢钾 50～60g，兑水 30～45kg 均匀喷雾。用于防治赤霉病、纹枯病、小麦穗蚜。

⑦ 亩用 10％吡虫啉可湿性粉剂 20g＋2.5％高效氯氟氰菊酯水乳剂 80mL＋45％戊唑・咪鲜胺乳油 25g＋98％磷酸二氢钾 100g＋芸苔素内酯 8mL。主要用于防治蚜虫、赤霉病、白粉病，兼治吸浆虫、锈病、叶枯病、干热风。

⑧ 亩用 10％吡虫啉可湿性粉剂 20g＋4.5％高效氯氰菊酯乳油 80mL＋50％多菌灵可湿性粉剂 80g＋98％磷酸二氢钾 100g＋芸苔素内酯 8mL。主要用于防治蚜虫、赤霉病，兼治吸浆虫、白粉病、叶枯病、锈病、干热风。

以上用药配方可根据各地小麦病虫发生特点合理搭配。施药后 3～6 小时内遇雨，应及时补施。对于小麦白粉病、锈病发生严重的稻茬麦区及高肥水地块，可添加多抗霉素或醚菌酯。多雨天气或密度过大，麦田施药时加入有机硅助剂以提高黏着性、渗透性。

（6）注意事项

① 在购药时一定要到证照齐全的正规农资门店选购，不要使用已经产生抗性的农药，以免影响防治效果。

② 配制可湿性粉剂农药时，一定要先用少量水化开后再倒入施药器械内搅拌均匀，以免药液不匀导致药害。

③ 用药量要准确。根据亩用药量及用水量配制药液。配制采用标准计量器，切勿随意加药。

④ 田间喷药要选在无露水情况下进行，严格农药操作规程，以免不安全事故发生。

⑤ 喷药后 6 小时内遇雨应补喷。

总之，小麦的"一喷三防"是小麦丰收的关键。小麦的"一喷三防"工作视具体情况进行 1～2 次，喷药时尽量喷匀喷细，作业时间最好在下午，避开上午小麦授粉时间。

92. 小麦扬花期打药的安全措施有哪些?

（1）小麦扬花期喷药时机的把握　小麦开花两三天就结束了，打药时最好避开扬花盛期，避开阴雨，如果在扬花盛期打药，不利于授粉。对于刚开始传粉的麦田最好等两三天。小麦开花是先从中部开始的，然后是上部，最后是下部，第一天全部是黄花，第二天是黄白相间，第三天全是白色。如果全是白色的花，则说明传粉已经结束了，可以打药了。

如果需要在扬花期喷药，应避开小麦授粉时间，虽然小麦是自花授粉，但也有一定的异花率，一般是上午 9 时到 11 时开花，因此可以在下午 4 时以后喷药。且喷药时，雾化效果越好对其影响越小。

（2）扬花期喷洒农药对小麦的影响　如果是开花第一、二天喷药或浓度过大，会造成花药受损，影响授粉发育，导致不孕无籽粒。对于刚开始传粉的麦田最好在 3 天后喷药，切记药剂浓度不能随意加大，防止出现药害，造成无籽粒、减产甚至绝收。

（3）小麦扬花期不能浇水　小麦扬花期是在抽穗后、灌浆前，这个时期不能浇水，因为浇水会冲掉花粉而使小麦不能授粉影响产量。另外，小麦扬花期最容易感染赤霉病，开花遇阴雨小麦感染赤霉病概率也高，如果在小麦扬花期浇水，田间湿度大，相当于小麦扬花期遇到阴雨天气，利于发病。最好等到扬花期结束后再浇水。

（4）掌握防治小麦赤霉病的最佳时间　由于小麦赤霉病是在多雨季节短期爆发，防治上应抓住有利时机，选用适宜农药。当穗期气温很高时，抽穗和开花交叉进行，如预报有连阴雨，应抓紧在齐穗期用药；如抽穗开花期气温正常，齐穗至开花期距离很短，应在扬花率达 10% 左右时用药；如抽穗期气温偏低，抽穗开花缓慢，可在盛花期前后用药，选择渗透性、耐雨水冲刷性和持效性较好的农药。若花期多雨或多雾，应在药后 7 天左右再喷一次。田间见病初期，漏防田块应加大用量，立即进行补治，以减轻病害后期危害和损失。

第四章

小麦病虫草害全程监控技术

第一节　小麦主要病害防治技术

93. 如何防治小麦霜霉病？

小麦霜霉病（彩图 21），又称黄化萎缩病。小麦播后芽前，麦田被水淹超过 24 小时，翌年 3 月又遇有春寒，气温偏低利于该病发生，地势低洼、稻麦轮作田易发病。

（1）农业防治　发病重的地区或田块，应与非禾谷类作物进行 1 年以上轮作。精细整地。选用抗病品种，健全排灌系统，严禁大水漫灌，雨后及时排水，防止湿气滞留，发现病株及时拔除，带出田外烧毁或深埋。

（2）药剂拌种　播前每 50kg 小麦种子用 25％甲霜灵可湿性粉剂 100～150g，兑水 3kg 拌种，或选用种子重量 0.3％的 2％戊唑醇干拌种剂、5％烯唑醇拌种剂、12.5％井冈·蜡芽菌、15％三唑酮粉剂、40％多菌灵超微可湿性粉剂、50％福美双可湿性粉剂、70％甲基硫菌灵可湿性粉剂拌种。拌种方法：先把药剂加适量水喷在种子上拌匀，再堆闷 4～8 小时后直接播种。

（3）化学防治　必要时，在播种后可选用 0.1％硫酸铜溶液或 58％甲霜·锰锌可湿性粉剂 800～1000 倍液，或 72％霜脲·锰锌可湿性粉剂 600～700 倍液、69％烯酰·锰锌可湿性粉剂 900～1000 倍液、72.2％霜霉威水剂 800 倍液、68％精甲霜·锰锌水分散粒剂 600 倍液等喷雾防治。

94. 如何防治小麦叶枯病？

小麦叶枯病是引起小麦叶斑和叶枯类病害的总称。叶枯病的病原有 20 多种，我国目前主要以雪霉叶枯病（彩图 22）、根腐叶枯病、链格孢叶枯病（叶疫病）、黄斑叶枯病等危害较重，已成为小麦生产中的一类重要病害。

（1）农业防治 选用抗病耐病良种。推广小麦精量、半精量播种。深翻灭茬，清除病残体，消灭自生麦苗。施用酵素菌沤制的堆肥或充分腐熟有机肥，避免偏施、过施氮肥，适当控制追肥。秋季浇足水，春季尽量不浇或少浇。早春耙糖保墒，严禁连续浇水和大水漫灌。重病田可考虑轮作。

（2）种子处理 用 2.5％咯菌腈种衣剂药种比 1∶500 或 20％福·克种衣剂 1∶50 包衣；种子重量 0.03％（有效成分）的三唑酮或三唑醇、种子重量 0.15％（有效成分）的噻菌灵拌种；种子重量 0.5％的 50％福美双可湿性粉剂、种子重量 0.2％的 40％拌种灵或福美·拌种灵（拌种双）可湿性粉剂拌种；75％萎锈灵 250g 可湿性粉剂拌种100kg；50％多·福混粉（多菌灵＋福美双）500 倍液浸种 48 小时。

（3）化学防治 低湿、高肥、密植有可能发病的田块或历年秋苗发病重的地区或田块，于越冬前和返青后，可选用 50％多菌灵可湿性粉剂 600～800 倍液，或 50％甲基硫菌灵悬浮剂 1000 倍液、30％戊唑·多菌灵悬浮剂 1000 倍液、25％三唑酮乳油 2000 倍液等喷雾防治，7 天后进行第二次防治。

95. 如何防治小麦全蚀病？

小麦全蚀病（彩图 23、彩图 24），又称小麦黑脚病，是一种典型的根部病害，是小麦生产上的毁灭性病害。小麦灌浆期-乳熟期是全蚀病症状明显时期。小麦全蚀病症状有三黑——黑根、黑脚、黑膏药。

（1）合理轮作 重病区轮作倒茬可控制全蚀病危害，零星病区轮作可延缓病害扩展蔓延。轮作应因地制宜，坚持 1～2 年与非寄主作物轮作一次，如棉花、花生、烟草、番茄、甜菜、蓖麻、绿肥等。

（2）改低茬收割为高茬收割 全蚀病病菌侵染部位仅限于小麦

根部和茎基部 15cm 以下。高茬收割可有效控制种子间夹杂病残体带菌。收割后及时清除田间麦茬，集中处理。

（3）改常温沤肥为高温发酵灭菌沤肥　常温沤肥不能使病菌死亡，易将大量病菌带入田间，扩大发病面积。而经高温发酵灭菌处理后的粪肥，病菌存活率为 0。高温发酵灭菌方法：在"大暑"前后，把麦糠与水拌匀，堆在平地上，堆高 2～3m，长宽不限，表面加盖塑料薄膜，经 1～2 天，堆温可达 50℃以上，发酵 3 天后即可拆垛用作基肥，拆垛时，将四周及堆底半尺厚发酵温度不足 40℃的麦糠扒开，重新堆积发酵。

（4）改自留种为购良种　麦田病麦与无病麦混合收割脱粒时，种子间夹带大量病体残屑。而正规种子生产部门生产的良种，经严格精选，无杂质，杜绝了病菌传播。

（5）改浅耕为深翻　实践证明，深翻 50～60cm 可使小麦全蚀病白穗率降低 80%以上，深翻后，需增施有机肥提高土壤肥力。

（6）平衡施肥　增施有机基肥，提高土壤有机质含量。无机肥施用应注意氮、磷、钾的配比，土壤速效磷 0.06%、全氮含量 0.07%、有机质含量 1%以上，全蚀病发展缓慢；速效磷含量低于 0.01%发病重。

（7）种子处理　用 0.1%甲基硫菌灵液浸种 10 分钟；用三唑酮或三唑醇按种子重量的 0.025%～0.03%（有效成分）拌种；用 2%戊唑醇悬浮种衣剂或 25%丙环唑乳油，按种子重量的 0.2%拌种；2.5%咯菌腈种衣剂按药量与种子 1∶1000 的比例包衣处理，对小麦全蚀病有一定防效。

或用 12.5%硅噻菌胺悬浮剂 200～300mL，兑水 1000mL，拌麦种 100kg，搅拌均匀堆闷 3 小时。

或用 4.8%苯醚·咯菌腈悬浮种衣剂 30～40mL 拌麦种 20～25kg，堆闷 3 小时。

或用 3%苯醚甲环唑悬浮种衣剂 80mL 加水兑成 100～150mL 药浆，处理种子 10～15kg，或 6%戊唑醇悬浮种衣剂，按种子重量的 0.03%～0.05%拌种堆闷 6 小时后阴干播种。

（8）土壤处理　小麦播种前，将土壤深翻 20cm，以减少土表层菌源量。播种前，每亩用 50%多菌灵可湿性粉剂或 50%甲基硫菌灵可湿性粉剂 2～3kg，掺土 20～33.3kg 拌匀，于犁地前撒施，重病区要多撒。或用以上药剂兑水 6.7kg，在播种前喷洒于地面，或造墒时顺水灌入田中，然后耕翻整地。

（9）生物防治　对全蚀病衰退的麦田或即将衰退的麦田，要推行小麦玉米一年两熟制，以维持土壤拮抗菌的防病作用。美国用荧光假单胞菌防治全蚀病，大田增产 30％，但效果不够稳定。中国农业科学院开发的生防菌，山东省农业科学院开发的生防菌剂"蚀敌""消蚀灵"均有防效。

（10）化学防治　可在小麦播种后 20～30 天和起身期用 15％三唑酮可湿性粉剂 500 倍液或 12.5％硅噻菌胺悬浮剂及时灌根或顺垄喷浇小麦根部，灌根前后尽量不要浇水。发病重的地块要多灌一次，间隔 7～10 天。

秋苗或春苗返青期，每亩可选用 15％三唑醇可湿性粉剂 0.2kg，或 20％三唑酮乳油 0.1L，兑水 100kg，或 12.5％烯唑醇可湿性粉剂 50g，兑水 50～70kg，或用含 5 亿活芽孢/g 荧光假单胞菌（消蚀灵）可湿性粉剂 100～150g，兑水 50～70kg，充分搅拌，除去喷头旋片，喷射于麦茎基部，或拌干细土 26.7kg 顺垄撒施。

在重病区，小麦抽穗期再用药一次，如用 15％三唑醇可湿性粉剂 2000 倍液，于拔节期灌根，每隔 15 天一次，共 3 次，可有效地抑制病害发生、发展。

在小麦全蚀病、根腐病、纹枯病、黑穗病与地下害虫混合发生的地区或田块，可选用 50％辛硫磷乳油 100mL，加 20％三唑酮乳油 50mL 后，兑水 2～3kg，拌麦种 50kg，拌后堆闷 2～3 小时，然后播种。可有效防治上述病害，兼治地下害虫。

96. 如何防治小麦纹枯病？

小麦纹枯病（彩图 25），又称立枯病、尖眼点病，由禾谷丝核菌引起。一般于小麦拔节后开始明显发病，一般 4～5 月为纹枯病盛发期。

（1）选用抗病、耐倒伏品种　小麦品种目前对纹枯病暂无免疫类型，但品种间抗性有差异。应根据当地实际情况，选择中抗、耐病或感病轻、丰产性好的品种。同时，应注意小麦品种的合理布局，避免单一抗原品种的大面积种植。适期适量播种，播种量不宜偏大，一般高水肥田每亩播量不超过 8～10kg。

（2）**合理轮作，科学施肥** 纹枯病发生严重的田块，最好实行小麦与油菜、大豆、花生等轮作，减少田间菌源积累。适当降低播量，控制植株密度，增强麦田通透性。适当多施有机肥，采用配方施肥技术，合理施用氮、磷、钾肥，不要偏施、过施氮肥，以控制小麦过分旺长，促进其根系发育，增强小麦的抗病能力。

（3）**加强田间管理** 稻茬麦田和低温麦田要及时疏通排水灌溉系统，以降低田间湿度。及时进行中耕和化学除草，增强田间通透性。小麦返青后，早浇、轻浇返青水，不要大水漫灌，防止植株间长期湿度过大。在雨后及时排水，对控制纹枯病有很好的作用。

（4）**种子包衣** 可选用6％戊唑醇种子悬浮种衣剂，或3％苯醚甲环唑悬浮种衣剂，100kg麦种分别用药3g、6g（有效成分）。也可用2.5％咯菌腈悬浮种衣剂15～20mL，或5％井冈霉素水剂60～80mL，兑水700mL，拌种10kg。

（5）**药剂拌种** 播前用药剂拌种。当前效果较好的是用20％三唑酮乳油、15％或25％三唑酮可湿性粉剂、15％三唑醇可湿性粉剂、12.5％烯唑醇可湿性粉剂、3％戊唑醇湿拌种剂等拌种，药剂用量为干种子重量的0.02％～0.03％（有效成分）；23％噻呋酰胺水乳剂，每100kg种子用药20g（有效成分）湿拌。

（6）**化学防治** 在大田生长期防治纹枯病，应立足于早用药防治。抓住小麦分蘖末期，病菌侵茎前当平均病株率达20％左右时进行第一次用药，每亩可选用5％井冈霉素水剂200mL，或25％丙环唑乳油20～30mL、12.5％烯唑醇可湿性粉剂32～64g，兑水50～60kg喷雾，隔7～10天1次，连续防治2～3次。

或每亩用8亿活芽孢/g井冈·蜡芽菌悬浮剂50mL＋海绿素（含海藻酸水溶肥料）15mL或1％申嗪霉素悬浮剂10mL＋1.8％复硝酚钠水剂5mL＋20g"磷钾动力"喷雾防治，间隔5～7天，连续2～3次为宜。

小麦拔节前，每亩用24％噻呋酰胺悬浮剂10～20mL喷雾防治，能有效控制纹枯病的发生，减少白穗，并能兼治锈病、黑穗病。

此外，50％多菌灵可湿性粉剂、40％多菌灵悬浮剂、70％甲基硫菌灵可湿性粉剂、5％井冈霉素水剂等农药也可继续施用。每亩常规喷洒加水的药液40～50kg，选择上午有露水时喷药，注意尽量将药液喷到麦株茎基部，连喷2次，每次间隔7～10天。

97. 如何防治小麦根腐病？

小麦根腐病（彩图 26、彩图 27）又称根腐叶斑病或黑胚病、青枯病，应从小麦出苗后根据麦苗长势，及时防病。

（1）农业防治　选用不带菌的小麦良种；根腐病严重的地区可与非禾本科作物实行 3 年以上轮作；采用多种措施减少田间菌源。麦收后及时翻耕灭茬，促进病残体腐烂。秸秆还田后要翻耕，埋入地下，促进腐烂，清除田间禾本科杂草；加强田间管理，适期播种，浅播，施足基肥，促进出苗，培育壮苗。防冻、防旱，增施速效肥。

（2）种子处理　播种前可用种子重量 0.3％的 50％福美双可湿性粉剂，或 15％三唑酮可湿性粉剂按种子重量的 0.03％（有效成分），或用 80％代森锰锌可湿性粉剂 100 倍液浸种 24 小时，均能有效地预防苗期根腐病的发生。

用 2.5％咯菌腈悬浮种衣剂按 1：500（药：种）进行包衣，对苗期小麦根腐病防效达 75％以上。

用种子重量 0.2％的戊唑醇悬浮种衣剂拌种，或 3％苯醚甲环唑水分散粒剂 250～300mL 兑水 500mL，拌麦种 50kg。也可用种子重量 0.02％（有效成分）的三唑酮可湿性粉剂拌种，或 12.5％烯唑醇可湿性粉剂 60～80g 拌麦种 50kg，要严格掌握适宜的剂量，防止药害发生。

（3）药剂防治　返青期防治，每亩可选用 12.5％烯唑醇可湿性粉剂 50g，或 15％三唑酮可湿性粉剂 200g、50％多菌灵可湿性粉剂 500g，兑水 50～70L 浇灌茎基部。

穗期防治，每亩可选用 50％多菌灵可湿性粉剂 100g，或 70％甲基硫菌灵可湿性粉剂 100g、25％丙环唑乳油 40mL、25％三唑酮可湿性粉剂 100g，兑水 50～70L 喷雾，控制发病。

98. 如何防治小麦茎基腐病？

小麦发生茎基腐病，在播种期，造成种子腐烂和萌发后幼苗的枯萎。成株期，引起叶鞘、茎秆和根部变褐，节间受侵后呈褐色坏死，容易折断（彩图 28、彩图 29）。病原是多种镰刀菌。采取以选用抗、耐病品种及合理轮作等农业防治为基础，协调生物、化学防治等手段的综合防治措施。

（1）**农业防治** 在小麦生长后期及时灌溉，与十字花科和豆科作物轮作，合理增施锌肥均可提高植株的活力，降低小麦茎基腐病的发病率。种植抗病品种，生产上品种多表现为中感，甚至高感，缺乏免疫和高抗品种。

（2）**生物防治** 用蕈状芽孢杆菌、链霉菌、枯草芽孢杆菌、木霉菌进行种子拌种或者喷雾，可以减轻黄色镰孢菌引起的茎基腐病的发病程度，降低谷物感染毒素的概率。

（3）**物理防治** 对土壤进行塑料薄膜覆盖，利用太阳能升高土壤温度，从而控制土传病菌的种群数量，另外深耕不利于黄色镰孢菌的生存。

（4）**化学防治** 播前可用 2.5% 咯菌腈悬浮种衣剂 10～20mL＋3% 苯醚甲环唑悬浮种衣剂 50～100mL，拌麦种 10kg。或用 6% 戊唑醇悬浮种衣剂 50mL，拌小麦种子 100kg。

小麦苗期至返青拔节期，在发病初期，用 12.5% 烯唑醇可湿性粉剂 45～60g，兑水 40～50kg 喷雾防治。

99. 如何防治小麦丛矮病？

小麦丛矮病，俗称坐坡、小老苗、小蘖病、芦渣病，病原为北方禾谷花叶病毒（NCMV）。

（1）**农业防治** 选用抗病品种，适期播种。在重病区压缩小麦与玉米、棉花的套种。种麦前清除田边杂草，减少虫源和毒源。发现病株及时拔除，并进行增施肥料、清理沟渠等田间管理。

（2）**种子处理** 70% 吡虫啉可湿性粉剂 30g，兑水 700mL，拌种 10kg。

（3）**生物防治** 防治病毒用药：8% 宁南霉素水剂 200 倍液、5% 菌毒清水剂 250 倍液、0.5% 菇类蛋白多糖水剂 300 倍液、1.5% 烷醇·硫酸铜（植病灵Ⅱ号）乳剂 1000 倍液，隔 10 天左右 1 次，防治 1～2 次。

防治灰飞虱用药：0.3% 苦参碱水剂 800～1000 倍液、15% 蓖麻油酸烟碱乳油 800～1000 倍液、0.65% 茼蒿素水剂 400～500 倍液、3.2% 烟碱川楝素水剂 200～300 倍液、1% 蛇床子素水乳剂 400 倍液、0.3% 印楝素乳油 600～1000 倍液、0.5% 藜芦碱醇溶液 800～1000 倍液、2.5% 多杀菌素悬浮剂 600～1000 倍液、2% 阿维菌素乳油 2000 倍液，隔 10 天左右 1 次，防治 1～2 次。

（4）化学防治　小麦丛矮病主要由越冬灰飞虱于早期侵染，因此防治的重点应是越冬前若虫。喷药时包括田边杂草也要喷洒，压低虫源，可选用 50％抗蚜威可湿性粉剂 2500～3000 倍液、25％噻虫嗪水分散粒剂 6000～8000 倍液、10％吡虫啉可湿性粉剂 800～1000 倍液、5％啶虫脒乳油 2500～3000 倍液、25％噻嗪酮可湿性粉剂 750～1000 倍液，小麦返青盛期也要及时防治灰飞虱，压低虫源。

当麦田发现病苗后，可选用 7.5％菌毒·吗啉胍水剂 500 倍液、20％吗胍·乙酸铜可湿性粉剂 500 倍液、3.95％三氮唑核苷·铜·锌水乳剂 600 倍液，隔 10 天左右 1 次，防治 1～2 次。混入吡虫啉 2500 倍液喷雾，可以减轻病害发生流行。

注意事项：防治本病重点是防治好灰飞虱。

100. 如何防治小麦黄矮病？

麦类黄矮病（彩图 30）是由麦蚜（主要是麦二叉蚜）传毒引起的一种病毒病，由大麦黄矮病毒引起。5 月中下旬是小麦黄矮病传播发病的高峰期。

（1）农业防治　选用抗病品种。加强栽培管理，及时消灭田间及附近杂草。冬麦区适期迟播，春麦区适当早播，确定合理密度，加强肥水管理，提高植株抗病力。冬小麦采用地膜覆盖，防病效果明显。

（2）种子处理　70％吡虫啉可湿性粉剂 30g，兑水 700mL，拌种 10kg。

（3）化学防治　及时防治蚜虫是预防黄矮病流行的有效措施。每亩可选用 50％抗蚜威可湿性粉剂 10g 兑水 30kg 喷雾，或用 10％吡虫啉可湿性粉剂 1500 倍液、40％乐果乳油 1000 倍液进行茎叶喷雾。如在喷杀虫剂时加抗病毒剂和叶面肥效果更好。

101. 如何防治小麦红矮病？

小麦发生红矮病，病株矮化严重，分蘖少，严重时病株在拔节前即死亡，病轻时能拔节，多不抽穗，有的虽抽穗，但籽粒不实。

（1）农业防治　选用抗红矮病的小麦品种。加强栽培管理，搞好农田基本建设，在做好水土保持工作的基础上，科学播种。防止早播，是防治该病的关键技术之一。要精耕细作，及时清除田间杂草和自生麦苗。麦收后马上灭茬深翻，麦苗越冬期搞好镇压耙耱，使麦苗安全越冬。

（2）化学防治　苗期叶蝉虫口密度大，应立即喷洒 40％乐果乳油或 10％吡虫啉可湿性粉剂 2000～2500 倍液，达到治虫防病的目的。

102. 如何防治小麦赤霉病？

小麦赤霉病（彩图 31～彩图 35），俗称麦穗枯、烂麦头、红麦头、红头瘴，病麦含有毒素，人、畜吃了会中毒。从幼苗到抽穗期均可发生，引起苗枯、穗腐、基腐和秆腐。病原为多种镰刀菌。主要在小麦抽穗至盛花期危害麦穗。

（1）选用抗病品种　抽穗迅速、开花整齐、花期短、颖壳张开角度小、花丝较短、小穗着生稀疏的品种发病较轻，即使染病也仅局限于受感染小穗及其附近小穗；而颖壳较厚、开花时间长的品种发病往往较重。

（2）农业防治　适期播种，合理施肥，冬前培育壮苗，提高植株的抗病能力。加强田间管理，合理灌溉，确保小麦抽穗开花整齐，缩短病菌侵染时间。另外，深耕灭茬、清洁田园可减少病菌来源。

（3）药剂拌种　用 2.5％咯菌腈种衣剂，药种比为 1∶500，或 20％福·克种衣剂 1∶50 包衣；用三唑酮或三唑醇按种子重量的 0.03％（有效成分）、噻菌灵按种子重量的 0.15％（有效成分）拌种；用 50％福美双按种子重量的 0.5％、40％拌种灵或福美·拌种灵（拌种双）按种子重量的 0.2％拌种；75％萎锈灵 250g 拌种 100kg；50％多·福混粉（多菌灵＋福美双）500 倍液浸种 48 小时。

（4）生物防治　每亩用增产菌固体菌剂 0.1～0.15kg 或液体菌剂 50mL 兑水拌种，晾干后播种，可提高抗病性。枯草芽孢杆菌对病菌有抑制作用，小面积试验对赤霉病有一定的防治效果。

（5）化学防治　防治药剂以往常用多菌灵和甲基硫菌灵，如每亩选用 50％多菌灵可湿性粉剂、40％多菌灵悬浮剂或 70％甲基硫菌灵可湿性粉剂 100g，或 80％多菌灵超微粉 50g，兑水 40～50kg 常量喷雾，或兑水 30～40kg 中量喷雾，或兑水 15kg 低量喷雾。但近年不少地区出现抗性菌株。

应优先选用 48％氰烯·戊唑醇悬浮剂 600 倍液，或 55％苯甲·

咪鲜胺乳油 2000 倍液等药剂进行防治。

还可选择 25％戊唑醇乳油 2500 倍液、50％咪鲜胺锰盐、50％咪鲜胺锰络合物 1000～2000 倍液、25％氰烯菌酯悬浮剂每亩 100～200g，或使用它们的复配剂，如 63.5％咪鲜胺锰盐·多菌灵可湿性粉剂每亩 22～24g。每亩加 15％三唑酮可湿性粉剂 75g 喷雾，可兼治小麦后期锈病、白粉病等叶部病害。

近年来研究发现，将葡萄寡糖、半乳糖醛酸寡糖、几丁质寡糖、聚半乳糖醛酸酶等寡糖类农药喷洒在植株体上，依靠活性寡糖对植物的刺激作用，能激活植物体自身的防御系统产生抗病能力。所以它们是常见的、能激活植物自卫系统的激活剂。目前，来源于植物细胞的寡糖农药在防治小麦赤霉病的大田实验中已获得初步成效。

由于小麦赤霉病主要以穗腐发作为主，因此药剂防治应掌握在小麦抽穗至灌浆阶段，喷药保穗的适期及次数要根据当地小麦抽穗期前后的气象预报和越冬病菌发生的数量（指植物残体丛带菌率）及其成熟度，作出正确的预测预报，但应以抓好小麦首次施药为重点。一般情况下，第一次施药应在抽穗期至盛花期。但在温暖多雨的季节应提早，则第一次喷药应提早至孕穗期进行。为了能及时抑制子囊孢子的侵染和避免雨水对药液的冲刷，必须根据当时的天气预报，争取在雨前抢晴进行首次喷药。否则也要抓紧雨停间隙进行补救。一般应掌握"宁早勿迟"的原则。南方多雨，要抢晴天喷药。遇连阴雨天气可适当增加浓度。尽量使用超微粉或胶悬剂以获得好的防治效果。

此外，用药剂防治小麦赤霉病，要掌握"见花就打"的原则，如在小麦扬花初期每亩用 25％氰烯菌酯悬浮剂 100mL 适期防治一次，对小麦赤霉病有良好防效，小麦抽穗扬花期阴雨天多，赤霉病有中等偏重发生趋势时，25％氰烯菌酯悬浮剂亩用量应适当提高至 150mL 以上，并在首次用药后 5～7 天再用药防治一次。小麦抽穗扬花期遇连阴雨天气，赤霉病有流行可能时，喷药宁早勿晚，不能等到天晴时或扬花时再喷药，应抢雨隙多次喷药防治，宜选用内吸收强、持效期长的药剂。多次施药时将多菌灵、甲基硫菌灵与咪鲜胺、氰烯菌酯、戊唑醇、烯肟菌酯等其他类型的杀菌剂混用或交替使用，有利于保证防效，注意用足药量，喷药时要重点对准小麦穗部，均匀喷雾。

小麦生长的中后期赤霉病、麦蚜、黏虫混发区，每亩用 10％抗蚜威可湿性粉剂 10g＋25％多菌灵可湿性粉剂 150g＋磷酸二氢钾

150g 或尿素、丰产素等喷雾防治，防效优异。

（6）防止储粮霉变 清除小麦病秕粒，晒干入仓，防止贮存期间病菌进一步污染麦粒。

（7）汰洗降毒 病麦粒超过 4％时需要进行以下降毒处理。风选法：通过风机将病秕麦粒分离出去。去皮法：麦壳和麦糠中的毒素占77％，通过去皮的方法可除大部分毒素。稀释法：通过加入一定量的无病小麦，使病粒率降低到 4％以下。

103. 防治小麦赤霉病要谨防哪些误区？

误区一：不要只凭老经验办事

小麦赤霉病是一种典型的气候型病害，其发生流行与菌源量多少、小麦品种的抗性、抽穗扬花期降雨日数和降雨量、田间相对湿度等因素密切相关。小麦抽穗扬花期如遇连续 3 天以上有一定降水量的阴雨天气，就会造成小麦赤霉病的大流行。连续 3 天降雨，雨量达12mm 以上，十分有利于赤霉菌子囊孢子的释放和侵染。小麦品种的抗病性差，麦苗稠、密度大，田间郁闭，空气相对湿度80％以上，也可能造成小麦赤霉病大流行。因此，在小麦赤霉病防治中要综合考虑发病因素，才能彻底防治好小麦赤霉病。有的农户不综合考虑以上因素，只凭老经验办事，只注意天气是否下雨，而忽视田间湿度和品种抗病性两个影响因素，虽然没有出现大范围的病害，但同样也会造成不同程度的病害发生，影响小麦的产量和品质。

误区二：不要错过最佳防治时间

众多资料介绍，防治小麦赤霉病的用药时期为"抽穗到扬花期"。如此长的用药时期内，不同时间段用药效果存在较大差异。部分农户用药选择在孕穗期，或是扬花末期，还有农户见到粉红色霉层才开始用药，不是过早，就是过晚，没有把握好最佳防治时期，虽然喷了药，但效果很不理想。根据多年防治实践，防治小麦赤霉病应在小麦齐穗到 5％扬花时开始喷药最好。

抓最佳防治时期不要太死板，还要注意以下几种情况：①抽穗期温度高，小麦边抽穗边扬花，齐穗期就可以喷药。②抽穗期温度低，日照少，小麦先抽穗后扬花，宜在小麦始花期喷药。③抽穗期遇到连阴雨天气，赤霉病可能流行时，喷药宁早勿晚，不要等到天晴时或扬花时再喷药，应抢降雨间隙多次喷药防治。④若喷内吸性好、持效期长的药剂，可提前到抽穗期防治。

误区三：选择农药要注意科学性

防治小麦赤霉病的药剂有几十种，选择时要注意科学性，要注意药剂的抗性及作用机理的互补。比如，一些地方长期使用多菌灵防治小麦赤霉病，由于药剂产生抗药性，效果不理想，就必须加大用药量，或更换别的杀菌剂。如戊唑醇、咪鲜胺、氰烯菌酯等。同时注意不同作用机理药剂的正确使用，混合用药或交替用药，确保所使用的药剂具有内吸治疗、保护铲除的多重功效，全面阻止病害蔓延。

误区四：喷药要注意用水量

有的农户图省事，每亩地只喷一喷雾器药液（15L），用水量过少，很难把药剂混匀喷周到，非常不利于药剂效果的发挥。正确的方法是在保证亩用药量的前提下，亩用水量应在 45～60L 之间，配药时如能加入展透剂效果更好。

误区五：注意用药次数

在具体防治过程中，要根据菌源量多少，天气情况，药剂防治效果等因素来确定防治遍数。发病轻的可以喷一遍药。对于往年发病重的地块，有必要进行第二次防治。第一次喷药后要及时检查效果，如效果不好的要及时喷第二次药。喷药后遇雨，要在雨后及时补喷。

104. 如何防治小麦白粉病？

小麦受白粉病危害（彩图 36），严重田块可减产 20％～30％。病原为禾布氏白粉菌小麦专化型，属子囊菌亚门真菌。4 月中下旬至 5 月上中旬雨露多，则白粉病将严重发生。

（1）选用抗病品种 目前，各地在进行小麦品种审定时均对参试品种的白粉病进行抗病性鉴定。所以，生产上应选用较高抗、耐病性强，并有较好丰产性的品种，压缩感病品种种植面积。

（2）加强管理 提倡精量或半精量播种，亩播种量控制在 10kg 以下，降低小麦播种量，可以控制成株期密度和田间郁闭程度，减轻病害流行。消灭初侵染源，如播种前尽量消灭自生麦苗或田边禾本科杂草。合理施肥，控制氮肥用量，适当增加磷、钾肥和有机肥、微肥的施用量，增强麦株的抗病力。合理密植，密度不宜过大，注意田间通风透光性。湿度较大地块，要注意开沟排水，降低田间湿度，利于麦株健壮生长，增强抗病能力。

（3）**种子处理**　在麦苗发病较多的地区，可用种子重量 0.12％ 的 25％ 三唑酮可湿性粉剂拌种，或用 2％ 戊唑醇湿拌种剂 10～15g，兑水 700mL，拌种 10kg，或 2.5％ 咯菌腈悬浮种衣剂 20mL＋30g/L 苯醚甲环唑悬浮种衣剂 100mL 兑适量水拌种 10kg，能有效地控制麦苗发病，减少越冬病菌，并能兼治苗期锈病及各种黑穗病。小麦亩播量 10kg 加水 1kg 用 22％ 辛硫·三唑酮乳油 36mL，混匀后拌种晾干播种，可防治小麦地下害虫蝼蛄、蛴螬、金针虫等，还兼治小麦腥黑穗病、散黑穗病、纹枯病、全蚀病等。

（4）**生长期防治**　当小麦抽穗前病叶率 20％，小麦抽穗后上部 3 片叶病叶率 10％ 时，及时用药防治，可选用 25％ 多菌灵可湿性粉剂 500 倍液，或 50％ 甲基硫菌灵可湿性粉剂 800～1000 倍液，或每亩选用 25％ 三唑酮可湿性粉剂 35～50g、20％ 三唑酮乳油 50～75mL（可兼治小麦锈病，浓度不可过大，否则易产生药害）、12.5％ 烯唑醇可湿性粉剂 60g、25％ 丙环唑乳油 30～40mL、40％ 氟硅唑乳剂 8000 倍液、30％ 戊唑醇悬浮剂 3000 倍液、50％ 醚菌酯干悬浮剂 3000～4000 倍液等，兑水 50～75kg 喷雾，一般喷 3 次以上，每次间隔 7～10 天。

（5）**中后期防治**　小麦生长中后期，条锈病、白粉病、穗蚜混发时，每亩用 15％ 三唑酮可湿性粉剂 30g＋50％ 抗蚜威可湿性粉剂 6～8g＋磷酸二氢钾 150g；条锈病、白粉病、吸浆虫、黏虫混发区或田块，每亩用 15％ 三唑酮可湿性粉剂 30g＋40％ 乐果乳油 1000 倍液＋磷酸二氢钾 150g。赤霉病、白粉病、穗蚜混发区，每亩用 25％ 多菌灵可湿性粉剂 150g＋15％ 三唑酮可湿性粉剂 30g＋50％ 抗蚜威可湿性粉剂 6～8g＋磷酸二氢钾 150g 喷雾防治。

（6）**注意事项**　在有些小麦白粉病多年来发生较严重的地方，由于长期、大量、单一使用三唑酮防治小麦白粉病效果不好，不少地方使用烯唑醇进行防治。但农民养成了无论使用除草剂、杀菌剂还是其他药剂都盲目加大用量，追求效果最好的错误习惯，因而使用烯唑醇防治白粉病效果虽然不错，但却出现了药害现象。防治小麦白粉病应在发病初期开始施药，每亩用 12.5％ 烯唑醇乳油或 12.5％ 烯唑醇可湿性粉剂 30～50g，兑水 30～45kg 进行叶面喷雾；也可选用 25％ 的烯唑醇乳油每亩 15～25g，兑水 30～45kg 进行叶面喷雾。根据病情间隔 7 天喷施一次，连喷 2 次。一般每亩使用烯唑醇制剂 5～8g（有效成分），兑水 30～45kg 喷雾。使用烯唑醇最重要的是切莫盲目加大用量，否则易造成药害。另外，在返青期防倒伏用多效唑时，切莫为预防白粉病与烯唑醇混合使用。

醚菌酯是一种新型仿生类广谱低毒杀菌剂，对病害具有预防治疗和铲除的作用。该药可作用于病害的各个过程，亲脂性好，易被叶片和果实的表面蜡质层吸收，并呈气态扩散，可长时间缓慢释放，耐雨水冲刷，持效期长；喷施后叶片亮绿，具有提高光合效率、增产增收的作用，并可诱导植物在一定程度上产生免疫特性。

据了解，生产上防治小麦白粉病，推荐用醚菌酯，每亩用30%醚菌酯可湿性粉剂30g，兑水25kg进行叶面喷雾，药后20天，药效还能达到83.5%～93.4%，比三唑类的药效高出40%～60%。

对小麦苗量过大，易感染或可能发生白粉病、锈病的小麦田块，在小麦抽穗期进行第一次一喷三防的过程中，每亩用30%醚菌酯可湿性粉剂30～50g与适量的杀虫剂和植物生长调节剂混合，兑水25～30kg，进行叶面喷雾，效果更佳。

🌱 105. 如何防治小麦锈病？

锈病一直是小麦的主要病害，是气传流行性病害，在早春低温持续时间较长，又有春雨的条件下发病重。锈病分为叶锈病（彩图37）、条锈病（彩图38）、秆锈病（彩图39）3种，分别俗称黄疸、黑疸、褐疸。可用"条锈成行、叶锈乱、秆锈是个大红斑"来概括，其中以条锈病流行范围最广、危害最重。

（1）种植抗病品种 目前各地都选育了不少抗锈病、丰产品种，可因地、因时制宜地推广种植。在推广抗病良种时，要做好品种合理布局，防止品种单一化。

（2）加强管理 冬麦区在不误农时，有利于小麦生长发育的前提下，避免过早播种，可有效减轻秋苗发病。在冬小麦越冬前、返青时，要随时检查病情，发现病叶和发病中心，应彻底铲除，以防传播蔓延。小麦发生条锈病后失水过多，要加强灌溉，以减轻病害，特别是灌浆期，灌水的保产作用，远大于提高田间湿度促进条锈菌侵染的不良作用，但降雨过多，田间有积水，需开沟排水。合理密植。合理施肥，避免偏施氮肥和过晚施肥，以防止造成贪青晚熟，加重锈病为害。麦收后及时深翻，消灭麦田中自生麦苗，以减少越夏菌源。

（3）药剂拌种 小麦药剂拌种是一种高效多功能病害防治技术。

小麦播种时采用三唑酮等三唑类杀菌剂进行拌种或种子包衣，可有效控制条锈病、叶锈病、秆锈病的发生危害，还能兼治其他多种病害，具有一药多效、事半功倍的作用。

对秋苗常年发病较重的地块，用种子重量 0.03%～0.04% 的三唑酮（有效成分）拌种，播种后保持 90% 左右的防治效果达 45 天。但注意不要超过该药量，否则易发生药害，降低出苗率。

也可用 12.5% 烯唑醇可湿性粉剂，按种子重量 0.02% 的药量（有效成分）拌种，持效期达 50 天以上。

用 15% 三唑醇种子处理干粉剂 0.2%～0.25% 的药量拌种，播后 45 天仍达 90% 左右的防治效果，并可兼治白粉病、腥黑穗病、散黑穗病等。

用 15% 多·辛·酮（保丰 1 号）种衣剂每千克种子用药量 2.4g 和 3.6g 进行种子包衣，播种后 70 天（扬花期）对锈病的防效分别达 80% 和 99%。

此外，还可使用福·唑醇悬浮种衣剂、17% 多·克·酮悬浮种衣剂、17% 多·克·唑醇悬浮种衣剂或 12% 福·酮悬浮种衣剂等进行种子包衣，使用方法和用药量参见药品使用说明。

（4）药剂防治 在没有抗病品种或者原有抗病品种已丧失抗锈性而又缺乏接班品种时，药剂防治就成为大面积控制锈病流行的主要手段，同时也是以种植抗性品种为主要防治措施的必要补充。要充分发挥药剂的最大防锈保产效果，提高经济效益，必须根据当地锈病的发生流行特点、气候条件、品种感病性及药剂特性等，结合预测预报，确定防治对象田、用药量、用药适期、用药次数和施药方法等。

大田防治，在秋季和早春，田间发现发病中心时，及时进行喷药控制。如果病叶率达到 5%，严重度在 10% 以下，每亩可选用 15% 三唑酮可湿性粉剂 50g，或 20% 三唑酮乳油 40mL，或 25% 三唑酮可湿性粉剂 30g，兑水 50～70kg 喷雾，或兑水 10～15kg 进行低容量喷雾。还可选用 25% 丙环唑乳油 40mL、12.5% 氟环唑悬浮剂 54～60mL、50% 粉唑醇可湿性粉剂 25～30g、25% 烯唑醇可湿性粉剂 30～40g、62.25% 腈菌唑·锰锌可湿性粉剂 6～10g，兑水 50～75kg 喷雾防治。

在病害流行年，如果病叶率在 25% 以上，严重度超过 10%，就要加大用药量，视病情严重程度，用以上药量的 2～4 倍浓度喷雾。

小麦锈病、叶枯病、纹枯病混发时，于发病初期，喷施 12.5％烯唑醇可湿性粉剂 1000～2000 倍液，效果优异，既防治锈病，又可兼治叶枯病和纹枯病。

结合小麦中后期"一喷三防"进行防治，亩用 15％三唑酮可湿性粉剂 80～100g 或 43％戊唑醇悬浮剂 20mL＋10％吡虫啉可湿性粉剂 20～30g＋2.5％高效氯氰菊酯乳油 100mL＋99％磷酸二氢钾 50～60g，兑水 30～45kg 均匀喷雾。用于防治条锈病、白粉病、小麦穗蚜。

多效唑是一种植物生长调节剂，生产上主要用于防止植株倒伏，药剂拌种或喷雾也可有效地防治锈病和白粉病，但小麦幼苗期对多效唑敏感，拌种药量不得超过种子重量的 0.1％（有效成分），否则会影响小麦抽穗。生长期也要严格掌握用药量，以防发生药害。

106. 如何防治小麦秆黑粉病？

小麦秆黑粉病（彩图 40），俗称乌麦、枪杆、黑铁条，是小麦黑穗病的一种，属真菌病害。是由担子菌亚门小麦条黑粉菌引起的真菌性病害。

（1）实行轮作　由于病菌孢子能耐受不良环境，在干燥的土壤中能存活 3～5 年，这就要求小麦和玉米、豆类轮作，特别是针对重病田块。如果改种水稻，一年就能根除。

（2）农业防治　由于病菌只能侵染没有出土的小麦幼芽，属局部侵染，时间有限。因此，精细整地，适当浅播，足墒播种，适时下种等促进小麦快出苗、出齐苗的措施都有防病作用。不同小麦品种对秆黑粉病的抗性相差很大，可以选用抗病品种。

（3）药剂拌种　提倡使用无病种子和实行拌种或种子包衣。常年发病较重地区，每亩可选用 2％戊唑醇湿拌种剂 10～15g，或 25％腈菌唑乳油 40～60mL、3％苯醚甲环唑悬浮种衣剂 20～40mL、12.5％烯唑醇可湿性粉剂 10～15g，兑水 700mL，拌种 10kg。也可选用 50％多菌灵可湿性粉剂 200g，或 20％萎锈灵乳油 500mL、50％甲基硫菌灵可湿性粉剂 200g、15％三唑酮可湿性粉剂 120～200g、12.5％烯唑醇可湿性粉剂 160～320g，兑水 4L，拌种 100kg，都有较好的防治效果。

107. 如何防治小麦散黑穗病?

小麦散黑穗病（彩图 41、彩图 42），俗称黑疸、灰包等，病原菌为小麦散黑粉菌，属真菌担子菌亚门黑粉菌属。

（1）建立无病种子田　由于散黑穗病病菌依靠空气传播，其传播的有效距离是 100～300m，故无病繁种田应设在大田 300m 以外。繁种田的种子应使用严格处理后的无菌种子。

（2）拔除病株　在小麦抽穗前，加强田间检查，发现病穗立即拔除，以减少病菌传播，减轻下一年病害的发生。

（3）变温浸种　先将麦种用冷水预浸 4～6 小时，捞出后用 52～55℃ 温水浸泡 1～2 分钟，使种子温度升到 50℃，再捞出放入 56℃ 温水中，水温降至 55℃ 后再浸 5 分钟，随即迅速捞出经冷水冷却后晾干播种。

（4）恒温浸种　把麦种置于 50～55℃ 温水中，立刻搅拌，使水温迅速稳定至 45℃，浸 3 小时后捞出，移入冷水中冷却，晾干后播种。

（5）石灰水浸种　用优质生石灰 0.5kg，溶在 50kg 水中，滤去渣滓后浸选好的麦种 30kg，要求水面高出种子 10～15cm，种子厚度不超过 66cm，浸泡时间：气温 20℃ 浸 3～5 天，气温 25℃ 浸 2～3 天，30℃ 浸 1 天即可。浸种以后不再用清水冲洗，摊开晾干后即可播种。

（6）药剂拌种　可选用 15% 三唑酮可湿性粉剂或 20% 三唑酮乳油拌种，用药量按药剂有效成分为种子重量的 0.03% 计算，拌后堆闷 6 小时。或选用 2% 戊唑醇湿拌种剂 10～15g、3% 苯醚甲环唑悬浮种衣剂 20～40mL、12.5% 烯唑醇可湿性粉剂 10～15g，兑水700mL，拌种 10kg。还可用 0.02%～0.04%（有效成分）的烯唑醇拌种，可兼治小麦腥黑穗病及苗期的穗病和白粉病。

108. 如何防治冬小麦腥黑穗病?

小麦腥黑穗病（彩图 43），又称腥乌麦、黑麦、臭黑疸。是一种传播快、危害重的毁灭性病害，病原菌一种是网腥黑穗病菌，另一种是光腥黑穗病菌，均属担子菌亚门真菌。

（1）**农业防治** 种子检验检疫措施。对播种的冬小麦种子进行取样、镜检，把有种子带菌的农户作为冬小麦黑穗病防控重点示范户，施行换种、冬改春、强化拌种等措施。

严禁病区自行留种、串换麦种。种子夹带病麦粒、病残体是远距离传播和当地蔓延的主要途径，因此，应禁止从病区引种。严禁病区的小麦作种子用，杜绝自行留种串换麦种。在病区应使用正规渠道供销的无病良种，有条件的乡村应大力推行统一供种、统一拌种。

合理轮作倒茬。冬小麦黑穗病发生区应实行与油菜、玉米等作物5年以上的轮作，才能收到较好的防效。

调整播期和播深。适期播种，播深控制在4～5cm，可错过病菌侵染阶段，减轻发病程度。加强栽培管理，适期播种，春麦不宜播种过早，冬麦不宜播种过迟。播种不宜过深。

播种时用硫酸铵等速效化肥作种肥，可促进幼苗早出土，减少病菌侵染的机会而减轻发病。提倡施用酵素菌沤制的堆肥或腐熟的有机肥。对带菌粪肥加入油粕（豆饼、花生饼、芝麻饼等）或青草保持湿润，堆积1个月后再施到地里。

（2）**药剂拌种** 冬小麦种子必须经过拌种或包衣处理方可播种。目前大部分农户依然对小麦重大病害重视不足，存在侥幸心理，加上有效的拌种药剂成本比较高，农民对小麦药剂拌种积极性不高。当前最有效的措施是药剂拌种，推荐3％苯醚甲环唑悬浮种衣剂，防效高达90％以上。

拌种药剂可选用2％戊唑醇干拌剂或湿拌剂100～150g拌麦种100kg，或3％苯醚甲环唑种衣剂100～200mL拌麦种100kg，或2.5％咯菌腈悬浮剂100～200mL拌麦种100kg。

也可用12.5％烯唑醇可湿性粉剂50g，兑水2～2.5kg，喷拌在50kg麦种上，拌匀后闷种6小时即可播种。也可选用50％多菌灵可湿性粉剂2～3kg或70％甲基硫菌灵可湿性粉剂1～1.5kg兑细干土45～50kg，搅拌均匀后制成毒土，在犁地后均匀撒在地面，再耙地，进行土壤消毒处理，然后播种。均可达到较好的防治效果。

（3）**土壤处理** 对连作麦田进行土壤处理，每亩可选用70％甲基硫菌灵可湿性粉剂或50％多菌灵可湿性粉剂1～1.5kg，拌细土45～50kg，均匀撒在地面，然后翻耕入土。

109. 如何防治小麦黑胚病?

小麦黑胚病又叫黑点病，是一种小麦籽粒胚部或其他部分变色的病害。该病由多种病原真菌引起，如细交链孢、极细交链孢、麦根腐离蠕孢、麦类根腐德氏霉、芽枝孢霉、镰孢霉和丝核菌等。

（1）利用抗病品种 培育和利用抗病品种是最经济有效的防治措施，小麦品种间对黑胚病的抗性有明显差异，这为抗病品种的培育和利用提供了可行性。

（2）栽培措施 合理施用水肥，保证小麦植株健壮不早衰，提高小麦植株的抗病性，小麦成熟后及时收获等，都可减轻病害。

（3）药剂防治 在小麦灌浆初期用杀菌剂喷雾可有效控制黑胚病危害。可选择烯唑醇、腈菌唑和戊唑醇，在小麦灌浆期进行喷雾防治。

110. 如何防治小麦白绢病?

小麦白绢病，俗称"基腐""霉根""折杆""水死""青枯"等。小麦茎基部受侵染后，初呈褐色软腐状，地上部根茎处有白色绢状菌丝，故称白绢病。病原菌为齐整小核菌，世代无性繁殖。

（1）合理轮作 病株率达到10%的地块就应该实行轮作，一般实行2～3年轮作，重病地块轮作3年以上，以花生与禾谷类作物轮作为宜。

（2）深翻改土，加强田间管理 清除病残枝，收获后深翻土地冻垡，减少田间越冬菌源，播种后做到"三沟"配套，下雨后及时排出地中积水。

（3）药剂防治 发病初期喷20%三唑酮乳油1000倍液防治，发病期还可用三唑酮、根腐灵、甲基硫菌灵等药剂灌根，防治效果非常明显。

111. 如何防治小麦颖枯病?

小麦颖枯病（彩图44）病原为颖枯壳针孢。其防治方法如下。

（1）选用无病种子 颖枯病病田小麦不可留种。

（2）清除病残体，麦收后深耕灭茬 消灭自生麦苗，压低越夏、越冬菌源。实行 2 年以上轮作。春麦适时早播，施用充分腐熟有机肥，增施磷、钾肥，采用配方施肥技术，增强植株抗病力。

（3）药剂防治　种子处理用 50％多·福混合粉（多菌灵与福美双为 1：500 倍液），浸种 48 小时或 70％甲基硫菌灵可湿性粉剂、40％福美·拌种灵（拌种双）可湿性粉剂，按种子重量的 0.2％拌种。也可用 25％三唑酮可湿性粉剂 75g 拌闷种 100kg 或 0.03％三唑醇、0.15％噻菌灵拌种。

重病区，在小麦抽穗期喷洒 70％代森锰锌可湿性粉剂 600 倍液，或 75％百菌清可湿性粉剂 800～1000 倍液和 25％丙环唑乳油 2000 倍液，隔 15～20 天喷一次，喷 1～3 次。

112. 如何防治小麦孢囊线虫病？

小麦孢囊线虫病（彩图 45）是一类危害小麦等禾谷类作物的重要线虫病害。由于小麦孢囊线虫的孢囊可以在土壤中存活多年，化学防治费用高，药剂毒性大，所以，主要采用非化学防治方法。应做好普查工作，实行严格的检疫措施，特别是对跨区作业的农机具。

（1）选育利用抗耐病品种　国内外研究表明，选育和使用抗（耐）病品种是防治小麦孢囊线虫病最经济有效的措施。

（2）病田与非禾本科作物轮作　豆科牧草、绿肥、油菜等都是轮作作物的较好选择。有条件的地区也可实行与水稻轮作控制该病危害。

（3）加强栽培管理　小麦孢囊线虫为害根系，造成根系发育不良，影响水肥的吸收，通过增施尿素和过磷酸钙给小麦提供足够的养分，增强小麦长势，能够提高小麦对孢囊线虫的耐病力，而且增产效果显著。但也要注意适量施肥，可增施有机肥，增加土壤有机质含量，提高植株耐病力，减轻危害。在播种时适当的镇压以及播后灌水，都能在一定程度上减轻小麦孢囊线虫病的危害程度。

（4）化学防治　在小麦播种期，随播种沟施用 10％噻唑膦颗粒剂 1～3kg/亩。或每亩施用 0.5％阿维菌素颗粒剂 200g，也可用 24％杀线威水剂 600 倍液在小麦返青时喷雾。

第二节 小麦主要虫害监控技术

113. 如何防治小麦红蜘蛛？

小麦红蜘蛛（彩图 46、彩图 47），俗称火龙、火蜘蛛，主要有麦长腿蜘蛛和麦圆蜘蛛两种。对小麦红蜘蛛的防治应注意以下三点。

一是提早防治。在春季麦田返青期，对于有可能发生红蜘蛛危害或是易发生红蜘蛛危害的田块，从小麦返青后开始每 5 天查看 1 次，当麦垄单行 33cm 有虫 200 头或每株有虫 6 头，大部分叶片密布白斑时，即可施药防治。检查时注意不可翻动需观测的麦苗，防止虫体受惊跌落。防治方法以挑治为主，即哪里有虫防治哪里、重点地块重点防治，这样不但可以减少农药使用量，降低防治成本，还可提高防治效果。小麦起身拔节期于中午喷药，小麦抽穗后气温较高，10 时以前和 16 时以后喷药效果最好。结合麦田除草，选用没用过或较少用过的、害虫没有抗药性的农药，如 20％哒螨灵可湿性粉剂 3000～4000 倍液或 1.8％阿维菌素乳油 5000～6000 倍液，防治效果可达 90％以上；根据推荐配方，加适量增效剂进行喷施防治，效果更好。

二是对于防治不够及时，红蜘蛛发生严重田块，选用经试验对红蜘蛛防效较好的农药进行防治。如每亩用 25％甲氰•辛硫磷乳油 50mL，兑水 25～30kg，进行叶面喷雾。

三是毒土法，每亩用 40％乐果乳油 75g 拌 20kg 细土，撒在田间，48 小时效果在 80％以上。

114. 如何防治小麦蚜虫？

麦蚜（彩图 48）是麦类作物经常发生的一类害虫，主要有麦长管蚜、禾谷缢管蚜、麦二叉蚜、无网长管蚜，一般以麦长管蚜为主，禾谷缢管蚜、麦二叉蚜、无网长管蚜为辅。一般在气候条件少雨低温的年份 10～11 月间，蚜害重。

（1）农业防治 适期冬灌和早春划锄镇压，减少冬春季麦蚜的繁殖基数。实行小麦-油菜、小麦-绿肥间作种植。秋季结合积肥，清除田埂、沟边及麦地附近杂草，以减少虫源。增施基肥，选用小穗连接紧密的良种，冬麦适当晚播，春麦适当早播。

（2）**保护利用天敌** 麦蚜天敌有瓢虫、食蚜蝇、草蛉、寄生蜂、寄生菌等。这些天敌对麦蚜的发生有相当大的抑制作用，且又是周围果园、菜田和后茬作物的天敌源。在蚜虫天敌盛发期尽可能在麦田少施或不施广谱性化学杀虫剂，避免杀伤天敌。返青期肥水要避开瓢虫产卵盛期，保护瓢虫卵和幼虫。

（3）**药剂拌种** 在小麦黄矮病或丛矮病流行地区，药剂处理种子是大面积治麦蚜或灰飞虱，防病毒病的有效措施。可用70%吡虫啉拌种剂或60%吡虫啉悬浮种衣剂60～180g，兑水10kg，拌麦种100kg，摊开晾干后播种。也可用种衣剂进行种子包衣。

（4）**药剂喷雾** 在黄矮病流行地区，应在齐苗后半个月，查明蚜情，如百株蚜量达10头左右，立即开展田间喷药，一般地区可略晚些时间防治。

小麦抽穗至灌浆期是防治麦蚜的关键时期，秋季苗期当百株平均蚜量达50头，有蚜株率达20%～30%；拔节初期百株平均蚜量达50～100头，有蚜株率达20%～40%；孕穗期百株平均蚜量达200～250头，有蚜株率达50%左右；灌浆初期百穗平均蚜量达500头以上，有蚜株率达70%左右，而且各个时期的天敌单位与麦蚜数量比小于1∶150或蚜茧蜂寄生率在20%以下时，要防治。

每亩可选用10%吡虫啉或50%抗蚜威可湿性粉剂10～13g、3%啶虫脒乳油25mL、40%乐果乳油、25%唑蚜威乳油或25%氰·辛乳油40～50mL、2.5%高效氟氯氰菊酯或10%氯氰菊酯乳油20～30mL、1.8%阿维菌素乳油7～10mL，兑水50L喷雾。尤其是小麦扬花后至灌浆期间，蚜量上升迅速，危害严重，应适期早治。

（5）**注意事项**

① 喷药方法要得当 使用电动或手动按压式喷雾器，成本低，操作简单，缺点是风量小，压力小。由于小麦后期植株茂密，不容易喷到基部叶片，使得打药几天后上部看不到蚜虫，但当拨开小麦植株仔细查看下部叶片，就会发现不少老熟蚜虫仍在为害，并且由于高温，蚜虫繁殖很快，5～7天就可繁殖一代，过不了几天，麦穗上又会布满蚜虫。

建议使用大型喷雾机或背负式燃油喷雾机进行防治，由于其风量大，喷雾远，更容易打得透，效果好。农户喷药最常见的问题是"惜水不惜药"，造成相对浓度过大，喷施不均。如果用老式喷雾器，可以加大用水量，将药液喷洒到田间小麦的各个部位，不给蚜虫留下生存的空间。每亩用水量50～60kg，力争一次打透。

② 交替用药降低麦蚜抗药性。常用某一种农药会使麦蚜对所用农药产生抗药性，从而使防治效果变差。

115. 如何防治小麦吸浆虫？

小麦吸浆虫（彩图49、彩图50），属双翅目瘿蚊科，为世界性害虫，危害小麦的主要有麦红吸浆虫和麦黄吸浆虫两种，其中以前者发生最普遍，危害最严重。

（1）采用农业、生物措施防治　在吸浆虫发生严重的地区，由于害虫发生的密度较大，可通过调整作物布局，实行轮作倒茬，使吸浆虫失去寄主。可实行土地连片深翻，把潜藏在土里的吸浆虫暴露在外，促其死亡，同时加强肥水管理，春灌是促进吸浆虫破茧上升的重要条件，要合理减少春灌，尽量不灌，实行水地旱管。施足基肥，春季少施化肥，促使小麦生长发育整齐健壮，减少吸浆虫侵害的机会。

（2）蛹期（小麦孕穗期）防治　吸浆虫越冬茧在地下5～10cm深处，如果用药，药剂难以接触到虫体。而到中蛹期时虫子上升到地表化蛹，吸浆虫处于地表3cm左右，最有利于防治。另外，吸浆虫羽化前，移动性差，防治效果好。所以这是第一个防治关键时期，一般在4月下旬。每个样方（长10cm×宽10cm×深20cm）有虫2头以上时进行蛹期防治和成虫期防治。

亩用50%敌敌畏乳油100mL，兑水3kg，喷拌在20kg的麦糠上，要求手握成团，落地即散。顺麦垄，1m放一小把，可起到熏蒸杀虫作用，药效持久。

（3）成虫期（小麦灌浆期）防治　小麦抽穗期，吸浆虫由蛹羽化为成虫，开始在麦穗上产卵，此时为吸浆虫防治的第二个关键时期。

① 防治指标　小麦抽穗期，手扒麦株一眼可见成虫2～3头或平均网捕10复次有虫30头左右时，即为喷药补治扫残适期。

② 防治时间　小麦抽穗后至扬花前（5月上旬）。

③ 防治方法　结合小麦"一喷三防"进行，可亩用4.5%高效氯氰菊酯乳油30mL或10%吡虫啉可湿性粉剂20g兑水30kg于10时前或16时后进行全田喷雾。在防治同时可加杀菌剂和叶面肥，兼治

小麦纹枯病、白粉病、锈病、赤霉病等。

（4）注意事项　要在小麦吸浆虫的蛹期和成虫期防控，错过适期防治无效。雨后需再次补防。

小麦吸浆虫成虫防治要按照吸浆虫为害活动规律和特点，选择在10时前或16时后进行，虫害发生严重的田块，需隔1~2天再喷药1次，连续防治2~3次，才能确保取得好的防治效果。

喷药量一定要足，一般情况下，每亩手动喷雾器不低于30kg水，机动喷雾器不低于22.5kg水，病虫发生严重时手动喷雾器每亩喷药量增加到45kg水，机动喷雾器增加到30kg水。药剂必须采用二次稀释，才能充分发挥药效，避免因药剂稀释不匀造成药害。

在施药时必须做好必要的防护工作，施药时温度较高一定要戴手套、口罩，穿防护服等并不能抽烟及吃东西，施药结束后及时洗手，注意人身安全。

116. 如何防治麦秆蝇？

麦秆蝇，又名麦黄秆蝇，俗称麦钻心虫、麦蛆等，属双翅目秆蝇科。发生早时，5月中下旬能见到幼虫，6月是幼虫为害盛期，为害期20天左右。

（1）农业防治　因地制宜选用适合当地的抗虫或早熟品种。加强栽培管理，因地制宜，深翻、精耕细作、增施肥料及适时排灌，做到适期早播、合理密植。加强水肥管理，促进小麦生长整齐。促进小麦前期生长发育加快是控制该虫的根本措施。

（2）化学防治　加强预测预报，从5月初见到成虫开始，每3天上午10时无风时用网捕，当200复网捕到2~3头成虫时，预测15天后成虫大量出现，到时每网捕到0.3~1头成虫时应立即进行喷药防治。可选用80%敌敌畏乳油与40%乐果乳油1：1混合后兑水1000倍液，或10%吡虫啉可湿性粉剂3000倍液、1.8%阿维菌素乳油或4.5%高效氯氰菊酯乳油1500倍液等喷雾防治，以上药剂可兼治成虫、卵、蛹和幼虫，并可把卵杀死在孵化之前。

117. 如何防治麦种蝇？

麦种蝇又叫麦地种蝇、瘦腹种蝇。属双翅目，花蝇科。是小麦苗期主要害虫之一。国内主要在西北冬、春麦区分布，被害率为 10％～30％，严重者达 50％以上。

（1）土壤处理　麦地种蝇虫口密度大的高产麦田，每亩用 50％辛硫磷乳油 200～250mL。先用 5 倍水稀释，再与 20kg 左右的细沙土混合均匀，撒入地中耙糖掺入土中，随即播种。

（2）药剂拌种　用 50％辛硫磷乳油 1 份、水 50 份、干种子 1000份。拌种方法是先根据种子用量，按上述比例确定用药量，加水稀释后均匀地喷拌在种子上，晾干播种。同时也能有效地防治其他地下害虫。

（3）药剂防治　在冬小麦返青初期或春小麦苗期，喷洒 50％敌敌畏乳油 1000 倍液，每亩喷药液 60L。

118. 如何防治小麦潜叶蝇？

小麦潜叶蝇（彩图 51）属于小麦非主要害虫，又叫鬼画符，春秋季节气温适合繁殖，不耐高温，温度高于 35℃时，不利于繁殖生长。成虫在嫩叶背面产卵后，幼虫经过孵化，就在叶肉内啃食，从而产生不规则坑道斑点。

小麦潜叶蝇防治，应本着"早发现、早诊断、早治疗"的防治原则，等危害发生到中后期，即使防治方案适宜，但叶片已经受损，小麦产量也会受到影响。

小麦尽量不施未腐熟的人粪尿及其他有机肥，潜叶蝇成虫和其他蝇类一样，对这类物质都有趋向性。

小麦种植前，应对土壤进行深翻，使虫蛹不能正常孵化。

小麦种植前，应对土壤进行毒土法处理，即采用辛硫磷颗粒剂等高效低毒农药，对土壤进行处理，既防治地下害虫，又能阻止虫蛹孵化。

叶片喷雾，对于已经发生的潜叶蝇，每亩选用 5％阿维菌素乳油 20mL 或 30％灭蝇胺悬浮剂 30mL 兑水 30kg，稀释后均匀喷雾，能达到很好的防治效果。

防治小麦斑潜蝇时，也可加入防治锈病、白粉病类的杀菌剂及磷酸二氢钾一起喷施，对小麦增产防病能起到促进作用。

119. 如何防治黏虫?

黏虫(彩图 52)是世界性禾谷类主要害虫,幼虫食叶,叶片形成缺刻或仅剩叶脉,大发生时可将叶片全部食光,咬断穗部,造成严重减产。

(1)农业防治　小麦播种前进行深耕翻,将幼虫翻出,让天敌捕食或寄生,使其不能化蛹而死亡。实行麦稻轮作,控制危害。及时清除杂草,减少黏虫食源。麦收后要及时浅耕灭茬,消灭虫源。

(2)糖醋酒液诱蛾　一般用红糖 1.5 份,普通食用醋 2 份,60 度白酒 0.5 份,水 1 份。先用热水把糖化开,稍冷再和入其他成分,并同时加入少许敌百虫或其他农药,搅匀即可应用。在成虫发生期用木棍或高粱秆制成三脚架,诱液碗置于架上,设于田间,每 5~10 亩地放 1 盆,盆高出作物 35cm 左右,诱剂保持 3.5cm 左右深,白天将盆盖好,晚上开盖,每天早晨取盆中蛾,1 星期左右换 1 次,连续15~20 天。

(3)性诱捕法　用配备黏虫性诱芯的干式诱器,诱杀产卵成虫,每亩 1 个插杆挂在田间。

(4)药剂喷雾　重点是防治初龄幼虫,由于黏虫幼虫的食量随着龄期的增长变化很大,1~4 龄幼虫的食量仅为总食量的 5%~10%,5~6 龄的食量却占总食量的 90%~95%,且幼虫的抗药性随龄期的增长而增强,所以药剂防治工作一定要在 3 龄以前进行。

可选用 25%灭幼脲 3 号悬浮剂、5%氟啶脲乳油、5%氟虫脲乳油、20%除虫脲悬浮剂等,每亩 30~40mL,50%辛硫磷乳油 50~60mL,10%氯氰菊酯乳油或 10%溴氰菊酯乳油 20~30mL,兑水50~60L 喷雾。如能再加入 20~27mL 的苏云金杆菌乳剂或 33.3g 的苏云金杆菌可湿性粉剂,可提高和延长药效。

近年来各地多采用低量与超低量喷雾法,可大大节约用水,且可提高工作效率。常用的低溶量喷雾技术是每亩用 90%敌百虫 50g 兑水 15kg,用小孔径喷片(孔径 0.7mm),快速喷洒。进行超低量喷雾,可用灭幼脲 1 号胶悬剂每亩 1g(纯药)兑水 1~1.5kg,用喷雾机喷洒。此剂对初龄及老龄幼虫均有良好的防治效果,且抗雨水冲刷力强。

(5)药剂喷粉　一般采用人工、机动及飞机喷粉方式。人工手动喷粉每亩喷粉 1.5～2.5kg。机动与飞机喷粉每亩用粉 0.5kg。常用粉剂有：2.5％敌百虫粉剂，5％马拉硫磷粉剂，5％杀虫畏粉剂，4％敌·马粉剂。

120. 如何防治麦类秀夜蛾？

麦类秀夜蛾，属鳞翅目夜蛾科。主要分布在东北、西北、华北春麦区、西藏高原、长江中下游及华东小麦产区。5 月下至 6 月下旬进入为害盛期。

（1）农业防治 深翻灭卵，将根茬翻入 15cm 土层以下，以增加初孵幼虫死亡率。适期灌水，幼虫初孵期正是小麦三叶期，这时正值初孵幼虫为害盛期，麦田灌水可控制低龄幼虫为害。

（2）灯光捕杀 成虫发生期，大面积设 20 瓦黑光灯诱杀成虫（可结合其他害虫一起诱集毒杀）。

（3）化学防治 用 4％辛硫磷颗粒剂，或用 0.5％硫环磷颗粒剂，每亩施 1.5～2kg，播种时，随种子施入土中，对初孵幼虫防效 80％以上。幼虫期也可用 80％晶体敌百虫 1000 倍液灌根。

121. 如何防治小麦麦叶蜂？

麦叶蜂（彩图 53），俗称小黏虫、齐头虫、青布袋虫。膜翅目叶蜂科，一般 4 月中旬进入为害盛期。

（1）农业防治 在种麦前深耕时，可把土中休眠的幼虫翻出，使其不能正常化蛹，以致死亡，有条件地区实行水旱轮作，进行稻麦倒茬，可消灭危害。

（2）人工捕打 利用麦叶蜂幼虫的假死习性，傍晚时进行捕打。

（3）药剂防治 每亩用 7.5％敌百虫粉剂 1.5～2kg，或 50％辛硫磷乳油 1500 倍液、2.5％溴氰菊酯乳油 3000～4000 倍液等，早、晚进行喷雾防治。

122. 如何防治小麦皮蓟马？

小麦皮蓟马（彩图 54）属缨翅目管蓟马科。为害小麦花器，灌浆乳熟时吸食麦粒浆液，使麦粒灌浆不饱满。严重时麦粒空秕。还可为害麦穗的护颖和外颖，颖片受害后皱缩，枯萎，发黄，发白或呈黑褐斑，被害部位极易受病菌侵害，造成霉烂、腐败。

秋后及时进行深耕，压低越冬虫源。清除晒场周围杂草，破坏越冬场所。

化学防治。在小麦孕穗期，大批皮蓟马飞至麦穗产卵为害，此时是防治成虫的有利时期。小麦扬花期是防治初孵若虫的有利时期。可用80％敌敌畏乳油1000倍液，或用10％吡虫啉可湿性粉剂1500倍液喷雾，每亩用药液75kg。

123. 如何防治蝼蛄？

蝼蛄（彩图55），俗称拉拉蛄、土狗，属直翅目蝼蛄科，5月中、下旬到春播作物出苗时，是其为害盛期。

（1）农业防治 避免施用未腐熟厩肥，尤其是马粪。人工挖窝灭虫灭卵。

（2）毒饵诱杀 将50g 90％敌百虫可溶性粉剂用热水化开，兑水3.5～4kg，喷在7.5kg炒香的麦麸上，搅拌均匀，傍晚撒施于田间。也可用黑光灯诱集捕杀，或用马、牛粪诱集捕杀。

（3）毒沙（土）法 可购买商品毒土，也可自制毒土，适用药有辛硫磷等。每亩用40％辛硫磷乳油500mL，兑水2kg拌细土25kg，均匀撒施于地表后立即耕翻土地；或者每亩用3％辛硫磷颗粒剂5kg随播种沟撒施。

（4）药剂拌种 可用50％辛硫磷乳油20mL，兑水700mL，喷拌麦种10kg，然后堆闷2～3小时，摊晾待播。

（5）灌根 出苗后发现受害，可选用50％辛硫磷乳油800～1000倍液，或90％敌百虫可溶性粉剂1000倍液等灌根。辛硫磷在土壤中的持效期长，用药后能长时间控制地下害虫的发生和危害。

124. 如何防治蛴螬？

鞘翅目金龟总科幼虫的总称，成虫叫金龟子，幼虫叫蛴螬（彩图56），俗称白地蚕、白土蚕。

（1）农业防治 实行水、旱轮作。深翻地，直接、间接地消灭一部分成虫、幼虫。施用腐熟有机肥，避免使用未发酵厩肥。合理控制灌溉，促使蛴螬向土层深处转移，避开幼苗最易受害时期。定植后发现被害植株要及时挖出根际附近的幼虫。

（2）诱杀　利用黑光灯诱杀成虫，主要对黄褐金龟子等效果好。每亩地用50%辛硫磷乳油50～100g拌谷子等饵料3～4kg撒于种沟中。

（3）拌种　用50%辛硫磷乳油与水和种子按1∶30∶（400～500）的比例拌种。

（4）毒土　定植前每亩用50%辛硫磷乳油150mL，兑水3kg，加细沙土或炉渣25kg，充分拌匀成药土，穴施或撒施于土中，为避免药害在毒土上再覆一层土。

（5）灌根　出苗后发现受害，可选用50%辛硫磷乳油1000倍液，或40%乐果乳油1000倍液、100亿活芽孢/g苏云金杆菌可湿性粉剂500倍液、90%敌百虫可溶性粉剂1000倍液灌根，每株用药0.2～0.25L。

125. 如何防治麦田金针虫？

金针虫（彩图57），俗称小黄虫、姜虫、钢丝虫、黄蛐蜓，属鞘翅目叩头甲科。主要种类有沟金针虫、细胸金针虫和褐纹金针虫，为小麦主要的多食性地下害虫。

（1）农业防治　当麦田发生金针虫为害时，适时浇水，可减轻金针虫为害，当土壤湿度达到35%～40%时，金针虫停止为害，下潜到15～30cm深的土层中。合理密植与施肥，能促进小麦健壮生长，减轻为害程度。

（2）药剂拌种　50%辛硫磷乳油0.05～0.1kg，兑水3～5kg，拌小麦种25～50kg，可兼治蝼蛄和蛴螬。

（3）毒土防治　播前耕地时，每亩用40%辛硫磷乳油250mL加水稀释10倍，与40kg细干土拌匀，堆闷30分钟后翻入土中。苗期可用40%辛硫磷乳油500倍液与适量炒熟的麦麸或豆饼混合制成毒饵，于傍晚顺垄撒入玉米基部，利用地下害虫昼伏夜出的习性，即可将其杀死。小麦返青后发现有金针虫为害时，每亩用2.5%敌百虫粉剂1.5～2kg，加细土75kg拌匀，在麦垄旁开沟，并顺沟均匀施入地下。

（4）灌根　春天小麦返青后发现金针虫为害时，可用90%晶体敌百虫1000～1500倍液或40%辛硫磷乳油800倍液浇灌。

（5）毒粪、毒肥防治　每亩用 2.5％敌百虫粉剂拌干粪 100kg，结合施肥施入土中。

126. 如何防治麦田灰巴蜗牛？

灰巴蜗牛（彩图 58）是一种软体动物，别名蜒蚰螺、水牛儿，腹足纲柄眼目巴蜗牛科。

（1）农业防治　播种前或收获后，清除田间及四周杂草，集中烧毁或沤肥。深翻地灭茬、晒土，减少虫源。选用排灌方便的田块，开好排水沟，达到雨停无积水。大雨后及时清理沟系，防止湿气滞留，降低田间湿度。合理密植，增加田间通风透光度。采取人工捡拾非常高效，而且还可以把鸡鸭放进田里边去吃食蜗牛。

（2）化学防治　可选用 2％甲硫威颗粒剂 1 份＋干细土 25 份混匀后撒施于蜗牛经常出没处。或 6％四聚乙醛颗粒剂 1 份＋干细土 25 份混匀后撒施于蜗牛经常出没处。或每亩用茶枯粉 3～5kg 撒施，当清晨蜗牛未潜入土时，选用 8％四聚乙醛颗粒剂 1000 倍液，或 50％辛硫磷乳剂 1000 倍液、氨水 70～100 倍液、1％食盐水等，于清晨喷施。

127. 如何防治麦蛾？

麦蛾属鳞翅目麦蛾科，以幼虫蛀食小麦等作物籽粒。

禾谷类作物贮藏库防治要抓好，防止麦蛾迁入麦田或粮田，要求晒干入仓，入库前摊晒厚度为 3～5cm，使晒粮温度达到 45℃，保持 6 小时，可杀死粮食中麦蛾的卵、幼虫和蛹。

田间防治以杀卵和初孵化幼虫为主，把其消灭在钻蛀之前。于当地麦蛾产卵盛期至卵孵高峰期，当每穗有卵 2 粒以上时，每亩喷 50％辛硫磷乳油 75mL，兑水 50kg 喷雾或用弥雾机兑水 20kg 喷雾。

第三节　小麦草害及防除技术

128. 如何通过非化学手段防除麦田杂草？

麦田除草应贯彻"预防为主，综合防除"的策略。采取简便有效的措施，把杂草控制在经济允许水平以下。防除杂草可以采取农业的、生物的、物理的、化学的以及其他多种措施。其非化学除草手段有以下几点。

（1）选种　要精选种子，播种洁净麦种。杂草种子可以夹杂在小麦种子间进入田间，或随麦种调运而远程传播。清除混杂在作物种子中的杂草种子，是一种经济有效的方法。种子公司和良种繁育单位要建立无杂草种子繁育基地，要通过圃选、穗选、粒选，选留纯净种子。在种子加工时或播种前，要根据杂草种子的特点，采取风选、筛选、盐水选、泥水选等方法汰除草籽。对于毒麦等检疫性杂草，更要采取检疫措施，杜绝随麦种调运而人为传播。

（2）轮作　轮作是防止伴生杂草、寄生性杂草的有效措施。北方麦区要改变小麦重茬现象，实行轮作，特别是与水稻轮作，可将田旋花、莎草、刺儿菜和苣荬菜等多年生杂草的地下根茎淹死，除草效果很好。

南方可推广稻麦轮作、麦田改种水稻，连茬种植水稻 2 年后，可基本上控制麦田杂草的为害。

密植作物小麦与玉米、向日葵等中耕作物轮作，可通过中耕来灭除当年生的野燕麦。野燕麦严重地块还可种植绿肥或苜蓿，通过刈割防除野燕麦。小麦也可与油菜、棉花等阔叶作物轮作 2～3 年。轮作换茬要注意预防长残留除草剂的残留药害。

（3）深翻　深翻对多年生杂草有显著的防除效果，播前整地、播后耙地、苗期中耕可以有效地控制前期杂草。按深翻的季节可分为春翻、伏翻和秋翻。

① 春翻　是指从土壤解冻到春播前一段时间内的耕翻地作业，能有效地消灭越冬杂草和早春出苗的杂草，也将上年散落土表的杂草种子翻埋于土壤深层。春翻深度应适当浅一些，防止把原来埋在土壤深层中的杂草种子翻到地表，以致当年大量发芽出苗。

② 伏翻　是在小麦等夏收作物的茬地，于 6～8 月进行的耕翻作业。此时气温较高，雨水较多，北方地区杂草均可萌发出苗，南方地区的杂草正在生长季节，伏耕灭草效果好，特别是对多年生以根茎繁殖的芦苇、三棱草和田旋花等，深耕能将其根茎切断翻出地表，经日晒而死亡。西北地区在麦收后耕翻 2～3 次，南方多进行浅翻、耙地，既灭草保苗，又有利于抢季节播种。

③ 秋翻　是指 9～10 月，在玉米、棉花等秋作物收获后在茬地上进行的耕翻作业，主要消灭春、夏季出苗的残草、越冬杂草和多年生杂草。在冬麦播前翻耕 20～30cm，可将野燕麦籽深埋地下，第二年基本无野燕麦。

（4）中耕　在小麦冬前苗期和早春返青、起身期进行田间中耕，可疏松土壤，提温保墒，既有利于小麦生长，又可除掉一部分杂草。

在推广少耕法的地方，需采用耕作与化学除草相配合的措施控制杂草，否则会造成严重的草害。前茬收获后耙茬，可使杂草种子留在地表浅土层中，增加出苗的机会，在杂草大部分出土后，可通过耕作或化学除草集中防除。

（5）施有机肥　农村常用枯草、植物残体、秸秆、粮油加工的下脚料、畜禽粪便等堆肥沤肥，混有很多杂草种子，农家肥料必须经过 50～70℃ 高温堆沤处理，充分腐熟，杀死杂草种子后，方能还田施用。

（6）早播和合理密植　麦苗可比野燕麦早出苗 3～5 天，对野燕麦有一定抑制作用。合理密植能提早封行，抑制杂草的生长，达到以密控草的效果。

（7）人工除草　田边、路边、沟边、渠埂的杂草可以通过地下根茎的生长进入田间，还可以通过农事操作、牲畜、风力、灌溉水带入田间，因而须及时清除。农机具，特别是跨区作业的大型机具，可以传带杂草种子，需在作业之后或转场之前进行清理。在冬前和春季分别进行人工拔草、锄草，是防治小麦禾本科杂草的有效方法。冬季在小麦 3 叶 1 心后，春季在小麦起身到拔节期拔除，连拔 2～3 年即可。

129. 用于防除小麦阔叶杂草的除草剂有哪些？

（1）苯磺隆　磺酰脲类内吸传导型苗后选择性除草剂。用于小麦田防除阔叶杂草如播娘蒿、繁缕（彩图 59）、牛繁缕（彩图 60）、婆婆纳（彩图 61）、宝盖草、蓼、地肤、扁蓄、麦瓶草（彩图 62）、荠菜（彩图 63）、藜（彩图 64）、麦家公（彩图 65）、猪殃殃（彩图 66）等杂草。对禾本科杂草无效。

在小麦 2 叶期至拔节期均可施用。以杂草生长旺盛期（3～4 叶期）施药防效最好，每亩用 10% 苯磺隆可湿性粉剂 7.5～15g，或

75%苯磺隆干悬浮剂 1～1.5g，兑水 30～40kg 均匀茎叶喷雾。施药后 10～30 天可见到对杂草的抑制作用。

苯磺隆对小麦安全性也很好，在小麦出苗后至孕穗期喷施对小麦产量均无影响。苯磺隆可与氯氟吡氧乙酸异辛酯、2 甲 4 氯钠、苄嘧磺隆、乙羧氟草醚等混用，以扩大杀草谱。两熟地区麦田苯磺隆应尽量早用，以在冬前杂草基本出全苗或春季 3 月 20 日前喷施为宜。该药活性高，使用时称量要准，杂草对其反应较慢，药后 4 周才全部死亡。喷施时为防止药液飘移到敏感的阔叶作物上，药后 60 天内不可种阔叶作物。

（2）氯氟吡氧乙酸（使它隆） 吡啶类内吸传导型除草剂。对麦田猪殃殃、大巢菜、荠菜、播娘蒿、繁缕、宝盖草、野油菜、米瓦罐、藜、打碗花、卷茎蓼、地肤、鸭趾草、龙葵、泽漆（彩图 67）、田旋花等有很好的效果。

从小麦出苗到抽穗均可使用，在杂草小苗时使用效果最佳，用量为每亩用 20%氯氟吡氧乙酸乳油 50～60mL，兑水 25～30kg 进行茎叶喷雾。可与 2 甲 4 氯钠等混用增加对婆婆纳、田旋花、藜、泽漆等杂草的防除效果，也可与精噁唑禾草灵混用，防除阔叶杂草和禾本科杂草。

氯氟吡氧乙酸应尽量在杂草小苗时使用，杂草植株较大影响除草效果。

（3）苄嘧磺隆 苄嘧磺隆是磺酰脲类超高效选择性内吸传导型除草剂。加入安全剂等可用于小麦田防除一年生及多年生阔叶杂草，如播娘蒿、繁缕、荠菜、宝盖草、猪殃殃、附地菜、卷耳、婆婆纳等。

每亩用 10%苄嘧磺隆可湿性粉剂 30～40g，兑水 30～40kg 均匀喷雾。与麦草畏、唑草酮（快灭灵）混用可扩大杀草谱，提高防除效果。冬前用药防效优于春季用药。

（4）甲硫嘧磺隆 对磺酰脲类化合物进行结构修饰而得到的新除草剂。对麦田播娘蒿、荠菜、宝盖草、繁缕、婆婆纳、蓼、铁苋菜、藜等阔叶杂草有很好的效果。对稗草等单子叶杂草也有一定的防效。

在小麦 4 叶期至拔节期均可使用，每亩用 10%甲硫嘧磺隆可湿性粉剂 20～30g，兑水 30～40kg 均匀喷雾。对小麦安全性好。

（5）乙羧氟草醚　二苯醚类除草剂。对麦田播娘蒿、荠菜、宝盖草、繁缕、泽漆、大巢菜、刺儿菜、牛繁缕、猪殃殃、婆婆纳、苍耳（彩图68）、藜、蓼（彩图69）、鸭趾草等有很好的效果。

在小麦4叶期至拔节期均可施用，用量为每亩用50%乙羧氟草醚可湿性粉剂5～8g，或10%乙羧氟草醚乳油15～35mL，兑水30～40kg均匀喷雾。

该药可与苯磺隆、2甲4氯钠、异丙隆、绿麦隆等混用，可扩大杀草谱，提高药效。草龄小、墒情较好时，除草效果更好。只有在光照条件下才能充分发挥药效。用药后小麦叶片有轻重不同程度的黄色灼伤斑点，7天以后斑点逐渐消失。

（6）唑草酮　三唑啉酮类触杀型选择性除草剂。对麦田播娘蒿、荠菜、猪殃殃、附地菜、卷耳、藜、卷茎蓼、地肤、婆婆纳、打碗花（彩图70）、扁蓄（彩图71）、苣荬菜等阔叶杂草有很好的防除效果。

该药在小麦出苗后至孕穗期均可用药，杂草2～3叶期为最佳用药时期，草龄越低效果越理想。适宜用量为每亩用40%唑草酮干悬浮剂4～5g，兑水30～40kg喷雾。

麦田杂草对唑草酮反应快，杂草药后3～4小时出现中毒症状，5天有明显效果。小麦在拔节至孕穗期喷药后，叶片上会出现黄色斑点，但药后1周就可恢复正常绿色，不影响产量。唑草酮为超高效除草剂，因此施药时药量一定要准确，最好将药剂配成母液，再加入喷雾器。喷雾应均匀，不可重喷，以免造成作物的严重药害。唑草酮只对杂草有触杀作用，没有土壤封闭作用，在用药时期上应尽量在田间杂草大部出苗后进行。阴天施药效果不好，见光后药效能充分发挥。不能加增效剂和洗衣粉等表面活性剂，不宜与精噁唑禾草灵混用，否则易出现药害。施药器械要彻底清洗，以免药剂残留影响其他作物。

（7）酰嘧磺隆　磺酰脲类内吸传导型苗后选择性除草剂。该药在土壤中残效期短，一般不影响下茬作物生长。用于小麦田防除猪殃殃、播娘蒿、荠菜、独行菜、藜、酸模叶蓼、扁蓄、田旋花、苣荬菜等阔叶杂草。

在小麦2叶至孕穗期均可用药，以小麦冬前至春季分蘖期施用为佳。每亩用50%酰嘧磺隆水分散粒剂3～4g，兑水30～40kg喷雾。

该药施用时应尽量早用，杂草叶龄较大或天气干旱又无浇水条件时适当增加用药量。杂草叶片吸收药剂后即停止生长，叶片褪绿，而后枯死。因对皮肤和眼睛有轻微刺激作用，因此施药时一定注意防护。

（8）**唑嘧磺草胺** 磺酰胺类内吸传导型除草剂。小麦吸收唑嘧磺草胺后，迅速进行降解代谢，使该药活性丧失。可有效防治麦田多种阔叶杂草如荠菜、播娘蒿、藜、卷茎蓼、地肤、鸭趾草、繁缕、牛繁缕、猪殃殃、大巢菜（彩图72）等，对幼龄禾本科杂草也有一定抑制作用。

在秋季杂草生长旺盛期或春季小麦返青期施用，用量为每亩80％唑嘧磺草胺水分散粒剂2～3g，兑水30～40kg进行均匀喷雾。

使用时应注意：油菜、甜菜及棉花等对该药敏感，注意施药时应防止药液漂移到这些敏感作物，下茬种植上述敏感作物的小麦田禁用该药。唑嘧磺草胺是超高效除草剂品种，单位面积用药量很低，因而用药量要准确，最好先配制母液，再加水稀释，并做到喷洒均匀。与其他除草剂混用时，先往喷雾器中加入1/4水，再加唑嘧磺草胺母液，然后加入其他除草剂，搅拌均匀。唑嘧磺草胺做茎叶处理应选择晴天，温度、湿度适宜时喷药，在干旱、冷凉条件下，该药除草效果下降。施药时加入植物油及非离子型表面活性剂可提高其除草效果。可与氯氟吡氧乙酸混用，增加对大巢菜、野豌豆、卷茎蓼、田旋花等杂草的防效，如需防除禾本科杂草，可与精噁唑禾草灵混用。

（9）**噻吩磺隆** 磺酰脲类内吸传导型苗后选择性除草剂。长期使用苯磺隆除草的地区，由于苯磺隆残效时间长和对某些作物比较敏感，因而不少杂草都出现了抗药性问题和苯磺隆对后茬某些敏感作物产生药害或不能种植的问题，采用噻吩磺隆代替苯磺隆进行麦田除草好处很多。

杂草受药后十几小时就受害，虽然仍保持青绿，但已经停止生长，1～3周后生长点的叶片开始褪绿变黄，周边叶片披垂，随后生长点枯死，草株萎缩，最后整株死亡。个别未死草株，生长严重受抑制，萎缩在麦株或玉米株下面，难以开花结实。

噻吩磺隆的选择性很高，对小麦、玉米很安全，药剂在小麦体内被迅速降解为糖类物质，不影响小麦正常生长。噻吩磺隆在土壤中被好氧微生物分解，30天后对下茬作物生长无害，因而在麦田使用后对花生、大豆、芝麻、棉花、水稻、蔬菜、花卉等后茬作物无任何影响，比使用苯磺隆更安全。可以用于小麦田有效防除播娘蒿、荠菜、繁缕、婆婆纳、地肤（彩图73）、藜、蓼、牛繁缕等阔叶杂草，对田旋花、刺儿菜（彩图74）等杂草无效。

在小麦、大麦2叶期至早穗期，亩用有效成分1.5～2.5g。不同区域用量有差异，长江流域麦区用1.5～1.8g，黄河流域麦区用1.8～2g，东北和西北麦区用2.1～2.4g，在干旱条件下或杂草密度大、草株大、低温时应使用高剂量。折合制剂用量为10%可湿性粉剂15～25g，或15%可湿性粉剂10～16.7g，或25%可湿性粉剂6～10g，或75%可湿性粉剂（干悬浮剂）2～2.7g，兑水30～40kg，喷洒茎叶。在喷洒液中加入0.125%～0.2%中性洗衣粉，可显著提高药效；一般背负式手动喷雾器每药桶装水12.5kg，可加洗衣粉25g。

杂草对该药的反应较慢，低温时用药，药后4周以上杂草才能全部死亡。噻吩磺隆为超高活性除草剂，用药量低，施药时药量一定要准确，用药时应先配成母液再倒入喷雾器。施药应尽量掌握在杂草发生早期和作物生长前期进行，以免作物覆盖影响药液触及到杂草而影响除草效果。同时喷药时要注意不要把药液喷到邻近阔叶作物上，以免产生药害。用药后及时彻底清洗药械。冬前施药，在气温低于5℃时不可施药。

（10）苯达松　苯并噻二嗪酮类触杀型苗后除草剂。可以用于小麦田有效防除猪殃殃、荠菜、苍耳、刺儿菜、藜、蓼、繁缕、苣荬菜等阔叶杂草。

对小麦安全，在小麦任何时期均可施用，但以小麦2～5叶期施药效果最好。每亩用48%苯达松水剂130～180mL，兑水30～40kg进行茎叶均匀喷雾。

气温高、土壤墒情好时施药除草效果好。可与2甲4氯钠或柴油混用，能扩大杀草谱，提高除草效果。

（11）麦草畏　安息香酸系除草剂。对麦田一年生和多年生阔叶杂草播娘蒿、荠菜、猪殃殃、繁缕、牛繁缕、大巢菜、藜、蓼、苍耳、田旋花、刺儿菜、问荆等有很好的效果。

在小麦分蘖至拔节前，每亩用48%麦草畏水剂25～40mL，兑水30～40kg，均匀喷雾。用药后一般24小时阔叶杂草即会出现畸形卷曲症状，10～20天死亡。

麦草畏可与其他杀草谱不同的除草剂混用，以提高杀草谱。小麦

3叶期前和拔节期后，温度在5℃以下时，不宜施用麦草畏，以免造成药害。

（12）**溴苯腈** 苯腈类触杀型选择性苗后茎叶处理剂。对麦田播娘蒿、荠菜、宝盖草、繁缕、藜、蓼、扁蓄、婆婆纳、牛繁缕、大巢菜等有很好的效果。对禾本科杂草无效。

在小麦4叶期至拔节期，阔叶杂草基本出齐苗后4叶期前的生长旺盛时期，每亩用22.5％溴苯腈乳油100～150mL，兑水30～40kg均匀喷雾。施药24小时内叶片褪绿，出现坏死斑。在气温较高，光照较强的条件下，加速叶片枯死。

该药可与2甲4氯钠盐混用，扩大杀草谱。混用剂量较各药剂单用时减半。该药为茎叶处理触杀型除草剂，施用时期应尽量提前。杂草植株较大时，除草效果降低，另外施用后如有降雨，应该重喷。

（13）**2，4-滴丁酯** 苯氧乙酸类激素型除草剂。对麦田播娘蒿、荠菜、泽漆、繁缕、宝盖草、藜、蓼、猪殃殃、米瓦罐、萹草、苦荬菜、刺儿菜、田旋花、小旋花等阔叶杂草有很好的防效。

用量为每亩72％ 2，4-滴丁酯乳油40～50mL，兑水30～40kg进行茎叶喷雾。用药后一般24小时阔叶杂草即会出现畸形卷曲症状，7～15天死亡。

在小麦4叶期至分蘖末期施药，对小麦安全，在小麦4叶前和分蘖期后施药，易造成小麦药害。药害症状在小麦抽穗期后才表现出来。轻者小麦抽穗时表现麦穗弯曲不易从旗叶抽出，显"鹤首"状（彩图75）。重者麦穗表现畸形，变成"方头"穗。2，4-滴丁酯的除草效果与温度有关，在气温达到18℃以上的晴天喷药，有利于杂草对药剂的吸收而提高除草效果，若气温低，阴天光不足，不仅药效差，而且小麦的解毒作用降低，容易引起药害。2，4-滴丁酯可以与麦草畏、溴苯腈、扑草净等混用，剂量各减半，以扩大杀草谱。

（14）**2甲4氯钠** 该药剂的除草范围与施药时期与2，4-滴丁酯相同，其最大优点是挥发性比2，4-滴丁酯低，对小麦安全。

冬小麦分蘖初期至分蘖末期为喷药适期，每亩用55％ 2甲4氯钠盐55～85g，或用20％ 2甲4氯钠盐水剂200～300mL，兑水30～40kg均匀喷雾，在药液中加入少量硫酸铵、硝酸铵和过磷酸钙等化学原料，可提高除草效果。2甲4氯钠与苯达松、麦草畏、扑草净、苯磺隆、伴地农等除草剂混用，可减少农药用量，扩大杀草谱，并明显提高对抗药性杂草的防除效果。

（15）双氟·唑嘧胺 磺酰胺类内吸传导型超高效除草剂，用于小麦田防除阔叶杂草。杀草谱广，可防除麦田大多数阔叶杂草，包括猪殃殃、麦家公等难防杂草，并对麦田中最难防除的泽漆有非常好的抑制作用。

小麦出苗后杂草3～6叶期，每亩用5.8%双氟·唑嘧胺悬浮剂10mL，兑水30～40L均匀喷雾，可与异丙隆或69g/L精噁唑禾草灵水乳剂（骠马）等混用，防除禾本科杂草。

在低温下药效稳定，即使是在2℃时仍能保证稳定药效，这一点是其他除草剂无法比拟的。双氟·唑嘧胺为悬浮剂，药剂易黏附在袋子上，请用水将其洗下，再加水稀释。

（16）吡草醚 苯基吡唑类苗后触杀型除草剂。为防除麦田阔叶杂草的茎叶处理剂，可用来防除猪殃殃、繁缕、牛繁缕、荠菜、婆婆纳等阔叶杂草。

每亩用2%吡草醚悬浮剂30～40mL，在冬前杂草叶龄小、土壤湿度和气温较高的情况下，亩用量可降至20mL。可与2甲4氯钠混用，配方为2%吡草醚悬浮剂8mL＋13%2甲4氯钠水剂150mL，扩大杀草谱。

在土壤中残效期短，对下茬作物生长无不良影响。杂草叶龄大或气候、土壤干燥时，用药量应相应增加。勿与尚未确定效果及药害问题的药剂相混用。勿误喷麦田周围的作物或有用植物，以免发生药害。

其他常用的复配制剂有苄嘧磺隆·唑草酮、氯氟吡氧乙酸异辛酯·苯磺隆、苯磺隆·乙羧氟草醚、苯磺隆·唑草酮、甲硫嘧磺隆·扑草净、唑草酮·2甲4氯钠、苄嘧磺隆·麦草畏等药剂均对小麦田阔叶杂草有很好的防除效果。

🌼 130. 用于防除小麦禾本科杂草的除草剂有哪些？

（1）精噁唑禾草灵 商品名：精骠马、骠马、旺除、陆虎。是一种除草活性很高的芳氧酸酯类内吸传导型苗后茎叶处理剂。对冬小麦和春小麦都很安全。能有效防除小麦田野燕麦（彩图76）、看麦娘（彩图77）、日本看麦娘（彩图78）、硬草、黑麦草、网草等多种禾本科杂草，对雀麦等防效较差，对阔叶杂草无效。

在小麦 2～4 叶期，杂草 3 叶期前，每亩用 6.9% 精噁唑禾草灵水乳剂 50～70mL 或 10% 精噁唑禾草灵乳油 30～50mL，兑水 30～40kg 喷雾。

该药施用时应尽量早用，杂草分蘖后耐药性增强，防效较差。所以年后春防草龄较大时，可以适当增加用量，但 6.9% 精噁唑禾草灵每亩用量不应超过 150mL，否则会造成药害。

用药时遇低温霜冻期，麦苗容易受药害，除草效果也会受影响。受药害的小麦出现叶片发黄，植株矮缩不长等症状，但以后随其生长恢复正常。

该药作用迅速，药后杂草一周内心叶失绿变紫，分生组织变褐色，叶片变紫后整株枯死。可与防除阔叶杂草的药剂苯磺隆、溴苯腈、氯氟吡氧乙酸异辛酯等除草剂混用，扩大杀草谱，起到一次施药兼治禾本科杂草和阔叶杂草的目的，但不能与苯达松、麦草畏和 2 甲 4 氯钠盐等除草剂混用。

（2）炔草酸 商品名：麦极。苯氧羧酸类选择性内吸传导型苗后茎叶处理剂。对小麦田看麦娘、野燕麦、硬草、早熟禾（彩图 79）、日本看麦娘、黑麦草（彩图 80）等禾本科杂草有很好的防除效果，对雀麦等防效较差，对阔叶杂草无效。

炔草酯对小麦的安全性较好，施药对小麦苗龄的要求不高，一般要求在小麦 2 叶 1 心期至拔节之前施用。该药是茎叶处理剂，药物主要由杂草茎叶吸收，一般应在田间杂草基本出齐后，处于 2～4 叶期时施用，此时田间麦苗一般在 2 叶 1 心期以上。

适期播种的小麦，田间禾本科杂草一般在小麦越冬（各地一般在 12 月中旬）之前出齐，可以在冬前用炔草酯防除田间的禾本科杂草。播种迟的田块，冬前不出草，或者出草不齐，不能在冬前用药。这些田块，一般可以在春季用药时进行茎叶处理，防除田间的禾本科杂草。

炔草酯在禾本科杂草 2～4 叶期施用，每亩纯药推荐用量一般为 3～4.5g。草龄增大后适当增加用药量，田间杂草耐药性较强时也应适当增加用药量。目前国内登记的含量为 8% 的炔草酯产品，每公顷纯药推荐用量为 48～84g，折合每亩用纯药 3.2～5.6g，折合每亩用制剂 40～70g。

据有关方面研究，炔草酯用量过大时会对小麦产生药害，而且用量越大，药害越重。在小麦苗分蘖盛期，生长正常时，炔草酯纯药亩用量在 6g 以下，对麦苗安全；纯药亩用量超过 6g，对麦苗安全性下降，会导致麦苗生长受抑制；纯药亩用量超过 7.5g 时，麦苗生长明显受抑制，可引起麦苗叶片发黄；纯药亩用量超过 9g，麦苗会受到严重药害，出现严重蹲苗现象，麦叶严重发黄，根系生长受阻。麦苗受干旱、水渍等危害，生长弱时，对炔草酯的耐性会下降，按正常剂量用药麦苗可能会受到一定的不利影响，有时会发生严重药害，甚至引起死苗。

大面积生产上，冬前麦苗、杂草较小时施药，可以每亩用炔草酯纯药 3～4.5g，加水 15～30kg 喷雾；冬前或春季麦苗和杂草较大时，可以适当加大用药量，草龄大或硬草等耐药性较强的杂草多时纯药亩用量可以达到 6～7.5g。用药量增大后用水量不宜同步增加，加水量以能均匀喷透杂草为度，尽量用较高浓度的药液细喷雾，有利于提高除草效果。

炔草酯在低温期施用对杂草也有较好防效，对麦苗的安全性也较好。考虑到目前生产上一些地方菵草、日本看麦娘、硬草等杂草对炔草酯的耐药性较强，特别是草龄增大后耐药性会明显增强，冬季或早春田间杂草已较大，达到 4 叶期时，宜及早用药防除，否则等春季气温回升后再用药，草龄过大，除草效果会受到较大影响。低温多发期施药时，应注意天气预报，在"冷尾暖头"施药，一般要求在施药后 1 周内不出现强降温低温天气。施药后短期内遇强降温低温霜冻天气，容易发生药害，严重时引起死苗。

另外，炔草酯不要与 2 甲 4 氯钠、灭草松等药混用，否则可能影响对小麦的安全性和对杂草的防效。与异丙隆、唑草酮等药混用时，应考虑施用异丙隆、唑草酮对温度等环境条件和加水量等的要求，避免发生异丙隆"冻药害"或加重唑草酮触杀药害。

（3）甲磺胺磺隆　磺酰脲类内吸传导型苗后选择性除草剂。对小麦田雀麦、节节麦（彩图 81）、黑麦草、毒麦、网草、看麦娘、硬草、早熟禾、棒头草、碱茅、野燕麦等常见的禾本科杂草有很好的防除效果，对大部分阔叶杂草防效较差。

在小麦 3～6 叶期，杂草 3 叶期前，每亩用 3% 甲磺胺磺隆油悬剂 25～35mL 并加专用助剂 80mL，兑水 30～40kg 喷雾。

该药施用时应尽量早用，杂草叶龄较大或天气干旱又无浇水条件时适当增加用药量。严格按推荐的施用剂量、时间和方法均匀喷施，不可超剂量、超范围使用，严禁草多处多喷，草少处少喷，避免重喷、漏喷。小麦3～6叶期用药较安全，拔节后不宜使用。可与防除阔叶杂草的药剂混用，扩大杀草谱。

（4）野麦畏 氨基甲酸酯类土壤处理剂。用于防除麦田野燕麦、看麦娘、早熟禾、毒麦等禾本科杂草。

在小麦播种前或播后苗前土壤处理，苗后灌头水前撒施药土，均有很好的除草效果。一般是整好地播种前，每亩用40%野麦畏乳油150～200mL，兑水30kg均匀喷雾地面。也可将每亩用药量与20kg细潮土拌匀后撒施药土，或将每亩用药量与10kg尿素混合后均匀撒施地面。

野麦畏有挥发性，施药后必须用圆盘耙或齿耙纵横浅耙地面，将药剂混入10cm深的土层内，然后播种小麦，播深3～5cm。

（5）禾草灵 用于防除麦田野燕麦、看麦娘、蟋蟀草和毒麦等禾本科杂草。

在麦田以禾本科杂草出苗90%以上、叶龄在2～4叶期为最佳施药期，每亩用36%禾草灵乳油130～180mL，兑水30～40kg叶面喷雾处理。

（6）甲基二磺隆 商品名：世玛。磺酰脲类内吸传导型苗后选择性除草剂。适用于小麦田防除雀麦、节节麦、黑麦草、毒麦、网草、看麦娘、硬草、早熟禾、棒头草、碱茅、野燕麦等常见的禾本科杂草，对大部分阔叶杂草防效差。

小麦2～4叶期，杂草3叶期前，每亩用3%甲基二磺隆油悬剂25～35mL，兑水25～30kg喷雾。可与防除阔叶杂草的药剂混用，扩大杀草谱。

杂草叶片吸收药剂后即停止生长，逐渐枯死。该药在土壤中的残效期短，不影响下茬作物生长。施用时应尽量早用，杂草叶龄较大或天气干旱又无浇水条件时适当增加用药量。小麦拔节或株高达13cm后不得使用。

（7）唑啉草酯 商品名：爱秀（50g/L唑啉草酯）。既能用于小麦田又可用于大麦田的禾本科杂草除草剂，可以防除看麦娘、日本看麦娘、菵草、黑麦草、野燕麦、棒头草、硬草、狗尾草等麦田主要禾本科杂草，尤其对部分难防除的抗性杂草有较好的防效。一般情况下，唑啉草酯施药后 48 小时敏感的杂草停止生长，1～2 周内杂草叶片开始发黄，3～4 周内杂草彻底死亡。用药时期较宽，在小麦的 2 叶 1 心期到开花期都可以应用，但最佳施药期基本以禾本科草龄为准，可以防治 2 叶期到第一分蘖期的黑麦草，但从经济和效果等方面考虑，以在禾本科杂草 3～5 叶期施用最佳。

（8）啶磺草胺　商品名：咏麦®、优先®、夏麦飞。防除小麦田禾本科杂草同时兼防阔叶杂草的磺酰胺类除草剂。对小麦田常见的看麦娘、日本看麦娘、野燕麦、雀麦、多花黑麦草、硬草等禾本科杂草和婆婆纳、野老鹳草、荠菜、播娘蒿、繁缕等阔叶杂草有良好防效，对早熟禾、菵草和猪殃殃的防效不佳。药剂在生长点积累，导致根及茎细胞分裂受阻，敏感杂草几小时内生长停止，一般在 7～10 天出现中毒症状，死亡时间 20～40 天，在不利环境条件下 6～8 周。

该药剂可以与双氟磺草胺、唑嘧磺草胺、氯氟吡氧乙酸、苯磺隆、苄嘧磺隆、溴苯腈、2 甲 4 氯钠等防除阔叶杂草的除草剂混用，以扩大对阔叶杂草的杀草谱，但不能与含唑草酮、乙羧氟草醚等的触杀性除草剂及 2,4-滴的除草剂混用。

半衰期短、降解迅速，对套种及后茬作物安全，正常用量 3 个月后可种植玉米、大豆、水稻、棉花、花生、西瓜。6 个月后可种植番茄、小白菜、油菜、甜菜、马铃薯、苜蓿等。

使用技术：冬前或早春施用，麦苗 3～6 叶期，一年生禾本科杂草 2.5～5 叶期，杂草出齐后用药，越早越好，每亩用 7.5％啶磺草胺水分散粒剂 9.4～12.5g 加专用助剂 15mL，兑水 15～30kg，茎叶均匀喷雾。小麦起身拔节后不得施用。若田间混发菵草则混用炔草酯，早熟禾则混用异丙隆进行防治。

注意事项：不宜在霜冻低温（最低气温低于 2℃）等恶劣天气前施药，不宜在遭受涝害、冻害、盐害、病害及营养不良的麦田施用本剂，施用前后 2 天内也不可大水漫灌麦田，以避免药害。小麦扎根浅、根系裸露的田块，避免使用。

啶磺草胺用于麦田除草活性高，应严格按照推荐使用量施用，超量使用时会使麦苗发黄，尤其是在低温和大幅度降温后施用该药，小麦生长较弱，药后容易出现药害症状，使麦苗发黄、麦苗发根受阻，新叶难以抽出而扭曲，出现迟缓，生长停滞，带来低温冻害。施用该除草剂后，会加重叶片发黄症状。一旦出现可喷施 0.136％赤・吲乙・芸苔可湿性粉剂，有利于麦苗恢复生长。

131. 用于防除小麦阔叶杂草和禾本科杂草混生的除草剂有哪些？

（1）异丙隆 取代脲类内吸传导型土壤兼茎叶处理除草剂。用于小麦田防除看麦娘、野燕麦、早熟禾、菵草、硬草、牛繁缕、麦家公、红蓼、播娘蒿、藜等一年生禾本科杂草及阔叶杂草。

在小麦播后苗前进行土壤喷雾处理或在小麦 3 叶期至分蘖前，田间杂草 2～5 叶期茎叶喷雾处理。用药量为每亩施用 75％异丙隆可湿性粉剂 80～110g，或 50％异丙隆可湿性粉剂 120～180g，兑水 30～40kg 喷雾。

受药害的杂草表现为叶尖和叶缘褪绿，发黄，最后枯死。异丙隆可与苯磺隆等杀除阔叶杂草的除草剂混用，扩大杀草谱，提高除草效果。

该药使用时应注意：施药前后保持土壤湿润，才能发挥理想的药效。土壤干旱时需增加用药量，应做到喷雾均匀，若施药不匀，作物会稍有药害。异丙隆施药后对麦苗早期生长会有一定影响，表现为麦苗叶色发黄，株高降低，以后随着小麦生长可以恢复。喷施植物生长促进剂可使药害症状缓解；注意天气骤变温度突然降低易出现药害，降雨过多，土壤湿度过大也容易出现湿药害。特别是撒麦播种方式，因为根部裸露在外，更易产生药害。

异丙隆用于麦田除草，会降低麦苗抗冻能力，施药后遇到 0℃以上低温时会出现冻药害。如果在寒潮来临前麦田施用异丙隆，寒潮过后麦苗大多会出现不同程度的药害症状。特别是过量施用异丙隆的麦田，寒潮期麦叶即出现烫伤样冻害，受冻叶片很快失水枯死，而受害程度较轻的，出现较大面积的发黄现象。

（2）绿麦隆 取代脲类选择性吸收传导型除草剂。用于小麦田防除看麦娘、野燕麦、藜、繁缕、猪殃殃、婆婆纳等多种禾本科杂草及某些阔叶杂草。

在小麦播种后出苗前做土壤喷雾处理，或在麦苗 3 叶期，杂草 1～2 叶期以前茎叶喷雾处理，每亩用 25％绿麦隆可湿性粉剂 300g，兑水 40～50kg 喷雾。施药后 3 天，杂草开始表现中毒症状，叶片褪绿，叶尖和心叶相继失绿，10 天左右整株干枯而死亡，在土壤中的持效期 70 天以上。

绿麦隆施药前后保持土壤湿润，才能发挥理想的药效。该药应做到喷雾均匀，若施药不均，作物会稍有药害，表现轻度变黄，20 天左右可恢复正常生长。

（3）扑草净　三嗪类内吸传导性除草剂。能有效防除麦田看麦娘、狗尾草、繁缕、婆婆纳、藜等杂草。

小麦播后苗前每亩用 50％扑草净可湿性粉剂 75～100g，兑水 30kg 进行地表喷雾。干旱地区施药后浅耙混土 1～2cm，以提高除草效果。

（4）噻磺·乙草胺　商品名：麦草必净。可有效防除麦田野燕麦、看麦娘、硬草、猪殃殃、播娘蒿、宝盖草、繁缕、荠菜、婆婆纳、大巢菜、刺儿菜、牛繁缕等禾本科杂草和阔叶杂草。

在小麦播后苗前每亩用 20％噻磺·乙草胺可湿性粉剂 100～120g，或 50％噻磺·乙草胺可湿性粉剂 50～70g，兑水 30～40kg 进行地表喷雾。

该药在土壤墒情较好的情况下对小麦安全性好，除草效果好，对土壤墒情较差的地块应降低用量，以免产生药害。

132. 怎样对麦田进行化学除草？

麦田化学除草主要有土壤封闭处理和选择性茎叶处理两种方式。其中土壤封闭处理是指在播种后出苗前将药剂均匀施于土壤表面，控制杂草的出苗危害，目前在北方麦区很少使用。选择性茎叶处理是根据田间已出苗的杂草主要种类和数量，选择相应的一种或几种除草剂进行防除。

（1）麦田秋季杂草防除　麦田杂草包括 1 年生、越年生和多年生杂草，其中以越年生杂草为主，小麦出苗至越冬前杂草有一个出苗高峰，出苗杂草数量要占麦田杂草总量的 90％以上。冬前杂草处于幼苗期，植株小，根系少，组织幼嫩，对除草剂敏感，而且麦苗个体小，对杂草遮掩少，是防除的有利时机。另外，此时用药还可以减少残效期较长的除草剂对下茬作物产生药害。因此，麦田提倡秋季除草。

① 防除时期　小麦 3 叶期以前苗龄较小容易出现药害，杂草 5 叶期以后，抗药性明显增强，因此杂草防除应掌握在小麦 3 叶期以

后、杂草 2～4 叶期进行，具体时间应根据各地温度和草情而定。

② 防除对象　冬前出苗的阔叶杂草，如播娘蒿、荠菜、米瓦罐、猪殃殃、麦家公、藜等；禾本科杂草如雀麦、节节麦、看麦娘、野燕麦等。其中与小麦同科又同期出苗的禾本科杂草，幼苗生长时间、形态相近，很难区别。

③ 技术要点　根据杂草幼苗形态特征，确定施药麦田中杂草的优势种群及对小麦危害严重的主要种类，选择相应的除草剂单用或混用。

为了一次用药达到全季控制草害的目的，可适当推迟施药期，待冬前杂草大部分出苗后再防除，但白天气温不能低于 10℃，以保证药效的正常发挥。

以阔叶杂草为主的麦田，可用 2 甲 4 氯钠、苯磺隆、唑草酮、噻吩磺隆、溴苯腈、异丙隆等除草剂。以播娘蒿、荠菜、藜为主的麦田，每亩用 10％苯磺隆可湿性粉剂 10g，或 13％ 2 甲 4 氯钠水剂 300～400mL，兑水 30L 均匀喷雾。当前部分麦田麦家公、猪殃殃和米瓦罐危害比较严重，每亩可用 40％唑草酮水分散粒剂 2g 加 10％苯磺隆可湿性粉剂 8g，或 36％唑草·苯磺隆可湿性粉剂防除。

以禾本科杂草为主的麦田，根据具体种类可用氟唑磺隆、甲基二磺隆等防除。

以节节麦为主要杂草的麦田，每亩用 3％甲基二磺隆油悬剂 20～30mL 加 10％苯磺隆可湿性粉剂 10g 防除，严格控制用量，避免产生药害。以野燕麦为主要杂草的麦田，每亩用 70％氟唑磺隆水分散粒剂 3～4g 加 10％苯磺隆可湿性粉剂 10g，兑水 30L 喷雾。以雀麦为主要杂草的麦田，每亩用 3％甲基二磺隆油悬剂 20～30mL，或 70％氟唑磺隆水分散粒剂 3～4g 加防除阔叶杂草的 10％苯磺隆可湿性粉剂 10g 等除草剂，兑水 30L 喷雾。以看麦娘为主要杂草的麦田，每亩用 6.9％精噁唑禾草灵水乳剂 40～60mL 或 3％甲基二磺隆油悬剂或 70％氟唑磺隆水分散粒剂加防阔叶杂草的苯磺隆等除草剂防除。

（2）麦田春季杂草防除　小麦返青后，有少部分越冬生、1 年生和多年生杂草出苗，形成春季出苗高峰，在数量上仍以冬前出苗的杂草占绝对优势。对于冬前没能及时施药的麦田，或除草不彻底杂草危害仍然较重的麦田，应抓住这一时期防除。发生禾本科杂草的麦田，春季除草虽然不能杀灭，但除草剂仍然能够抑制杂草的分蘖和生长，降低杂草对小麦的危害。具体防除措施同秋季杂草防除技术。但应注意，春季麦田杂草防除应在小麦返青后拔节前进行，为了提高防除效果，应尽早施药；小麦拔节后不宜施药，否则容易产生药害。在除草剂选择上，尽量使用残效期较短的除草剂，避免对下茬敏感作物产生药害。

133. 麦田化学除草的注意事项有哪些？

（1）**正确选择药剂**　使用前应详细了解麦田主要杂草的类型、种类和数量，选择相应的除草剂，特别是禾本科杂草一定要选择针对性强的除草剂。每一种除草剂都有一定的杀草谱，有的杀草谱可能很窄，如野麦畏只能防除野燕麦，甲基二磺隆对禾本科杂草的防效很好，但对阔叶杂草的防效一般，2甲4氯钠防除播娘蒿、荠菜和野油菜效果好，但防除猪殃殃效果很差。因此，各地要根据当地最多的杂草种类选择对应的除草剂。

其次是根据当地的耕作制度选择除草剂。苯磺隆、2甲4氯钠和精噁唑禾草灵等可在各种耕作制度的麦田使用。

此外，还要不定期地交替轮换使用杀草机制和杀草谱不同的除草剂品种，以避免长期单一使用除草剂致使杂草产生耐药性，或优势杂草被控制了，耐药性杂草逐年增多，由次要杂草上升为主要杂草而造成损失。

（2）**正确混用**　为了提高药效、扩大杀草谱，往往需要除草剂混合使用。混用时必须注意各混用药剂的特性，避免造成不良化学或物理反应，降低效果或产生药害；使用前应进行试验，确定安全和效果后，再大面积使用，要随配随用，不可长时间存放。

（3）**避免药害**　考虑除草剂的残留期和对其他作物的安全性，避免对下茬作物和套种植物造成药害。

（4）**正确施用**　施药前要详细阅读产品使用说明和注意事项，严格按照说明操作，以保证药效和防止药害的产生。除草剂用量过大对麦类易产生药害；剂量过小，则达不到除草的效果。除草剂用量的大小，要根据用药时间、温度、墒情和土壤性状而确定。如冬前气温高、杂草小，可适当减少用药量。如苯磺隆每亩麦田用有效成分1g，年后应适当增加用药量，每亩麦田有效成分应增加到1.2g。

（5）**保证效果**　施药前全面检查器械，避免药械故障引起药害或降低除草效果。除草剂应选择在无风或风小时施用，喷雾器的喷头最好戴保护罩，避免药剂雾滴飘移，对周围敏感作物造成药害。喷洒要均匀，不能重喷或漏喷，更不能随意增加或减少使用量。小麦进入拔节期后不宜再使用除草剂，否则容易产生药害。

（6）注意施药时的温湿度　所有除草剂都是气温较高时施药才有利于药效的充分发挥，但在气温30℃以上时施药，有出现药害的可能性。苯磺隆对温度敏感，施药时平均气温6℃以上才能取得较好的防治效果，而在低温条件下，要等15～20天，甚至30天才能看出防治效果。10%苯磺隆可湿性粉剂（燕麦灵）在12℃低温以下喷施则易对小麦产生药害。苗前施药若土层湿度大，易形成严密的药土封杀层，且杂草种子发芽出土快，因此防效高。生长期土壤墒情好，杂草生长旺盛，利于杂草对除草剂的吸收和在体内运转而杀死杂草，药效快，防效好。

（7）注意土壤性质和酸碱度　有机质含量高的土壤颗粒细，对除草剂吸附量大，且土壤微生物数量大，活动旺盛，药效易被降低，除草效果差，可适当加大用药量。而沙质土壤对药剂的吸附量小，药剂分子活性强，容易发生药害，用药量可适当减少。多数除草剂在碱性土壤中保持稳定，不易降解，残效期更长，容易对后茬作物产生药害，若在碱性土壤中施药，用药量可适当降低，并尽量提早施药。

（8）提高施药技术　施用除草剂一定要施药均匀，严禁草多处多喷、草少处少喷，不重喷、漏喷。麦田套种有其他对除草剂敏感的作物时不能施药。如果遇阴雨天、田间过湿、低洼积水，或者麦苗受涝害、冻害、盐碱危害、病虫为害及植株营养不良时，不宜施药。除草剂要随配随用，不可久放，以免降低药效。使用过的喷雾器要冲洗干净，最好是专用，以免伤害其他作物。

134. 小麦田化学除草药害有哪些，如何预防与补救？

（1）苯磺隆＋苄嘧磺隆药害

① 产生原因　因麦田主要杂草种群播娘蒿、荠菜产生严重抗性，猪殃殃等恶性杂草迅速上升，加之经销商盲目推荐，该类药剂亩用量无限制增加，又加上不少农民见草施药，草多地方反复重喷，喷药不匀，再遇降雨或低温高湿情况，小麦就会发生药害。

② 药害症状　小麦叶片失绿不同程度变黄，植株生长受抑制，

麦苗高矮不齐。小麦根系受损，次生根数量减少或发黑霉烂，重者点片死亡，农民形容为"花秃"。

③ 预防与补救　控制用药量。有效成分亩用量苯磺隆不能超 2g，苄嘧磺隆不能超 1.5g，两种药剂复配应适当减少用量。当药害发生后，根据程度轻重，及时喷芸苔素内酯等植物生长调节剂和叶面肥 2～3 遍，并结合使用速效肥，干旱田块要浇水，湿度大的田块要划锄松土，增加土壤透风通气性，促小麦植株扎根恢复正常生长。

（2）苯磺隆＋氯氟吡氧乙酸药害

① 产生原因　基本同苯磺隆＋苄嘧磺隆。因氯氟吡氧乙酸内吸性好，活性高，田间表现出较好除草效果，田间用量持续增长，相应也加大了产生药害频率。

② 药害症状　小麦叶片失绿发黄，有些叶片纵卷或扭曲不展开，其他症状同苯磺隆＋苄嘧磺隆，但又偏重。

③ 预防与补救　控制用药量，苯磺隆亩用有效成分控制在 2g 以下，氯氟吡氧乙酸在 8g 以下，如两种药剂复配，一定不超过单剂用量的 2/3，其他同苯磺隆＋苄嘧磺隆。

（3）氟唑（酮）磺隆药害

① 产生原因　因氟唑磺隆对雀麦有极好防效并能很好防除野燕麦，近几年用药量上升较快，但缺少成熟用药技术。用药量大、复配药剂不合理是产生药害的主要原因，低温天气和药后遇雨能加重药害发生。

② 药害症状　受害麦叶严重失绿，叶片上半部干枯，严重时麦株死亡。

③ 预防与补救　严格控制用药量，70％制剂亩用量不能超 4.5g，白天高温在 8℃以下或出现霜冻时暂停用药，不能与 2,4-滴丁酯等苯氧羟酸类药剂混用。如冬前产生药害，应适时浇返青水、追起身肥，促麦苗早日恢复正常生长，并结合喷施叶面肥、芸苔素内酯等植物生长调节剂，连用 2～3 遍。当麦苗被严重抑制生长时，可适量加赤霉酸。

（4）乙羧氟草醚药害

① 产生原因　该药剂显效快，价格便宜，某些麦区仍在应用。该药较难控制用量，用量少时，杂草有受害症状却很易复活，用量大时，小麦易产生药害，尤以在氮肥用量过大旺长的麦苗田及弱麦苗田

为盛。

② 药害症状　轻时小麦叶片出现很多失绿斑点；中度发生时叶片失绿，水渍状，出现枯死叶；重者点片死亡。

③ 预防与补救　麦田慎用或不用，单剂亩用有效成分不能超过3g，可与其他药剂复配，减少其用量。补救措施是加强肥水管理、喷施速效肥、叶面肥，如大片出现死苗，应考虑及早翻种。

（5）苯氧羧酸类药害

① 产生原因　该类药剂因杀草谱广，死草速度快，价格相对便宜，在麦田得以广泛应用，同时也频频产生药害，其中2,4-滴丁酯在麦田应用时间最早，至今还有一定用量，该药也是对小麦产生药害最重的药剂之一，并且有飘移和药械残留药害。2,4-滴异辛酯因分子结构链长，飘移药害明显轻。用药量大，用药时期不对，喷药不均匀，异常变化气候和低温均能形成和加重该类药害。

② 药害症状　该类药害症状大同小异，麦苗不同程度矮化，营养生长滞后，麦叶葱管状（彩图82），茎秆扭曲、畸形，穗小粒少（彩图83）。

③ 预防与补救　严格控制用量是防止该类药剂的最有效措施。单种制剂亩用量，86％2,4-滴异辛酯乳油、56％2甲4氯钠可溶粉剂均不能超50mL（g），如复配应适量减少。秋后小麦3叶前，春季拔节后不能用该药，温度5℃以下不使用，不可与多效唑混用。根据药害情况，喷施芸苔素内酯、赤霉酸、萘乙酸，综合调节恢复小麦正常生理功能，促使细胞加快分裂，促进扎根生长。

（6）唑草酮药害

① 产生原因　该类药剂近几年上升较快，随之药害也加重发生，主要原因有用药量大、复配药剂不合理、制剂剂型不适宜、兑药方法欠科学、喷药不均匀、弥雾机喷药和喷药时又加增效剂等。

② 药害症状　受害麦苗的主要症状是叶片发黄，并出现白色灼伤斑（彩图84、彩图85）。多数受害麦苗会在药害症状出现1周左右迅速抽生新叶并逐渐恢复生长，对最终产量影响较小，但部分受害严重田块中的弱小苗会出现死苗现象，不同程度影响最终产量。

③ 预防与补救　控制用药量，40％制剂亩用量在5g以下，复配时要适量减少。制剂最好不要加工成乳油或油悬浮剂，不能与精噁唑禾草灵乳油、多效唑混用。要二次稀释兑药，使药剂充分溶解混匀。

田间喷药要均匀,不能用弥雾机喷药,喷药时不可再加有机硅等增效剂。出现药害后及早喷施速效肥、叶面肥,切实加强肥水和栽培措施管理,大片死亡后应考虑及早翻种。

(7)甲基二磺隆药害

① 产生原因 该药剂对麦田多种禾本科草都有效,并对节节麦、早熟禾、多花黑麦草等恶性草最有效。造成小麦甲基二磺隆药害最常见的原因是施药前后环境条件不良。在霜冻、渍涝、病虫害等可能造成小麦生活力下降、生长受抑制的不利环境条件下施药,均容易加重甲基二磺隆药害,导致小麦显著减产。在小麦拔节后施药或超量施用,也容易造成药害。田间用药量大、喷药不匀、用药时期不对、小麦为敏感品种、低温用药、各种弱苗田用药均易产生和加重药害。

② 药害症状 小麦叶片或植株失绿黄化(彩图 86),生长发育严重受抑制,田间麦苗高矮不齐,地下烂根或不扎根,严重者点片或大片死亡。

③ 预防与补救 严格控制用药量,3%制剂亩用量不超过 35mL。用药最佳时期是冬前小麦 3 叶期以后,春季尽量不用药,当麦株超 30cm 高,小麦已进入穗分化期,对药剂很敏感,不能用;温度低于 3℃时停用;高湿水渍田、病苗田、盐碱地、漏根麦苗田不可以用;稻茬麦积水田要整平土地,加强田间排水。用药后应加强田间观察,如发现药害应及早喷施复硝酚钠、芸苔素内酯、0.136%赤·吲乙·芸苔可湿性粉剂(碧护)等植物调节剂或健康剂,连喷 2~3 遍。过湿麦田应进行田间划锄,增强土壤透气性,利于促进小麦正常健壮生长;大片死亡麦田应尽早翻种。但冬前正常施药时,小麦苗出现轻度黄化,若春季返青正常生长,不需任何补救措施。

(8)辛酰溴苯腈药害

① 产生原因 该药属触杀型药剂,活性高,易引发小麦烧叶。

② 药害症状 典型症状为小麦叶片失绿产生枯死斑。

③ 预防与补救 控制田间用药量,22.5%制剂亩用量在 160mL 以下。二次兑药,喷施均匀能有效减少药害发生;使用时不要再加增效剂;加强田间肥水和栽培措施管理。

(9)炔草酯药害

① 产生原因 该药虽对小麦比较安全,但超量使用和复配不合理仍会产生药害。

② 药害症状　造成小麦叶片尤其心叶发黄，麦苗矮化生长慢。

③ 预防与补救　不能超量应用，15％制剂亩用量控制在40g以下；不能与苯氧羧酸类药剂混用；当发生药害后，及早喷施芸苔素内酯等植物生长调节剂，并加强田间肥水管理。

（10）磺酰磺隆药害

① 产生原因　该药活性高，用量少，尤对禾本科杂草表现出很好防效。但如果控制不好用量，很易对下茬玉米造成药害。

② 药害症状　玉米植株生长发育受严重抑制，叶片变黄并表现为矮化瘦小。

③ 预防与补救　有效成分亩用量不能超2g，在小麦、玉米连作区，尚未有成熟应用技术，最好暂缓推广。

（11）其他药害

① 磺酰脲类对下茬阔叶作物产生药害　最典型的是苯磺隆对下茬花生产生药害。在小麦、花生连作区，当连年种植小麦，亩用苯磺隆有效成分超2g，且用药时期晚和套种花生田，很易产生药害。表现为叶片黄化，植株生长受严重抑制，尤以沙土地更为明显。

预防措施为减少苯磺隆用量，注意后茬敏感作物间隔期，并与花生等敏感阔叶作物错茬种植。

② 异丙隆药害　异丙隆具用药期宽，禾本、阔叶杂草都除且成本偏低等优点。但过量使用会使叶片发黄，并使麦苗抗寒能力迅速降低。麦田施药后如果短期内遇低温霜冻天气，麦苗易受冻，出现"冻药害"现象，受害麦苗叶片枯黄、失水萎蔫，生长受抑制，严重的整株死亡。如果小麦播种过迟，麦苗生长量小，植株抗寒抗冻能力差，施用异丙隆后遇低温会加重"冻药害"发生。

预防措施为掌握好田间用药量，借助收听天气预报，避开低温用药。

③ 田间用错药情况　如用烟嘧磺隆类玉米田除草剂或用50％精喹禾灵乳油（精禾草克）阔叶田除草剂防除麦田杂草，导致30cm以上高的小麦全部黄化干枯，损失惨重，只能翻种。

135. 为什么晚播麦更要重视封闭除草，如何除草？

土壤封闭处理是麦田化学除草的第一关，也是最重要的一环，可以显著压低冬季麦田杂草基数，大大降低用药成本。

对晚播麦来说，播后苗前的土壤封闭化除更加重要。如果等到出苗后再用药，遇到气温大幅度降低的概率很大，适宜茎叶除草的温度区间较窄，很容易错过最佳用药时期，如使用异丙隆等药物，发生"冻药害"的概率更大。

小麦田土壤封闭处理，部分地区习惯在播种后立即用药。多年实践表明，适当推迟用药时间，在小麦立针前用药，封闭除草效果更佳。这是因为小麦播种后短期内土壤团粒结构不稳定，容易破碎，使用土壤封闭处理剂后不能形成严密的药土层，会影响封闭效果。

一般建议在小麦播种后刚刚发芽尚未出土时用药。一方面此时土壤已经沉实，有利于形成稳定的药土层；另一方面禾本科杂草已冒出芽和根，有利于吸收土壤中药物，提高除草效果，起到连封带杀作用；同时能兼除一部分冬前出苗的阔叶杂草。建议及时检查小麦发芽进程，以便更加合理地确定用药时间。要注意选用对小麦幼芽生长安全的药物，避免使用含有乙草胺类的药剂，防止积水时烧芽。

在选好药剂的基础上，用足水量有利于药物在土壤中形成更严密的药土层，进而提高封闭除草效果，不能随意减少用水量。一般要求每亩用水量在 50kg 左右。

🌱 136. 冬小麦晚播早春化学除草应把握哪些要点？

小麦播种时间推迟，出苗时遇到干旱天气，会导致小苗、黄苗、弱苗，二、三类苗比例增大。对于小麦年后化学防除需要把握四个准则：一抢，二准，三稳，四狠。

（1）抢时间、抢温度　立春后白天渐长，温度逐渐回升，小麦和杂草快速生长，要抢早、抢快用药。一定要在天气晴好的上午 9 时后、下午 3 时之前进行小麦化学防除，要避开阴雨天气。立春后极容易出现倒春寒，要避免冻药害出现。要抓紧时间，在冷尾暖头、气温回升的时候用药。早春气温变化不定，施药时要注意观察当地实时天气预报。

（2）看准、选准
① 看准草相及草龄　打除草剂之前一定要看清楚草相，比如区分禾本科杂草和非禾本科杂草；看清杂草密度大小和草龄问题（年后杂草草龄偏大）。

② 准确选择药剂　一定要选择正规登记厂家的产品，不要使用含有隐性成分的药剂。目前市场的药剂很多，主要有几类：一是防除禾本科杂草，以精噁唑禾草灵、炔草酯为代表，对主要以野燕麦为主的田块可以使用。以甲基二磺隆为代表的单剂或者复配制剂，对以早熟禾、硬草、看麦娘为主的田块可以使用。以啶磺草胺为代表的制剂，对以日本看麦娘、野燕麦、婆婆纳、野老鹳草为主的田块可以使用。

二是防除阔叶杂草，2甲4氯钠单剂及复配制剂在有婆婆纳、牛繁缕、播娘蒿、刺儿菜的田块使用，小麦必须4叶1心以后至拔节之前使用。氯氟吡氧乙酸单剂及复配制剂用于猪殃殃发生严重的田块。双氟磺草胺单剂及复配制剂用于猪殃殃、荠菜发生严重的地块。

（3）注意稳定性　年后除草时气温差异大，对除草剂稳定性考验较大。一旦受到天气等其他因素影响，药剂的稳定性不能保证，极易出现药害。

（4）狠，即用足药量　用足药量，兑足水量，均匀喷雾，二次稀释配制母液。年后小麦化学防除时间比较短，同时杂草草龄比较大，要尽量做到防除效果最大化，建议针对不同种类的杂草、不同草龄的杂草合理增加药量（不盲目扩大增加）、合理复配进行化学防除。这时候进行化学防除由于小麦进入快速生长期，施药时一定保证1亩最少22.5kg水，二次稀释配制母液，均匀喷雾避免出现因麦苗遮挡漏喷的情况。注意：小麦进入拔节期禁止打除草剂。

137. 如何解决麦田主要杂草的耐药性问题？

杂草对除草剂的敏感性直接决定了田间除草效果，唯有选择其敏感性较强的除草剂才能达到理想的除草效果。随着我国麦田除草剂长期大量被使用，麦田杂草对除草剂的敏感性也在发生着微妙的变化，不同地区的杂草耐药性也在变化。

杂草耐药性是杂草长期反复接触同种除草剂所产生的耐药能力。耐药能力差，则说明杂草对此除草剂敏感；耐药能力强，即产生抗性，则说明杂草对此除草剂不敏感。同时，杂草耐药能力具有遗传性，一旦没有杀死的杂草存活下来，它就会把对除草剂的耐受能力遗传给后代。因此，连续若干年后，大面积杂草的耐药性逐渐提高，而且一代比一代强。当抗性杂草出现时，除草剂的防效就会明显变差或者无效。

（1）**麦田主要阔叶杂草耐药性分析**　麦田主要阔叶杂草有播娘蒿、荠菜、猪殃殃、泽漆、牛繁缕、麦瓶草、佛座、刺儿菜、麦家公、波斯婆婆纳等。

首先，播娘蒿和荠菜对苯磺隆、苄嘧磺隆及其组合的耐药性均比较强，甚至完全没有反应。对氯氟吡氧乙酸异辛酯、双氟磺草胺等除草剂的耐药性较强，防效逐年下降。但播娘蒿和荠菜对2甲4氯钠和唑草酮的耐药性较差，因此，可选用与2甲4氯钠或唑草酮复配的药剂进行防治。

其次，猪殃殃的耐药性在逐年增强。大部分地区的猪殃殃对苯磺隆、苄嘧磺隆及其复配剂的耐药性逐年提高，防治效果逐年下降。猪殃殃对2甲4氯钠的耐药性较强，对氯氟吡氧乙酸异辛酯、双氟磺草胺、唑草酮的耐药性较差。因此，在耐药性较差的地区，可选用苯•苄复配制剂，若耐药性较强地区，建议选用含有氯氟吡氧乙酸异辛酯或双氟磺草胺成分的除草剂进行防治。

最后，区域性分布较强的杂草耐药性不一。泽漆对苯•苄耐药性强，对氯氟吡氧乙酸异辛酯耐药性差。牛繁缕、佛座、麦瓶草和波斯婆婆纳对氯氟吡氧乙酸异辛酯和唑草酮耐药性差，其中佛座对2甲4氯钠的耐药性也较低。刺儿菜对苯达松耐性差，麦家公对乙羧氟草醚和唑草酮耐药性差，繁缕对双氟磺草胺和氯氟吡氧乙酸异辛酯的耐性差。（注：某种杂草对某种药剂抗药性"差"意味着该药剂对该杂草防除效果"好"，"强"则反之。）

（2）**麦田主要禾本科杂草耐药性分析**　麦田主要禾本科杂草有野燕麦、看麦娘、日本看麦娘、硬草、菵草、雀麦等。

首先，野燕麦、硬草和菵草对精噁唑禾草灵的耐药性逐年增强，部分地区已无显著防效；对炔草酯耐药性差，对炔草酯和精噁唑禾草灵复配制剂耐药性差。

其次，看麦娘和日本看麦娘对精噁唑禾草灵已有抗性，对炔草酯耐药性一般，对甲基二磺隆、啶磺草胺的耐药性差。

最后，雀麦对氟唑磺隆耐药性差，对炔草酯和精噁唑禾草灵的耐药性较强，基本无反应。

因此，了解麦田主要杂草的耐药性，能够为选择麦田除草剂指明方向。对每年除草剂防效下降的现象，必须高度关注，及时更换配方，选择合适的药剂防治，才能达到理想的防效。

138. 麦田难治恶性杂草有哪些?

（1）界定麦田难治恶性杂草的条件（包括以下情况之一）

① 分布广，危害重，因用药不当等原因已对常用除草剂产生严重抗性；

② 杂草自身一开始就对除草剂敏感性差，耐药性强，难选择有效药剂；

③ 迁入麦田后蔓延速度快，难防除，严重影响小麦安全生产；

④ 虽只在部分麦田区域发生，但危害小麦产量和品质较重，给生产上造成较大麻烦。

（2）恶性杂草的种类及其防除难点　麦田难治恶性杂草发生情况受远距离调种、大型农机跨区作业、引水灌溉、用药不当、栽培措施等多因素影响。种类数量、构成群落、优势种群都在不断演替变化，但总体呈上升蔓延趋势，为做好整个麦田化除设置了很大障碍。目前生产上难治的杂草与防除难点参见表4。

表 4　麦田难治恶性杂草与防除难点

杂草名称	防除难点
节节麦(山羊草)	幼苗难辨认,适应性很强,传播蔓延非常快,在我国主要麦区均有发生。田间密度大,有效药剂很少,并常因用药不当造成小麦药害,是当前麦田主要难治单子叶杂草之一
雀麦	根系特别发达,分蘖力强,单位面积内密度大,有效药剂种类少,如错过幼苗最佳防除时期,就很难防除
菵草	喜黏土偏酸性潮湿麦田,幼苗难辨认,常错过最佳用药时期,且用药期常与不良气候条件发生在一起。有效药剂很少,是长江中、下游稻茬麦重要难治恶性杂草之一
硬草	苗期与小麦相似,不易区分,适应范围广,耐药性强。不仅在稻茬麦田发生严重,在旱作玉米茬麦田也有发生,分布范围不断扩大
早熟禾	种子数量大,小而轻,易传播,休眠期超长,可达十年,耐低温,适应性强。春季返青早,生长快,耐药性强,很少有药剂能有效防除
日本看麦娘	根系发达,多根毛,耐旱、湿抗逆性强,分蘖多。种子易脱落,土壤中基数大,喜冷凉环境,显著难防于一般看麦娘
碱茅	耐盐碱、耐瘠薄,适应性特强,田间密度大,有效药剂很少
棒头草(稍草)	既喜生潮湿地,又适应旱地,种子繁殖量大,单一种群或混生,耐药性强,喜冷凉环境,以长江流域麦区为主,能致严重危害

杂草名称	防除难点
毒麦(小尾巴麦)	混生在小麦田中的有毒杂草,含有麻痹人中枢神经的毒麦碱,外型包括成株期和小麦非常类似,但略矮。适应旱地生长,很易随调种传播
芦苇	地下根特别发达,繁殖力强,旋耕机耙地有利于其蔓延,成株期茎高出小麦,易点片严重发生,致小麦不能机械联合收割,并影响下茬种植。只能在小麦成熟后期喷施灭生性除草剂,无其他有效药剂
播娘蒿(麦蒿、黄花菜)	分布范围广、发生量大,为麦田第一优种杂草。对以苯磺隆为代表的磺酰脲类药剂已产生抗性,但抗性程度在不同区域差异很大,难统一用药。对 ALS 抑制剂也易产生抗性,药后易反弹复活
荠菜(白花菜)	麦田第二优势种杂草,对除草剂抗性基本同播娘蒿。因进入生殖生长期较早,在某些地区,表现出难防治程度重于播娘蒿
猪殃殃	生命力顽强,根系发达,冬前植株瘦小,翌春温度回升生长迅速。肥沃地植株节间长,株型较大,彻底防除有效药剂少,危害蔓延逐渐扩大
泽漆(五朵花)	种子重量轻,易随水随风传播,抗逆性强,适应范围广,植株茂盛,彻底有效防除药剂少
野老鹳草	多种传播途径,极喜湿性,稻茬麦发生蔓延很快,有效药剂很少
繁缕	喜潮湿肥沃麦田,点片密度大,高达 1800 株/m^2。常与猪殃殃、看麦娘等混生,植株在冬前就已较大,危害时间长。错过适时防治时期后,有效药剂少
田旋花	多年生,根茎、种子都能繁殖,尤以根茎繁殖力很强,旋耕耙地作业利于加快蔓延传播。晚秋、春季都能发芽出土,晚春、初夏常缠绕小麦,化防多只杀地上部分,难除根
阿拉伯婆婆纳	除果实成熟开裂后,种子自然散落于土壤中大量繁殖外,茎下部伏生地面易生出不定根给防除带来很大困难,化除难度明显大于婆婆纳。尤其在长江中下游沿岸地区,有些地块已为优势种群,危害较重

🌼 139. 如何选准用对药剂防除麦田恶性杂草?

不同杂草种类对各种药剂的敏感程度,包括每种药剂性能特点与有效重点防除靶标都存在较大差异。只有针对具体杂草种类,选准药剂才能防效好，安全又事半功倍；反之，只能事与愿违。已登记用于麦田的除草药剂超 800 个品种，在这样一个庞大类群中，如何因草选药？需要抓住应用量大或中、高端药剂品种的性能特点和重点有效防除靶标，针对不同难治恶性杂草敏感程度的差异，选择适宜药剂就能破解难题，迎刃而解，简明汇总见表 5。

表 5 常用防除麦田难治恶性杂草药剂品种简介

药剂种类	药剂名称	突出性能特点与敏感有效杂草	注意事项
单子叶类除草剂	甲基二磺隆	杀草谱广,对麦田难治恶性单子叶杂草节节麦、早熟禾、多花黑麦草、茵草、硬草、日本看麦娘等都有很好防效。是目前防除节节麦、早熟禾最有效药剂之一	用药技术严格,安全性差
	炔草酯(酸)	药剂活性高,对日本看麦娘、硬草、棒头草都有很好防效。安全性高、可混性好,较适应低温	对节节麦、早熟禾、雀麦防效差。不能与苯氧羧酸类药剂混用
	氟唑(酮)磺隆	对雀麦、早熟禾、多花黑麦草都有很好防效,尤对雀麦特效。与炔草酯混用能提高对日本看麦娘的防效。杀阔叶草可与 2 甲 4 氯钠混用	对节节麦防效差,对茵草、硬草效果一般
	啶磺草胺	对日本看麦娘、雀麦、多花黑麦草、硬草防效好,并能兼除部分阔叶草。对后茬无残留药害	对早熟禾、茵草防效差。药后 2 天内有强降温麦苗易出现药害
	唑啉草酯	加入炔草酯后是目前用于麦田防除禾本科杂草最安全的除草剂,大麦田也能用。用药时间长,杀草谱较广,对茵草、硬草防除很好,对大麦田狗尾草、稗草防效也很好。ACC 抑制剂,产生抗性慢	与炔草酯混配,优势互补,能提高药效
	异丙隆	对茵草、硬草、早熟禾、日本看麦娘、碱茅防除效果很好,土壤处理和茎叶处理都能用,可混性好	对节节麦防效差,对雀麦无效。用药前后遇低温易产生"冷药害"

药剂种类	药剂名称	突出性能特点与敏感有效杂草	注意事项
双子叶类除草剂	氯氟吡氧乙酸（异辛酯）	对播娘蒿、猪殃殃、田旋花、泽漆等表现出很好防效，对小麦安全性高，只要不严格超量，一般情况下安全，可混性好	对荠菜、繁缕防效差。温度 5℃ 以下影响显效时间，但最终不影响防效
	双氟磺草胺（复配剂有分别加入氯氟吡氧乙酸、唑草酮、唑嘧磺草胺等）	活性高、用量少、杀草谱广、安全性高，尤以耐低温性能好，是目前其他药剂不能相比的。加入不同药剂复配后，分别表现出不同特点	单剂死草速度慢，多与其他药剂混配
	唑草酮（复配剂可分别加入苯磺隆、2 甲 4 氯钠、氯氟吡氧乙酸等）	显效快，耐雨水冲刷，5℃ 以上就发挥药效。对磺酰脲类药剂产生抗性的杂草防效好，并且杀草谱广	单剂对繁缕、牛繁缕防效差。不易与乳油类产品，多效唑混用，要按推荐用量使用
	苯氧羧酸类（2，4-滴异辛酯，2 甲 4 氯钠）	传统药剂，显效快，杀草谱广，麦田常见阔叶草一般都有效。对后茬无影响，亩用成本低	对猪殃殃防效差。安全性差，严格用药量、用药期，并注意防止药液飘移和药械残留药害。现多以减量与其他药剂复配
	麦草畏	内吸传导激素类，有效成分主要通过茎叶吸收，集中在分生组织及代谢活动旺盛部位，药后 24 小时敏感杂草有明显症状，对猪殃殃、播娘蒿、繁缕、牛繁缕、田旋花等都有很好防效	在小麦 4 叶至拔节前用药，大风天不宜使用。有时药后小麦出现歪倒倾斜现象，但很快恢复，多以减量后复配应用
单双子叶类复配药剂	吡氟酰草胺＋氟噻草胺＋呋草酮	土壤处理剂，对麦田常见单子叶、双子叶难治恶性杂草猪殃殃、播娘蒿、荠菜、日本看麦娘、蔺草、硬草等都有很好防效	对露籽麦田要慎用
	甲基二磺隆＋甲基碘磺隆钠盐	是目前已登记防除麦田难治恶性草种类最多的除草剂，单子叶杂草防除品种可参考甲基二磺隆，双子叶杂草防除品种有播娘蒿、荠菜、猪殃殃、繁缕等	甲基碘磺隆钠盐对小麦安全，与环境相容性好，但甲基二磺隆安全性差，用药技术严格，应参照后者用药技术。也可把甲基碘磺隆钠盐与其他药剂复配

除上述产品外，还有一些值得关注的药剂，多是单子叶和双子叶都防除的二元或三元复配剂。如双氟磺草胺＋唑嘧磺草胺再分别加异丙隆、炔草酸、甲基二磺隆、精噁唑禾草灵，双氟磺草胺＋唑啉草酯，氯氟吡氧乙酸＋炔草酯，啶磺草胺＋麦草畏。以上都是已获得登记或授权专利产品。

140. 如何防除节节麦（野麦子）？

节节麦，又称雀麦、野麦子，属于禾本科恶性杂草，发生"野麦子"的麦田，一般会造成 10％～30％ 的减产，严重地块减产高达 50％。

（1）选择安全有效的除草剂 如可选用 3％ 甲基二磺隆油悬剂或 69g/L 精噁唑禾草灵水乳剂等除草剂。每亩用 3％ 甲基二磺隆油悬剂 25～30mL，兑水 40kg 喷雾。草龄较大时可以适量加大用药量，3％ 甲基二磺隆乳油每亩不宜超过 35mL。用药方法，在喷雾器中，先加入 1/3 的水量，再加入药剂，混匀后加足水量，最后加入助剂，搅拌均匀后全田喷雾，不要重喷和漏喷；69g/L 精噁唑禾草灵水乳剂属于低毒类选择性内吸类传导型苗后除草剂，有效成分被茎叶吸收后传导到叶基、节间分生组织、根生长点，损坏杂草生长点，作用迅速。以上除草剂只要严格按照要求使用，对防治野麦子效果比较理想。

（2）抓住关键防治时机 防治野麦子的最佳时机在冬季。最佳用药时间在每年的 11 月 10 日至 11 月底以前。喷药以温度高于 10℃ 的晴天为好，用药后 2 天内不得浇水，否则会影响除草效果或对小麦产生药害。另外，通过观察野麦子生长大小进行适时喷药防治。一般野麦子 4 叶期后至小麦浇封冻水之前采取药剂防除是最佳时机，如果小麦已进入拔节期，最好停止用药，应采取人工拔除，此时喷除草剂效果不好，而且用药量也很大，对小麦生长不利。

（3）使用甲基二磺隆防除节节麦在生产上常见问题 甲基二磺隆对施药技术要求较高，应严格按推荐的施用剂量、时期和方法均匀喷施，不可超量、超范围使用，不重喷、漏喷。在遇渍涝、干旱、病害、碱性土壤等可能造成麦苗生活力下降、生长受抑制的不利环境下不能使用，药后不能出现大幅降温天气，否则小麦会出现矮化、褪绿等现象。

① 甲基二磺隆的除草机理 一般除草剂对小麦无效，只是杀死

杂草。而甲基二磺隆要防除的对象主要是和小麦"亲缘"关系很近的杂草，作用机理与其他除草剂截然不同。甲基二磺隆喷施到杂草和小麦上后，小麦和杂草都会"中毒"，只是小麦会在同时喷施的"安全剂"的作用下，经过一系列复杂的转化，最终解了毒。因此，对使用技术就要求非常严格。

②甲基二磺隆原则上不建议和任何其他除草剂、农药、叶面肥等混用，若要防除麦田阔叶杂草，可分开进行喷雾。

③重喷、漏喷、加大剂量使用等都会使小麦不能正常解毒，造成生长受阻，严重的会出现不拔节甚至死亡等药害现象。所以重喷、漏喷的做法都是不允许的。

④用了甲基二磺隆后，个别田块出现小麦叶子发黄，过几天又变绿的现象，怀疑是药害。出现这种情况时，一定要区别对待：

一种是仅仅小麦叶片颜色有点变黄，没有其他症状，这是有些小麦品种（如硬粒、春性极强品种等）在喷药后遇低气温，甲基二磺隆在小麦体内解毒的过程较慢造成的，一般在2～3周内即可恢复，对冬小麦而言，还能起到蹲苗增产的作用，不用太担心。

另一种情况是喷后小麦叶片发黄卷曲，甚至叶片上半部干枯，这是由于在施药过程中使用技术不当造成了药害（尤其是重喷或加入的其他药剂过量等原因），就要及时采取必要的补救措施。

⑤甲基二磺隆使用的最佳温度是10～20℃，选择晴朗无风的天气最好。施药前后2天内有大雨、霜冻和浇灌时，不能使用。所以用药前一定要看天气预报。

141. 如何防除日本看麦娘和看麦娘？

看麦娘和日本看麦娘是两种难以防除的杂草，两种杂草常常会混合发生。

（1）土壤封闭处理　小麦播种后2～3天内用绿麦·异丙隆或50%苄·丁·异丙隆可湿性粉剂进行土壤封闭处理，可以封闭大多数麦田单子叶和双子叶杂草，从而大大降低杂草发生基数。稻套免耕麦田通常可以在套播小麦前1～2天，将除草剂与肥、土混匀后撒施，进行土壤封闭处理。绿麦隆、异丙隆、苄嘧磺隆等药均可以使用，乙草胺不宜使用。每亩用50%异丙隆可湿性粉剂150～180g、25%绿麦隆可湿性粉剂250～300g、50%苄嘧·异丙隆可湿性粉剂150～180g，均匀撒施。施药前后注意保持土壤湿润，以促进除草剂在地表扩散，形成严密的封闭药层。

（2）**茎叶处理**　目前生产上主要用异丙隆、甲基二磺隆、唑啉草酯、啶磺草胺及其混配剂防除看麦娘和日本看麦娘。

每亩用 69g/L 精恶唑禾草灵水乳剂 80～100mL，或 15% 炔草酯可湿性粉剂 20～40g，或 50g/L 唑啉·炔草酯乳油 60～100mL，或 50% 异丙隆可湿性粉剂 150g，加水 40kg 喷雾。

啶磺草胺对小麦常见的看麦娘、日本看麦娘、雀麦、野燕麦等禾本科杂草有良好防效。7.5% 啶磺草胺水分散粒剂在冬前和春季施药，每亩用量为 12.5g，春季草龄大时可适当增加用药量。施药后杂草很快停止生长，一般 2～4 周后死亡，掌握在麦苗 3～6 叶期，看麦娘、日本看麦娘等禾本科杂草出齐后，越早用药越好。小麦拔节后不能使用，施药后 2 天内不能有大的寒流天气，最低气温低于 0℃时停止用药，以免对小麦造成药害。

唑啉草酯对日本看麦娘、看麦娘、野燕麦等麦田杂草防效较好，且对小麦安全性高，施药适期宽，从麦苗 2 叶 1 心期至孕穗期均可施用，应抓住禾本科杂草 3～5 叶期施用。冬前除草一般每亩用 5% 唑啉草酯乳油 80mL，春季除草每亩用 80～100mL，加水 40kg 喷雾。施药后要尽量避免出现大幅度降温寒潮天气。

甲基二磺隆对日本看麦娘、看麦娘等所有常见的禾本科杂草都有效。掌握小麦 3～6 叶期，禾本科杂草基本出齐，处于 3～5 叶期时及早施药。一般每亩用 30g/L 甲基二磺隆可分散油悬浮剂 20mL，田间草相以蔺草等抗耐性较强的杂草为主时，用药量可适当增大至每亩 25～30mL。喷雾法施药，每亩用水量 30kg 以上。甲基二磺隆对施药技术要求较高，生产上需要严格按照用药说明施药。

30g/L 甲基二磺隆可分散油悬浮剂，对小麦田大多数常见禾本科杂草有良好防效，能用于防除日本看麦娘，掌握在小麦 3～6 叶期，禾本科杂草基本出齐，处于 2～5 叶期时及早施药，一般每亩用制剂 20～25mL，用药量增大后对麦苗的药害风险会加大。

70% 氟唑磺隆水分散粒剂，是近几年才投放市场的一种新型麦田除草剂。防除对象为狗尾草、稗草、早熟禾、野燕麦、看麦娘、日本看麦娘、雀麦、毒麦等恶性禾本科杂草，但对节节麦效果不理想。亩用 3～4g，在杂草 2～4 叶期兑水 30kg 均匀喷雾。

142. 为什么小麦拔节后不能喷除草剂？

在不同时期施药，小麦和杂草对除草剂的敏感程度不同，各种除草剂性能不同，对小麦的安全性能也有所不同，所以正确掌握施用时期很重要，尤其是在小麦拔节后至幼穗分化期施药，更应注意除草剂对小麦的安全性。

小麦拔节至孕穗期，正是小麦营养生长和生殖生长的并进时期，对除草剂敏感，极易产生药害，会抑制小麦生长，造成分蘖死亡，麦穗畸形，生长缓慢，所以应在拔节前施药。如小麦拔节孕穗期使用精噁唑禾草灵、2甲4氯钠、麦草畏等多种除草剂后极易造成麦叶卷曲、麦苗发黄、生长受抑、穗分化破坏，不能正常抽穗或麦穗畸形。

春季麦田施用含苯磺隆成分的除草剂，会对后茬的大豆等作物产生药害，在使用时，应与下茬作物的播种期间隔不少于60天，以保证后茬作物的安全。另外小麦拔节期后杂草草龄较大，除草效果也较差。

143. 为什么小麦苗弱、苗黄、烂根时不宜喷施除草剂？

小麦除草剂的最佳使用时间，一个是在年前幼苗期，一个是在年后返青期。但是，当小麦出现苗弱、苗黄、烂根现象时，千万别打除草剂。

小麦发黄，表明其生长不健康，既有本身生理因素影响，也有外界不良环境条件或病虫害影响等，导致小麦不能正常生长，表现叶片发黄，长势弱，根系生产不好，抗逆性差。生产上一般小麦苗弱发黄有以下几方面引起：

一是底肥不足引起发黄。一般播种过早、基肥不足或基肥中含氮量低，会引起小麦发黄，长势不好。另外磷肥不足也会影响根系生长及分蘖，导致叶尖发黄，叶色暗绿。

二是耕层浅。上一茬的作物秸秆还田后，虽然能提高土壤的肥力，但是如果还田量过大或者没有仔细翻整，就有可能造成耕层变浅。在这种环境下，小麦的根系扎不深，养分提供也跟不上，容易发黄。因此，播种后一定要镇压，避免土壤中空。

三是播种过深引起。小麦播种过深，根系生长不好，加之发芽出苗消耗过多养分，会导致生长弱，植株发黄。

四是秸秆还田影响。秸秆还田数量较多，分布不匀，或翻耕过浅，或镇压不实，保温保墒性能差，容易造成小麦根系悬空，或小麦很难扎根于土壤中，养分水分供给不足，进而引起发黄。另外没有适量增施氮肥，秸秆腐熟吸收过多氮肥等也会引起叶片发黄。

五是上季作物田间残留药剂影响。尤其玉米使用烟嘧磺隆或莠去津等药剂的田块，若用量偏大或常年积累较多时，会引起小麦发黄，长势不好。

六是病虫害影响。麦蚜、麦蜘蛛为害吸食叶片汁液会引起发黄，小麦根腐病、纹枯病、叶枯病或全蚀病等为害也会引起发黄。金针虫或蛴螬等地下害虫为害根系也会引起发黄。进而影响正常水肥疏导，长势变弱，引起发黄。

七是阴雨天气多田间湿度大，以及低温光照不足影响等也会影响根系生长，进而造成叶片发黄。

而小麦苗后除草剂，一般都是根据小麦本身对除草剂的分解能力或抗药性能力，进而保证喷施除草药剂除草时能使小麦正常生产不受到影响，达到使杂草植株死亡的目的。若小麦生长不正常时，其本身对药剂的分解或抗药性或耐药性就会下降，尤其长势弱，或遭到病虫害影响，或根系不好，或温度不适等影响时，会进一步减少对药剂的分解能力，抗药性或耐药性下降更多。这个时候若喷施除草剂，很容易引起药害，进而加重叶片发黄，严重时引起植株枯死或不长，比小麦正常使用除草剂药害风险成倍增加，尤其是使用小麦对除草剂敏感度不高的药剂。若是除草剂残留引起发黄，喷施除草剂后，更会加速引起发黄乃至枯死，对后期产量也势必造成严重影响。

所以，为确保小麦产量，小麦发黄后要及时分析发黄原因，并采取对症治疗措施，快速使其苗情升级转化，以利于恢复正常后再根据实际情况喷施除草剂进行化学防除。

第五章

小麦气象灾害及减灾技术疑难解析

第一节 小麦冻害

144. 小麦冬季冻害（初霜冻害）的发生症状表现在哪些方面？

冬季冻害是指小麦进入冬季后至越冬期间由于寒潮降温引起的冻害。由于秋末强寒潮侵袭，日最低气温突然降至0℃以下，使小麦遭受的冻害，称为初霜冻害，又叫早霜冻害、秋霜冻害。小麦苗期初霜冻害是我国小麦生产上的主要农业气象灾害之一，发生次数多、面积大、危害重，严重影响和制约我国的小麦生产。

（1）**小麦冬季冻害发生时间** 随地理纬度和海拔高度而变，地理纬度和海拔高度越高，初霜冻害发生时间越早。长城以北地区，初霜冻9月上旬至10月上旬开始，黄河及淮河流域，初霜冻10月中旬至11月上旬开始，而在长江流域，初霜冻11月下旬至12月上旬开始，华南及青藏高原无明显霜冻。

（2）**小麦冬季冻害的发生症状** 我国北方气候寒冷，冬季最低气温常下降至−20℃左右，若在无雪层保护的多风干旱情况下，小麦常会被冻死，麦田死苗现象较为普遍。

而偏南地区，入冬后，气温逐渐降低，麦苗经过低温抗寒锻炼，细胞组织内糖分积累，细胞液浓度增加，抗寒能力大大增强，一般不会冻死麦苗。

但没有经过低温锻炼的麦苗，或播种早（彩图87）、生长过旺的麦苗，或耕作粗放、播种失时、冬前生长不足的麦苗，由于细胞组织内积累糖分少，细胞液浓度低，抗寒能力差，在气温骤降时，麦苗就容易受冻，表现为叶尖或叶片呈枯黄症状（彩图88）。由于埋在土层中的分蘖节、根系及茎生长点未被冻死，当气温回升后，麦苗逐渐恢复生长。

适期播种的小麦冬季遭受冻害，一般只冻干叶片，只有在冻害特别严重时才出现死蘖、死苗现象。

（3）分蘖受冻死亡的顺序　先小蘖后大蘖再主茎，最后冻死分蘖节。冬季冻害的外部症状表现明显，叶片干枯严重，一般叶片先发生枯黄，而后分蘖死亡。

145. 小麦冬季冻害的预防措施有哪些？

（1）选用抗寒品种　选用抗寒耐冻品种，是防御小麦冻害的根本保证。各地要严格遵循先试验再示范推广的用种方法，结合当地历年冻害发生的类型、频率和程度及茬口早晚情况，调整品种布局，半冬性、春性品种合理搭配种植。对冬季冻害易发麦区，宜选用抗寒性强的冬性、半冬性品种。

（2）合理安排播期和播量　根据历年多次小麦冻害调查发现，冻害减产严重的地块多是使用春性品种且过早播种和播种量过大而引起的。特别是遇到苗期气温较高的年份，麦苗生长较快，群体较大，春性品种易提早拔节，甚至会出现年前拔节的现象，因而难以避过初冬的寒潮袭击。因此，生产上要根据不同品种，选择适当播期，并注意中长期天气预报，暖冬年份适当推迟播种，人为控制小麦生育进程，且结合前茬作物腾茬时间，合理安排播期和播量。

（3）提高整地质量　土壤结构良好、整地质量高的田块冻害轻；土壤结构不良，整地粗糙，土壤翘空或龟裂缝隙大的田块受冻害重。

（4）提高播种质量　平整土地有利于提高播种质量，减少"四籽"（缺籽、深籽、露籽和丛籽）现象，可以降低冻害死苗率。

（5）培育壮苗　苗壮是麦苗安全越冬的基础。适时适量适深播种、培肥土壤、改良土壤性质和结构、施足有机肥和无机肥、合理运筹肥水和播种技术等综合配套技术，是培育壮苗的关键技术措施。实践证明，小麦壮苗越冬，因植株内养分积累多，分蘖节含糖量高，与早旺苗、晚弱苗相比，具有较强的抗寒力，即使遭遇不可避免的冻害，其受害程度也大大低于早旺苗和晚弱苗。由此可见，培育壮苗既是小麦高产技术措施，又是防灾减损重要措施。

（6）中耕保墒　霜冻出现前和出现后及时中耕松土，能起到蓄水提温、有效增加分蘖数、弥补主茎损失的作用。冬锄与春锄，既可以消灭杂草，使水肥得以集中利用，减少病虫发生，又能消除板结，疏松土壤，增强土层通气性，提高地温，蓄水保墒。

（7）镇压防冻　对麦田适时、适量镇压，有调节土壤水分、空气、温度的作用，是小麦栽培的一项重要农艺措施。镇压能够破碎土块，踏实土壤，增强土壤毛管作用，提升下层水分，调节耕层孔隙，弥合土壤裂缝，防止冷空气入侵土壤，增大土壤比热容和导热率，平抑地温，增强麦田耐寒、抗冻和抗旱性能，防止松暄冻害（彩图89），减少越冬死苗。

（8）适时浇好小麦冻水

① 看温度　日均温3～7℃土壤日消夜冻时浇冻水。过早因气温高蒸发量大，入冬时已失墒过多；过晚或气温低于3℃会造成田间积水，如地面结冻会引起窒息死苗。

② 看墒情　沙土地土壤相对湿度低于60%，壤土地低于70%，黏土地低于80%时要浇冻水。墒情好的可不浇或少浇。

③ 看苗情　麦苗长势好、底墒足或稍旺的田块可适当晚浇或不浇，防止群体过旺过大。晚茬麦因冬前生长期短苗小且弱，只要底墒尚好也可不浇，但要及时镇压保墒。

④ 要适量　水量不宜过大，一般当天浇完，地面无积水即可，使土壤持水量达到80%。

（9）增施磷、钾肥，做好越冬覆盖　增施磷、钾肥，能增强小麦抗低温能力。"地面盖层草，防冻保水抑杂草"，在小麦越冬时，将粉碎的作物秸秆撒入行间，或撒施暖性农家肥（如土杂肥、厩肥等），可保暖、保墒，保护分蘖节不受冻害，对防止杂草翌春旺长具有良好作用。麦秸、稻草等均可切碎覆盖，覆盖后撒土，以防大风刮走，开春后，将覆草扒出田外。在弱麦苗田覆盖牛马粪，既能提高地温，保护根部，又能促进根系生长，为翌年春季小麦生长提高肥力。方法是：将牛马粪捣细，撒盖在麦苗上面，厚度以2～3cm为宜。翌年春小麦返青前，结合划锄用竹耙把牛马粪搂到麦垄中间。

146. 小麦冬季冻害发生后的补救措施有哪些？

在 1 株小麦中，如果冻死的是主茎和大分蘖，而小分蘖还是青绿的或在大分蘖的基部还有刚刚冒出来的小分蘖的蘖芽，经过肥水促进，这些小分蘖和蘖芽可以生长发育成为能够成穗的有效分蘖，因此，对于发生冻害的麦田不要轻易毁掉，应针对不同的情况分别采取补救措施。

（1）对严重死苗麦田 对于冻害死苗严重，茎蘖数少于每亩 20 万的麦田，尽可能在早春补种，点片死苗可催芽补种或在行间串种。存活茎蘖数在每亩 20 万以上且分蘖较均匀的麦田，不要轻易改种，应加强管理，提高分蘖成穗率。对于 3 月份才能断定需要翻种的地块，只好改种春棉花、春花生、春甘薯等作物。

（2）对旺苗受冻麦田 对受冻旺苗，应于返青初期用耙子狠搂枯叶，促使麦苗新叶见光，尽快恢复生长。同时，应在日平均气温升至 3℃时适当早浇返青水并结合追肥，促进新根新叶长出。虽然主茎死亡较多，但只要及时加强水肥管理，保存活的主茎、大分蘖，促发小分蘖，仍可争取较高产量。

（3）对晚播弱苗受冻麦田 加强对晚播弱麦田的增温防寒工作，如撒施农家肥，保护分蘖节不受冻害。同时，早春不可深松土，以防断根伤苗。

（4）对年前已拔节的麦苗 土壤解冻后，应抓紧晴天进行镇压，控制地上部生长，延缓其幼穗发育并追加土杂肥等，保护分蘖节和幼穗。或结合冬前化学除草喷一次矮壮素、多效唑或多唑·甲哌鎓（壮丰安），控制基部节间伸长，增强麦株抗寒能力。

（5）及时追施氮素化肥 对主茎和大分蘖已经冻死的麦田，早春要及时追肥。

第一次在田间解冻后即追施速效氮肥，每亩施尿素 10kg，采取开沟深施的方法，以提高肥效；缺墒麦田尿素要兑水施用；磷素有促进分蘖和促根系生长的作用，缺磷的地块可采取尿素和磷酸二铵混合施用的方法。

第二次在小麦拔节期，结合浇水施用拔节肥，每亩用 10～15kg 尿素。对一般冻害麦田（小麦仅叶片冻枯，没有死蘖现象），早春应及时划锄，以提高地温，促进麦苗返青；在起身期还要追肥浇水，以提高分蘖成穗率。

（6）加强中后期肥水管理，防止早衰　受冻麦田由于植株体内的养分消耗较多，后期容易发生早衰，在春季第一次追肥的基础上，应看麦苗生长发育状况，依其需要，在挑旗期至开花期适量追施钾肥，以促进穗大粒多，提高粒重。

147. 小麦春季冻害（晚霜冻害）的类型有哪些？

春季冻害，也称晚霜冻害（彩图90），是指小麦在过了"立春"节气进入返青至拔节这段时期，因寒潮到来降温，地表温度降到0℃以下所发生的霜冻危害。因此，做好春季冻害预测预报，并采取相应措施加以防御或补救，是春季麦田管理的重要措施之一。

（1）根据发生冻害的早晚可分为早春冻害、春末晚霜冻害和春末低温冻害

① 早春冻害　早春冻害往往是冬季冻害的延续。发生较为频繁，且程度重，多发生在小麦返青至拔节期（2月中下旬至3月上旬），因寒潮来临发生的霜冻危害。近几年，随着品种的更换，春性品种的比例增大，小麦春季冻害已成为限制产量的重要因素，有时比冬季冻害更为严重。

早春冻害主要是主茎、大分蘖幼穗受冻，形成空心蘖，外部症状表现不太明显，叶片轻度干枯。一般晚播麦比早播麦受害轻，发育越早的植株越容易受冻。田间常表现为主茎冻死、分蘖未被冻死，或麦穗的部分被冻死，籽粒严重缺失，显著影响产量。早春冷暖骤变和冻融交替还会造成死苗。

② 春末晚霜冻害（"倒春寒"）　晚霜冻害是在小麦活跃生长期间发生，冬前抗寒锻炼形成的抗寒性已基本丧失，同一发育阶段的不同品种之间的抗寒性已差别不大。但春性品种如播种过早、播量过大，易徒长和过早穗分化，受晚霜冻害危害更大。晚霜冻害在黄淮和西南麦区发生较多、危害较重，一般发生在3月下旬至4月上中旬，由于此时气温已逐渐转暖，小麦已先后完成了春化阶段与光照阶段发育，完成春化阶段发育后抗寒能力显著降低，通过光照阶段后开始拔节，完全失去抗御0℃以下低温的能力，当寒潮来临时，夜间晴朗无风，地表温度骤降至0℃以下，便会发生春季冻害。

通常又把晚霜冻害叫"倒春寒"。危害程度与植株发育阶段、生

长状况、降温幅度、持续时间、降温陡度等有关。降温幅度和陡度大，低温持续时间长的受害较重。西南小麦当地称小春作物，早播小麦在暖冬年可在 2、3 月份提前抽穗，容易受到霜冻危害。青藏高原的高海拔地区甚至可以在 7、8 月的小麦灌浆期发生霜冻。

③ 春末低温冷害　低温冷害指小麦生长进入孕穗阶段时，因遭受低温致使幼穗和旗叶遭到的伤害，气象上称之为冷害。发生时间多在 4 月中下旬，由于小麦拔节后至孕穗挑旗阶段，植株幼嫩，含水量较高，对低温的抵抗能力最弱。至孕穗期前后，要求日平均气温为 $10\sim15{}^{\circ}\!\mathrm{C}$。此时，小麦对低温和水分缺乏极为敏感，尤其对低温特别敏感，一般 $4{}^{\circ}\!\mathrm{C}$ 以下的寒潮降温，就容易致使小穗枯死。小麦发生低温冷害时，茎叶部分无异常表现，受害部位多为穗。

主要表现为：形成"哑巴穗"，幼穗干死在旗叶叶鞘内；出现白穗（彩图 91），抽出的穗只有穗轴（彩图 92），小穗全部发白枯死；出现半截穗（彩图 93），抽出的穗仅有部分结实，不孕小花数大量增加，减产严重。

（2）根据地表寒潮气流发生的不同，霜冻可分为平流型、辐射型和混合型

① 平流型　指由北方冷空气南下，寒潮大量侵入所引起的剧烈降温（降至低于或接近 $0{}^{\circ}\!\mathrm{C}$）导致的霜冻，危害地区比较多，地区小气候差异小，持续时间可达 $3\sim4$ 天。地势较高和风坡面的小麦受害尤为严重。

② 辐射型　是由夜间辐射降温引起的，通常发生在晴朗无风的夜晚，地面辐射强烈，因近地层急剧降温而产生，对低洼、谷地和盆地的小麦危害严重。农谚"雪下高山霜打洼"，即低洼地霜冻比较严重。

③ 混合型　通常是由于北方冷空气侵入引起气温急剧降低，夜间又遇天晴、风静、强烈的辐射降温而发生的霜冻。一般是在浓云密雾或含水量很大时，由于地表散失热量的反射因素，减少了地面热的散失，当寒潮过后天气转晴时，夜晚地面温度骤然降低而形成的。目前小麦霜冻致害多属此种类型。由于盆地和谷地易积聚冷空气，霜冻重于高地和坡地，霜冻后升温越快受害越重。

148. 小麦春季冻害的表现有哪些？

在 3、4 月份，小麦已先后完成了春化阶段和光照阶段的发育，此时抗寒能力降低，完全丧失了抗御 0℃ 以下低温的能力，当寒潮来临时，夜间晴朗无风，地表层温度骤降到 0℃ 以下，便会发生早春冻害。

发生春季冻害的小麦，叶片似被开水浸泡过，经过太阳光照射后便逐渐干枯。包在茎顶端的幼穗其分生细胞对低温反应比叶细胞敏感。幼穗在不同的发育时期受冻程度有所不同，一般来说，已进入雌雄蕊原基分化期（拔节初期）的易受冻，表现为幼穗萎缩变形，最后干枯；而处在二棱期（起身期）的幼穗，受冻后仍然呈透明晶体状，未被冻死，往往表现出主茎被冻死，分蘖未被冻死，或仅一个穗子部分受冻的情形。有些年份，小麦春季冻害不止出现一次，而会出现多次。

149. 小麦春季冻害的预防措施有哪些？

（1）选种播种　因地制宜选用适宜当地气候条件的冬性、半冬性或春性品种，冬小麦不要选择冬性太弱或春性太强的品种，以避免冬前和早春过早穗分化；对于经常发生晚霜冻危害的地区，还应搭配耐晚播、拔节较晚而抽穗不晚的小麦品种以减轻霜冻危害；因品种的冬、春性，适期播种；采用精量、半精量播种技术。

（2）掌握安全拔节期　小麦拔节前和拔节后在抗寒能力上有质的差别。拔节以后抗寒性明显削弱。因此，安全拔节期是小麦气候学上一个重要指标。各地在确定品种利用，安排不同品种的适宜播种期以及选育小麦新品种时，都应力求使小麦的拔节期不早于安全拔节期。

安全拔节期的确定，以各地出现终霜期最低气温低于 $-2℃$，并以拔节（生物学上的拔节期）10 天后有 90% 左右不再受春季冻害的保证率为重要依据，各地可以根据终霜出现在各旬的实际年数，制成表格作为参考，提早动手做好控制早拔节和防御春霜冻害的各项准备工作，以求减轻冻害损失。

（3）对生长过旺小麦适度抑制其生长　主要措施是早春镇压和起身期喷施多唑·甲哌鎓（壮丰安）。

春季对早播过旺麦苗采取蹲苗与拔节前镇压措施，适当压伤主茎和大蘖，镇压的旺长麦田，小麦早春冻害较轻，这是因为对旺苗镇压后，可抑制小麦过快生长发育，避免其过早拔节降低抗寒性，因此早春镇压旺苗，是预防春季冻害简便易行的方法。

另外，在小麦起身期喷施多唑·甲哌鎓（壮丰安），既可以适当抑制生长发育、提高抗寒性，又可以抑制基部 3 个节间过度伸长，提高抗倒性。一般每亩用 30～40mL 多唑·甲哌鎓（壮丰安）兑水 30kg 喷雾即可。

（4）冻前浇水　冻前浇水是防御春霜冻害最有效措施之一。一般在霜冻出现前 1～3 天进行麦田灌水，可提高地温 1～3℃，能显著减轻冻害，具有防霜作用。

其原因是：水温比发生霜冻时的土温高，冻前浇水能带来大量热能；土壤水分多，土壤导热能力增强，可从深层较热土层处传来较多热能，缓和地面冷却速度；水的比热容比空气和土壤的比热容大，浇水后能缓和地面温度的变化幅度；浇水后地面空气中水汽增多，在结冰时，可放出潜热来。

有浇灌条件的地区，在拔节至孕穗期，晚霜来临前浇水或叶面喷水，可提高近地面叶片温度，对预防早春冻害有很好的效果。

（5）喷施拮抗剂预防早春冻害　小麦返青前后喷施"天达 2116"拮抗剂，能够预防和减轻早春小麦冻害。遭受早春冻害后的补救措施是补肥与浇水。小麦是具有分蘖特性的作物，遭受早春冻害的小麦分蘖不会全部冻死，还有小麦蘖芽可以长成分蘖成穗，因此应立即撒施尿素（每亩 10kg）和浇水。因氮素和水分的耦合作用能促进小麦早分蘖和促进小蘖赶大蘖，提高分蘖成穗率，减轻冻害的损失。

🌀 150. 小麦早春冻害发生后的补救措施有哪些？

（1）受冻害严重的麦田不要随意耕翻　生产实践证明，只要分蘖节不冻死，随着气温回升，就会很快长出新的分蘖，仍能获得较好收成。一般不要毁种、刈割或放牧，即使冻死较多，只要及时浇水追肥，都能促使小蘖和分蘖芽迅速萌发，仍有可能获得较好收成，一般都要比毁种的效果更好。农谚有"霜打麦子不可怕，一颗麦子发二叉"的说法。

（2）受冻的黄叶和"死"蘖也不应割去　同位素原子示踪试验表明，小麦受冻后，在一定时期内，冻"死"蘖的根系所吸收的养分可以向未冻死的分蘖转移。保留黄叶和"死"蘖对受冻麦苗恢复生机、增加分蘖成穗有显著促进作用。

（3）**清沟理墒**　对受冻的小麦，更要降低地下水位，注意养护根系，增强其吸收能力，以保证叶片恢复生长和新分蘖发生及成穗所需养分。

（4）**及时施用肥水**　对叶片受冻较重、茎秆受冻较轻而幼穗没有冻死的麦田要及时浇水，可避免幼穗脱水致死，有利于麦苗迅速恢复生长，多数能抽穗结实。

对部分幼穗受冻麦田，水肥结合施用，尤以施速效氮肥为佳，每亩追硝酸铵 10～13kg 或碳酸氢铵 20～30kg，结合浇水、中耕松土，促使受冻麦苗尽快恢复生长。因为遭受冻害折磨的麦苗，体内消耗养分较多，苗势已很弱，随着气温日渐回升，迅速长出新的茎蘖，急需大量养分给予补充，以满足正常生长发育。

（5）**加强病虫害防治**　小麦遭遇冻害后自身长势衰弱，抗病能力下降，易受病菌侵染，要注意随时根据当地植保部门的测报进行药剂防治。

（6）**及时换茬**　主茎和大分蘖全部冻死的田块，可以采用强春性品种春播（指南方麦区）或耕翻后播种其他早春作物。

151. 如何防治小麦低温冷害？

（1）**低温冷害的预防措施**

① 适时播种和增施磷、钾肥　根据不同品种，选择适当播种期，并注意中长期天气预报，暖冬年份适当推迟播种，人为控制小麦生育进程，在整地时增施磷、钾肥，增强其抗低温能力。

② 浇水预防　有条件的农户，在寒流到来时，提前浇水，因为水的比热容大于空气，降温比较慢，霜冻发生时，水温常高于附近气温，通过以水调温，调节小麦植株附近的温度，预防或减轻晚霜危害。

③ 熏烟预防　预报有寒流时，于前一天的晚上在麦田上风头准备好麦糠等杂物，夜间点燃，虽然方法原始，但效果较好。

④ 化学预防　可在小麦生理拔节时喷施多效唑等调节剂，既可预防倒伏又能增强植株抗冻能力。还可喷施植物生长调节剂、抗冻剂等，调节植株生长，增强抗冻能力。

（2）**低温冷害发生后的补救措施**

① 小麦受到低温冷害后，可通过加强田间管理来保根护叶，同

时延长上部叶片功能期，保持叶片正常生长，防止早衰，提高光合产物向籽粒运输能力，预防病虫害，提高粒重，充分发挥个体优势，协调提高群体产量。

② 及时浇水追肥　对受害麦田，及时浇水，同时每亩追施尿素5～7.5kg，以促进未受害部分生长，满足其对水分、养分的需求，协调群体、个体生长。

③ 叶面喷肥　叶面喷肥不仅能够延长叶片功能期，提高光合效率，促进籽粒灌浆，而且可以增强小麦抗逆能力，提高籽粒蛋白质含量，改进品质。喷肥宜在灌浆初、中期进行，可喷施 0.2%～0.3% 磷酸二氢钾溶液和 1%～2% 尿素溶液。

④ 加强病虫害防治　小麦生育后期，病虫害、干热风等对小麦产量均造成一定影响，对受冷害麦田更应加强这方面的防治工作，确保小麦后期正常生长，尽量弥补因冷害造成的损失。

第二节　小麦湿害

🌱 152. 小麦湿（渍）害的危害有哪些？

小麦湿（渍）害，是指土壤水分达到饱和时，造成空气不足，而对小麦正常生长发育所产生的危害。主要发生在长江中下游平原的稻茬麦田，生产上发生频率比较大，为害严重。

小麦湿（渍）害的危害主要表现为：受湿害的小麦根系长期处在土壤水分饱和的缺氧环境下，根系吸收功能减弱，使得植株体内水分反而亏缺，严重时造成脱水凋萎或死亡，因此湿害又常表现为生理性干旱。小麦从苗期至扬花灌浆期都可受害。

（1）苗期受害　造成种子根伸展受抑制，次生根显著减少，根系不发达，苗瘦、苗小或种苗霉烂，成苗率低，叶黄，分蘖延迟，分蘖少甚至无分蘖，僵苗不发。

（2）返青至孕穗期受害　小麦根系发育不良，根量少，活力差，黄叶多，植株矮小，茎秆细弱，分蘖减少，成穗率低。

（3）孕穗期受害　小穗小花退化数增加，结实率降低，穗小粒少。

（4）**灌浆成熟期受害** 使根系早衰，叶片光合功能下降，遇有高温气候，蒸腾作用增强，根系从土壤中吸收的水分不足以弥补植株体内水分的缺亏，引起生理性缺水，绿叶减少，植株早枯，功能叶早衰，穗粒数减少，千粒重降低，出现高温高湿逼熟，严重的青枯死亡。

小麦湿害的敏感期，指在一生中短期逆境使产量锐减的时期。研究指出，敏感期相当于个体发育过程的孕穗期，即始于拔节后15日，终于抽穗期。从产量因素看出，孕穗期土壤过湿引起大量小花、小穗败育，使粒数下降最大，不仅造成"库"的减少，粒重也随之降低，表明"源"也受到了限制。

153. 如何防治小麦湿（渍）害？

（1）**建立排水系统** "小麦收不收，重在一套沟。"开挖完善田间套沟，田内采用明沟与暗沟（或暗管、暗洞）相结合的办法，排明水降暗渍，千方百计减少耕作层滞水是防止小麦湿害的主要方法。对长期失修的深沟大渠要进行淤泥疏通，降低地下水位，以利于冬春雨水过多时的排渍，做到田水进沟畅通无阻。

（2）**田内开好"三沟"** 在田间排水系统健全的基础上，整地播种阶段要做好田内"三沟"（畦沟、腰沟、围沟）的开挖工作，做到深沟高厢，"三沟"相联配套，沟渠相通，利于排除"三水"。起沟的方式要因地制宜，本着畦沟浅、围沟深的原则，一般"三沟"宽40cm，畦沟深25cm，腰沟深30cm，围沟深35cm。地下水位高的麦田"三沟"深度要相应增加。畦沟的多少及畦宽要本着有利于排涝和提高土地利用率的原则来确定。为了提高播种质量保证全苗，一般先起沟后播种，播种后及时清沟。如果播种后起沟，沟土要及时撒开，以防覆土过厚影响出苗。出苗以后，在降雨或农事操作后及时清理田沟，保证沟内无积泥积水，沟沟相通，明水（地面水）能排，暗渍（潜层水、地下水）自落。保持适宜的墒情，使土壤含水量达20%～22%，同时能有效降低田间大气的相对湿度，减轻病害发生，促进小麦正常生长。这些措施不仅可以减轻湿（渍）害，而且能够减轻小麦白粉病、纹枯病和赤霉病病害及草害。

（3）**选用抗湿（渍）性品种** 不同小麦品种间耐湿性差异较大，有些品种在土壤水分过多，氧气不足时，根系仍能正常生长，表现出对缺氧较强的忍耐能力或对氧气需求量较少；有些品种在缺氧老根衰亡时，容易萌发较多的新根，能很快恢复正常生长；有些品种根系长期处于还原物质的毒害之下仍有较强的活力，表现出较强的耐湿性。因此，选用耐湿性较强的品种，增强小麦本身的抗湿性能，是防御渍害的有效措施。

（4）熟化土壤　前茬作物应以早熟品种为主，收割后要及时翻耕晒垡，切断土壤毛细管，阻止地下水向上输送，增加土壤透气性，为微生物繁殖生长创造良好的环境，促进土壤熟化。有条件的地方夏作物可实行水旱轮作，如水稻改种旱地作物，达到改土培肥、改善土壤环境的目的，减轻或消除渍害。

（5）适度深耕　深耕能破除坚实的犁底层，促进耕作层水分下渗，降低潜层水，加厚活土层，扩大作物根系的生长范围。深耕应掌握熟土在上、生土在下、不乱土层的原则，做到逐年加深，一般使耕作层深度达到 23～33cm。严防滥耕滥耙，破坏土壤结构，并且与施肥、排水、精耕细作、平整土地相结合，有利于提高小麦播种质量。

（6）中耕松土　稻茬麦田土质黏重板结，地下水容易向上移动，田间湿度大，苗期容易形成僵苗渍害。降雨后，在排除田间明水的基础上，应及时中耕松土，切断土壤毛细管，阻止地下水向上渗透，改善土壤透气性，促进土壤风化和微生物活动，调节土壤墒情，促进根系发育。

（7）合理施肥　由于湿（渍）害叶片某些营养元素亏缺（主要是氮、磷、钾），碳、氮代谢失调，从而影响小麦光合作用和干物质的积累、运输、分配，以及根系生长发育、根系活力和根群质量，最终影响小麦产量和品质。为此，在施足基肥（有机肥和磷、钾肥）的前提下，当湿（渍）害发生时应及时追施速效氮肥，以补偿氮素的缺乏，延长绿叶面积持续期，增加叶片光合速率，从而减轻湿（渍）害造成的损失。对湿害较重麦田要做到早施、巧施接力肥，重施拔节孕穗肥，以肥促苗升级。冬季多增施热性有机肥，如渣草肥、猪粪、牛粪、草木灰、人粪尿等。

（8）适当喷施生长调节物质　在湿（渍）害逆境下，小麦体内正常的激素平衡发生改变，产生乙烯。乙烯和脱落酸增加，致使小麦地上部衰老加速。所以在渍水时，可以适当喷施生长调节物质，以延缓衰老进程，减轻湿（渍）害。如可叶面喷施甲哌鎓、植株抗逆增产剂、"迦姆丰收"液肥、"惠满丰"、"促丰宝"、"万家宝"等，也可喷洒"植物动力2003"10mL兑清水10L，隔7～10天喷1次，连喷2次。提倡施用稀土纯营养剂，每50g兑清水20～30L喷施。

（9）护叶防病菌 叶面喷施使植物增强抗寒、抗逆功能的生长调节剂或硼、钼、锌等微量元素肥料以及磷酸二氢钾等。湿（渍）害还易诱发锈病、赤霉病、纹枯病、白粉病等的加重发生，要在加强测报的基础上，及时用药防治。

第三节 小麦干旱

154. 小麦干旱的类型有哪些？

小麦在生长发育过程中，由于经常遭遇长期无雨的情况，土壤水分匮缺，导致小麦生长发育异常乃至萎蔫死亡，造成大幅度减产。

（1）秋旱 主要是播种至苗期，往往副热带高压南撤过快，北方干冷空气频繁南下，出现少雨干旱天气，空气相对湿度低，进而引起土壤干旱，使土壤湿度降至田间持水量的60％以下，影响播种，造成小麦"种不下、出不来""抢下种、出不全"的缺苗断垄局面。小麦播种时，如土壤水分不足，易造成小麦播种期推迟，大面积晚播，播种质量差，播后出苗不齐，影响分蘖和培养壮苗，麦苗整体素质差，抗灾能力弱，最终导致单位面积成穗不足，成熟期推迟。

（2）冬旱 冬旱导致小麦叶片生长缓慢，严重时可造成叶片干枯，越冬期小麦生长量小，大分蘖少，小麦根系发育不健壮，但一般情况下，只要小麦生长中后期雨水条件比较正常，对小麦的产量影响较小。

冬季休眠需水很多，北方的冬旱实际上是一种生理干旱。浇过冻水的麦田由于冻后聚墒一般不缺水，但浇得过早或浇后气候反常回暖，表层水分蒸发形成土层后，根系又不能吸收冻结状态的水分，通常越冬期间干土层达3cm时对小麦就开始有不利影响，5cm时影响严重，根茎明显脱水皱褶，8cm时分蘖节已严重脱水受伤，可能死亡。冬季受旱尚未死亡，到早春返浆时水分仍不能上升到分蘖节部位的，因植株已开始萌动，呼吸消耗大，也可衰竭死亡。

（3）春旱 导致麦苗返青生长缓慢，茎叶枯黄，光合能力下降，干物质积累减少，小穗小花退化，穗头变小，每穗粒数减少，对产量的影响大于冬旱。北方春季水分供需矛盾最为突出，小于田间持水量的 65% 时分蘖成穗率就会明显降低，抽穗开花期小于 70% 时会降低结实率。

（4）初夏干旱　灌浆前期仍是需水高峰期，缺水可使部分籽粒退化和光合积累减少。后期严重干旱可造成早衰逼熟减产。

如果出现冬春连旱，将对小麦产量产生极大的影响。若出现秋、冬、春三季连旱，将造成大幅度减产。

155. 如何防御小麦干旱？

（1）秋旱防御措施

① 抢墒播种　只要土壤含水量在 15% 以上或虽达不到 15% 但播后出苗期有灌溉条件的田块，均应抢墒播种。旱茬麦要适当减少耕耙次数，耕、整、播、压作业不间断地同步进行；稻茬麦采取免、少耕机条播技术，一次完成灭茬、浅旋、播种、覆盖、镇压等作业工序。

② 造墒播种　对耕层土壤含水量低于 15%，不能依靠底墒出苗的田块，要采取多种措施造墒播种。主要有以下 5 种方法：

一是有自流灌溉地区实行沟灌、漫灌，速灌速排，待墒情适宜时用浅旋耕机条播；

二是低蓄水位或井灌区，采取抽水浇灌（水管喷浇或泼浇），次日播种；

三是水源缺乏地区，先开播种沟，然后顺沟带水播种，再覆土镇压保墒；

四是稻茬麦地区要灌好水稻成熟期的"跑马水"，以确保水稻收获前 7~10 天播种，收稻时及时出苗；

五是对已经播种但未出苗或未齐苗的田块窨灌出苗水或齐苗水，注意不可大水漫灌，以防闷芽、烂芽。对于地表结块的田块要及时松土，保证出齐苗。

③ 物理抗旱保墒　持续干旱无雨条件下，底墒和造墒播种，播种后出不来或出苗保不住的麦田，可在适当增加播种深度 2~3cm 前提下再采取镇压保墒。一般播种后及时镇压，可使耕层土壤含水量提高 2%~3%。

播后用稻草、玉米秸秆或土杂肥覆盖等，不仅可有效地控制土壤水分的蒸发，还有利于增肥改土、抑制杂草、增温防冻等。

如果在小麦出苗后结合人工除草松土，可切断土壤表层毛细管，减少土壤水分蒸发，达到保墒的目的。

④ 化学抗旱　在干旱程度较轻的情况下，通过选用化学抗旱剂拌种或喷施，不仅可以在土壤含水量相对较低条件下早出苗、出齐苗，而且促根、增蘖、促快生叶，具有明显的壮苗增产效果。当前应用比较成功的有抗旱剂 FA 和保水剂两种。

⑤ 播后即管　由于受到抗旱秋播条件的限制，播种水平、技术标准难以达到，必须及早抓好查苗补苗等工作，确保冬前壮苗，提高土壤水分利用率。出苗分蘖后遇旱，坚持浇灌、喷灌或沟灌，避免大水漫灌，防止土壤板结而影响根系生长和分蘖发生，中后期严重干旱的麦田以小水沟灌至土壤湿润为度，水量不宜过大，浸水时间不应过长，以防气温骤升而发生高温逼熟或遭遇大雨后引起倒伏。

（2）冬旱防御措施　防御冬旱最主要的是适时浇好冻水。喷灌麦田可选回暖白天少量补水。没有喷灌条件的尽量压麦提墒，早春适当早浇小水。

（3）春旱防御措施

一是培育冬前壮苗，使根系强壮深扎，提高利用深层土壤水分的能力。

二是合理灌溉，保水能力强的黏土地早春不必急于浇水，蹲苗到拔节后和孕穗前再浇足，全生育期浇水次数宜少，量应足，易渗漏的沙土地则应少量多次浇水。水源不足时要尽量确保切断毛细管，减少土壤蒸发，旱地小麦春季更要强调锄地保墒。

（4）初夏干旱防御措施　应小水勤浇，使小麦不过早枯黄，促进茎秆养分充分转移。但前期若持续干旱，则后期不可突然浇水，否则会造成烂根。

多年的试验表明，在只浇一水的情况下，以拔节水的增产效益最为显著；在能浇二水的情况下，应保浇起身水和拔节孕穗水，保水能力强和越冬条件差的，也可保浇冻水和拔节水。

156. 旱地小麦抗旱管理有哪些方法？

旱地小麦因干旱缺水，供肥供水能力差，产量低而不稳。提高旱地小麦产量，要从选种开始。

（1）**选用良种**　据调查，种植抗旱品种比一般品种一般增产20%～30%。

（2）**增施肥料**　旱地麦田要尽量多施有机肥，施足磷肥，以改良土壤，提高蓄水保肥能力。

一般每亩可施有机肥 2500～3000kg，碳酸氢铵和过磷酸钙各50kg，并酌情配施适量钾肥和微肥。

如果地力差，可在 3～4 年内连续亩施氮肥 40～60kg，磷肥 50～100kg。

旱地高产麦田，可采取"一炮轰"的施肥方法，即将全部肥料结合整地一次性施入土壤作基肥，其中氮肥要适当深施，磷肥浅施，以利于培育冬前壮苗。

（3）**推广旱作技术**

① 播前抗旱锻炼　用清水 40 份，分 3 次拌入 100 份麦种中，每次加水后，都要先经过一定时间的吸收，然后在 15～20℃ 条件下风干到原来的重量。

② 药剂处理种子　保水剂拌种。每亩用保水剂 50g，加水 5kg，与麦种拌匀后播种，一般增产 10% 以上，高者可达 25%。

黄腐酸（又叫抗旱剂 1 号）拌种。用黄腐酸 200g，加水 5kg，拌麦种 50kg，拌匀后晾干播种，可提高种皮吸水能力，加快其生理活动，促进幼根生长，增产 9.3%～13.3%。

磷-硼混合液拌种。用过磷酸钙 3kg，加水 50kg，溶解后滤除杂质，在滤液中加入硼酸 50g，搅匀后取溶液 5kg，拌麦种 50kg，晾干播种，可使麦苗生长健壮，抗旱能力增强，一般增产 10%～20%。

氯化钙拌（浸）种。用氯化钙 0.5kg，加水 50kg，拌麦种500kg，拌匀后堆闷 5～6 小时，或者用氯化钙 0.5kg，加水 500kg，浸麦种 500kg，经 5～6 小时后晾干播种，可增产 10% 左右。

③ 叶面喷施抗旱剂　在小麦拔节、灌浆期，用 0.1% 氯化钙溶液叶面喷施，可增产 5%～10%。

在小麦孕穗期，每亩用抗旱剂 1 号 50g，兑水 2.5～10kg，充分溶解后作超低量喷雾，若苗期和后期同时受旱，全生育期可喷两次。

第四节　小麦干热风

157. 什么叫干热风？

干热风也叫火风、热风、干旱风，是一种由高温、低湿和一定风力的天气条件影响作物生长发育造成减产的灾害性天气，出现在小麦生育后期（灌浆成熟阶段），导致小麦秕粒的一种干而热的风。

干热风是一种复合灾害，包括高温、低湿和风 3 个因子，但其中最主导因子是热，其次是干，因此，也可列入热害。因为气温高，湿度低加上风吹，使作物蒸腾加速，植株体内缺水，引起灾害。多发生在每年的 5 月下旬至 6 月上旬。无论是南方还是北方，无论是春麦区还是冬麦区均常发生。全国较为严重的干热风平均 10 年 1～2 次，而一般区域性干热风几乎年年都有发生。

干热风与干旱有联系，但又不同于干旱。它是高温、低湿并伴有一定风力的综合气象，往往是由于气温骤升、湿度突降、昼夜干热，以及风的加强作用，使小麦蒸腾作用剧烈而失水，水分供需失调，正常的生理活动遭到破坏或受到抑制，小麦在短期内受到为害甚至被逼熟死亡。在北方干旱地区，若干热风伴随土壤干旱会加重对小麦的危害。

小麦受干热风为害的敏感期，是在开花第 16～20 天以后，即小麦灌浆中、后期至籽粒成熟期。一般减产 10％～20％，个别严重的减产 30％以上。

158. 小麦干热风的发生症状有哪些？

干热风对小麦的影响主要是危害小麦的扬花灌浆。在高温、低湿及大风的条件下，小麦叶片光能利用率低，籽粒形成期缩短，根系呼吸受限，吸水能力减弱；如果是雨后干热风，蒸腾作用加强，植株体内水分失去平衡，总氮量、可溶性蛋白质含量、叶绿素含量、碳代谢水平、细胞质膜透性等受到制约，甚至出现生理脱水，茎叶青枯，籽粒干秕，千粒重明显下降。干热风还使小麦灌浆过程缩短，迫使小麦提前成熟，造成减产。

干热风发生时，植株的芒、穗、叶片和茎秆等部位均可受害（彩图 94）。最先体现在植株顶部。轻者小麦叶片从顶端到基部失水后青枯变白或蜷缩凋萎，颖壳变为白色或灰白色，芒尖干枯、炸芒、籽粒干瘪，影响小麦的产量和品质；重则严重炸芒，顶部小穗颖壳和叶片大部分干枯呈灰白色，叶片卷曲呈绳状，枯黄死亡。

干热风在小麦不同生育期发生，小麦的受害症状和程度的表现也不同：在开花和籽粒形成期，主要影响开花受精能力，使不孕花数增加，减少穗粒数；在灌浆成熟期发生，则会使日灌浆速率突然出现下降，灌浆期缩短；在成熟前 10 天左右受干热风危害，麦田呈现大面积青枯。

159. 如何预防小麦干热风害？

（1）选用抗性品种　在干热风害经常出现的麦区，应注意选用抗旱、耐干热风的早熟丰产品种，适时早播，促苗早发早熟，避开干热风的危害。一般中长秆、长芒和穗下节间长的品种，自身调节能力较强，有利于抵抗和减轻高温和干热风的为害。同时，注重选择综合抗性强、高产稳产的小麦品种，早、中、晚熟品种应进行合理安排，使灌浆成熟时间提前或延后，以躲过干热风为害的敏感时间。

（2）抗旱剂拌种　每亩用黄腐酸盐（抗旱剂 1 号）50g 溶于 1～1.5kg 水中拌 12.5kg 麦种。也可用"万家宝"30g 加水 3kg 拌 20kg 麦种，拌匀后晾干播种。

（3）浇好灌浆水　小麦开花后即进入小麦灌浆阶段，此时高温、干旱、强风迫使空气和土壤水分蒸发量增大，浇好灌浆水可以保持适宜的土壤水分，增加空气湿度，起到延缓根系早衰，增强叶片光合作用的作用，达到预防或减轻干热风危害的目的。注意有风停浇，无风抢浇。灌浆水宜在灌浆初期浇。

（4）巧浇麦黄水　麦黄水在乳熟盛期到蜡熟始期浇。灌麦黄水需适当早灌，一般在小麦成熟前 10～15 天或干热风来临前 3～5 天灌，这样可以明显改善田间小气候条件，减轻干热风危害，并有利于麦田套种和夏播。据观测，浇麦黄水后，可使麦田近地层气温下降 2℃，小麦千粒重提高 0.8～1g。在小麦生长后期雨水渐多的地区，要防止大水漫灌或灌后遇雨，土壤湿度过大，引起倒伏。若前期缺水，后期土壤过于干旱，骤然灌水，再遇干热风侵袭，也会造成不利影响。所以，最好是利用喷灌方式，水量较小，不致产生上述问题，同时也可以起到降温、增温和防御干热风的效果。

（5）合理施肥　提倡施用酵素菌沤制的堆肥，增施有机肥和磷肥，适当控制氮肥用量。合理施肥不仅能保证供给植株所需养分，对改良土壤结构、蓄水保墒、抗旱防御干热风也起着很大作用。

（6）叶面喷肥　在干热风来临之前，或小麦生育后期向叶面喷施化学制剂，调节小麦新陈代谢的能力，增强株体活力，达到抗灾的目的。可供选用的制剂有：草木灰、抗旱剂1号、阿司匹林、磷酸二氢钾、氯化钙、硼肥、锌肥等。这些制剂大多能提高小麦抗旱或抗干热风的能力，增强光合作用，提高灌浆速度和籽粒饱满度，或使小麦叶片气孔处于关闭状态，减少植株蒸腾失水量，从而减轻干热风的损失。但要注意不同药剂施用的时间不同，某些药剂之间不能混合使用。

① 草木灰　在小麦孕穗期或抽穗期，每亩喷施10%的草木灰浸出液50kg，既能提高小麦抗旱或抗干热风的能力，又能加速灌浆，增加粒重。

② 抗旱剂1号　主要成分为黄腐酸盐，是一种植物生长调节剂。在小麦孕穗期前后，亩用抗旱药剂40～50g，先兑水少量，待充分溶解后再加水50～60kg，全田喷洒，以叶片正反两面都着药液为度。不仅能有效抗御干热风的危害，而且可以增加小麦绿叶面积，增产15%～20%，达到一药多效的目的。

③ 阿司匹林　在小麦扬花期至灌浆期，喷施0.04%～0.05%的阿司匹林水溶液（加少许黏着剂），可使小麦叶片气孔处于关闭状态，减少植株蒸腾失水量，从而减轻干热风的危害，可有效防止干热风引起的早衰，可增产10%～20%。

④ 磷酸二氢钾　在小麦孕穗、抽穗和开花期，各喷施一次0.2%～0.4%的磷酸二氢钾水溶液，每亩每次50～75kg，可促进小麦结实器官的发育，增强光合作用，减轻叶片失水，加速灌浆进程，提高麦秆内磷钾含量，增强抗御干热风的能力。注意，该溶液不能与碱性化学药剂混合使用。

⑤ 氯化钙　在小麦开花期和灌浆始期，各喷施一次0.1%的氯化钙水溶液，每亩每次50～70kg，通过增强小麦叶片细胞的吸水和保水能力，减少植株水分蒸腾。

⑥ 硼、锌肥等　在50～60kg水中加入100g硼砂，在小麦扬花

期喷施。或在小麦灌浆时，每亩喷施 50～75kg 0.2％的硫酸锌溶液，可有效促使小麦受精，加速小麦后期发育，增强其抗逆性和结实能力。

在小麦开花至灌浆期、小麦生长后期施用"喷施宝""丰产素"等，都有明显地减轻干热风危害的作用。

（7）叶面喷醋　在小麦灌浆期，用 0.1％醋酸或 1：800 食醋溶液叶面喷施，可以缩小叶片上气孔的开张角度，抑制蒸腾作用，提高植株抗旱、抗热能力；同时，醋酸还能够中和植株在高温条件下降解产生的游离氨，从而消除氨对小麦的危害。

（8）叶面喷激素　在小麦齐穗期和扬花期，用 0.5mg/kg 三十烷醇溶液各喷一次，可使穗粒数增加 8.1％，千粒重提高 5.6％～6.8％，增产 10％～20％。

在小麦扬花至灌浆期，亩喷 1000 倍石油助长剂溶液 50kg，能防御干热风，增加千粒重，平均增产 7.8％。

在小麦灌浆前，亩喷 40mg/kg 萘乙酸溶液 50kg，能有效减轻干热风的危害，并增加千粒重。

在小麦灌浆期，亩喷 60mg/kg 苯氧乙酸溶液 25kg，也能防御干热风，增加千粒重。

（9）"一喷三防"　小麦后期"一喷三防"是预防和减轻病虫害、干热风等危害的有效措施之一，因此，应根据病虫害发生情况和天气变化喷施，能有效提高粒重，预防干热风。

160. 高温逼熟发生的原因有哪些，如何预防？

高温逼熟是在小麦灌浆成熟阶段，遇到高温低湿或高温高湿天气，特别是大雨后骤晴高温，使小麦植株提早死亡，提前成熟，粒重减轻、产量下降的现象。

（1）为害症状　根据气温和相对湿度高低可将高温逼熟分为高温低湿、高温高湿两种。

① 高温低湿　在小麦灌浆阶段，如连续出现 2 天或 2 天以上27℃以上的高温，3～4 级及以上的偏南或西南风，下午空气相对湿度在 40％以下时，小麦叶片即出现萎蔫或卷曲，茎秆变成灰绿色或灰白色，小麦灌浆受阻，麦穗失水变成灰白色，千粒重下降。

② 高温高湿　在小麦灌浆阶段连续降水或一次降水较多，使土

壤水分达到饱和或过饱和，造成土壤透气性差，氧气不足，此时植株根系活力衰退，吸收能力减弱；而紧接着又遇高温暴晒，叶面蒸腾强烈，水分供应不足，植株体内水分收支失衡，很快脱水死亡。麦株受害后，茎叶出现青灰色，麦芒灰白色、干枯，籽粒秕，粒重低，产量和品质下降。

（2）发生原因　温度对小麦籽粒灌浆有明显影响，籽粒形成与灌浆的最适温度为 20～23℃，高于 23℃就不利于小麦灌浆，超过 28℃基本停止。当小麦灌浆期遇到 27℃以上的高温时，就会引起植株蒸腾强度大增，水分入不敷出。高温还引起小麦叶片气孔关闭能力丧失，加速叶片干枯，光合作用受抑制。如果小麦遭受湿害，根系发生早衰，吸水、吸肥能力减弱，高温逼熟会更加严重。特别是乳熟期以后连续降水后出现最高温度 30℃以上的天气，使小麦突然死亡，千粒重大幅度下降而导致减产。

（3）预防措施　在高温干旱、干热风等不利天气来临之前，对小麦田进行灌水，可以降低田间温度，提高株间湿度，从而减轻其危害。但在小麦生长后期雨水渐多的地区，要防止大水漫灌或灌后遇雨，土壤湿度过大，引起倒伏。若前期缺水，后期土壤过于干旱，骤然灌水，再遇干热风侵袭，也会造成负面影响。所以，最好是利用喷灌方式，水量较小，不致产生上述问题，同时也可以起到以降温、增湿来防御干热风的作用，防止或减轻高温逼熟危害。

第五节　风雹灾害与小麦倒伏

161. 小麦春季倒伏的表现形式有哪些？

倒伏是影响小麦高产、稳产、优质的重要因素之一。小麦倒伏主要发生在肥水充足、小麦旺长、群体过大、田间郁闭的高产麦田。早春是预防小麦倒伏的关键时期。小麦抽穗前倒伏可减产 30%～40%，灌浆期倒伏减产 20%～30%，乳熟期倒伏，减产 10%左右，倒伏严重时减产可达 50%以上。

（1）从形式上可分为根倒伏和茎倒伏

① 根倒伏　根在疏松的土层中扎得不牢，一经风吹雨打，就会

土沉根歪或平铺于地。

② 茎倒伏 主要是茎基部节间（多数是基部三节）承受不起上部重量，就会弯曲倾斜或折断后平铺于地。小麦倒伏不仅加快后期功能叶死亡，造成用于灌浆充实的干物质生产量减少，而且由于根系与基部茎秆受伤，吸收能力和输导组织均受影响，光合产物向穗部运输受阻，因而导致小麦粒重降低，对产量影响很大。倒伏表现在后期，潜伏在前期，具有不可挽回性。

（2）从时间上可分早期倒伏和晚期倒伏 在小麦灌浆期前发生的倒伏，称为"早期倒伏"（彩图 95），由于"头轻"一般都能不同程度地恢复直立。灌浆后期发生的倒伏称为"晚期倒伏"（彩图 96），由于"头重"不易完全恢复直立，往往只有穗和穗下茎可以抬起头来，要及时采取补救措施减轻倒伏损失。

162. 小麦倒伏的预防措施有哪些？

（1）选用抗倒伏品种 选用抗倒伏品种是防止小麦倒伏的基础，在管理水平跟不上的区域宜选择高产、耐肥、抗倒伏的品种进行推广，各高产品种搭配比例应协调，做到布局合理，达到灾害年份不减产，风调雨顺年份更高产的目的。不宜选择高秆和茎秆细弱的品种。大力提倡小麦精量和半精量播种，以降低倒伏的风险。

（2）提高整地质量 整地质量不好是造成根倒的原因之一。因此，要大力推广深耕，加深耕层，高产麦田耕层应达到 25cm 以上。特别是近年来秸秆还田成为种麦整地的常规措施后，深耕显得更为重要。秸秆还田必须与深耕配套，深耕必须与细耙配套，真正达到秸秆切碎深埋、土壤上虚下实，有利于次生根早发、多发，根系向深层下扎。

（3）采用合理的播种方式 高肥水条件下小麦种植行距应适当放宽，有利于改善田间株间通风透光条件，促其生长健壮，减少春季分蘖，增加次生根数量，提高小麦抗倒伏能力。高产麦田以 23～25cm 等行距条播为宜，也可以采取宽窄行播种，宽行 26cm、窄行 13cm，或宽行 33cm、窄行 16.5cm 等。

（4）精量播种，确定适宜的基本苗数 为了创造各个时期的合理群体结构，确定合理的基本苗数是基础环节。基本苗过多或过少，都会给以后各个生育时期形成合理的群体结构带来困难。确定基本苗的主要依据是地力水平高低、品种分蘖力强弱、品种穗子大小。一般原则是高产田、分蘖力强的品种，大穗型品种宜适当低一些，而中低产田、分蘖力弱的品种，多穗型品种则宜适当高一些。目前的高产田、大穗、分蘖力强的品种，每亩成穗45万左右，单株成穗3~3.5个，每亩基本苗应为12万~15万株；中产田、多穗型品种，每亩成穗50万左右，单株成穗2.5~3.5个，每亩基本苗应为14万~18万株。随着肥水条件的改善和栽培技术的提高，亩产500kg左右的高产麦田，每亩基本苗以8万~10万株为宜。要保证适宜的基本苗，除上述因素外，还要考虑种子发芽率、整地质量与田间出苗率、播种方式等因素。采取机械精量播种技术，不但要保证基本苗数量适宜，同时要求麦苗的田间、行间平面分布要合理。因为播量既定时，不同的行距配置导致每行的麦苗密度不同，而在每行麦苗密度已定时，不同的行距配置导致单位面积的麦苗密度不同。

（5）科学施肥浇水　在施肥上重施有机肥，轻施化肥，有利于防止倒伏。高产冬麦田一定要及时浇好冻水、拔节水、灌浆水，一般不浇返青水和麦黄水。春季返青起身期以控为主，控制肥水，到小麦倒二叶露尖，拔节后再浇水，酌情追肥。千方百计缩短基部节间长度，第1节间长4.5~5.7cm，第2节间长7.6~8.5cm的较抗倒伏。后期如需浇水，一定要根据天气预报，掌握风雨前不浇、有风停浇的原则。

春麦田凡生长偏旺、群体较大、有倒伏趋势的要严格控制追施氮肥，增施钾肥，亩施氯化钾3~5kg。拔节至孕穗期，根据苗情长势，每亩追施尿素4~5kg，或含氮、磷、钾各15%的三元复合肥10~15kg，以增加穗粒数和粒重。

（6）深锄断根　深中耕是控制群体，预防倒伏的重要措施，对群体大、有旺长趋势的麦田，在起身前后深中耕8~10cm，切断浮根，抑制小分蘖，促主茎和大分蘖生长，加速两极分化，推迟封垄期，促植株健壮生长。

（7）适当镇压　对群体较大，植株较高的麦田，除控制返青肥水和深中耕外，起身后拔节前还要进行镇压，以促根系下扎，增粗茎基部节间和降低株高。镇压视旺长程度进行1~3次，每次间隔5天左右，镇压时还应掌握"地湿、早晨、阴天"三不压的原则。对密度大、长势旺、有倒伏危险的麦田，应及早疏苗，或耙耱1~2次，疏掉部分麦苗，后浇1次稀粪水。

（8）加强中后期管理　如果小麦拔节后基部茎秆，特别是第一、二节间较长，茎壁较薄，发育较差，将导致小麦植株重心上移，中后期发生倒伏的风险增大。农谚说："谷倒一把糠，麦倒一把草。"小麦如果发生倒伏，不仅减产，还会带来难以机械收获、贪青晚熟等一系列麻烦。因此，小麦中后期田间管理应针对性采取以下有效措施加以应对。

① 慎重浇水防止倒伏　小麦拔节以后生长发育旺盛，需水需肥也旺盛。尤其是孕穗到抽穗期是小麦需水的临界期，受旱对产量影响最大。开花至成熟期的耗水量占整个生育期耗水总量的 1/4。所以，要因地制宜适时浇好挑旗扬花水或灌浆水，以保证小麦生理用水，同时还可抵御干热风危害。但是浇水应特别注意天气，不要在风天、雨天浇水，还要依据土壤质地掌握好灌水量，以防发生倒伏。

② 慎重施肥防止晚熟　拔节以后，一般可通过叶面喷肥来补充小麦对肥料的需求。选肥施肥原则是既要防早衰又要防贪青。特别是晚播小麦，只要不是叶片发黄缺氮或是强筋专用小麦品种，后期不要喷施含氮的氨基酸、尿素等叶面肥，应当喷施磷、钾肥和中微量元素肥料，目的是要及早预防小麦贪青晚熟。一般可用磷酸二氢钾，并添加防病治虫的适宜药剂和芸苔素内酯等生长调节剂，兑水配制成复配溶液，"一喷三防"2～3 次。市场上常有仿磷酸二氢钾，实际上是三元复合肥，养分内含有氮肥，选购使用时要注意。

③ 及早搞好"一喷三防"　做到应变适时、早防早控，防患于未然。若暖冬病虫越冬基数较高，易造成小麦病虫害偏重、提早发生，预计麦穗蚜、螨类、吸浆虫、赤霉病、白粉病可能偏重流行。因此"一喷三防"应根据田间病虫实际发生情况，可提早在扬花前开始。注意喷洒均匀防药害；严格遵守农药使用安全操作规程，做好人员防护，防止农药中毒；做好施药器械的清洁、农药瓶袋等包装废弃物品回收处理，注重农业生态安全。

（9）化学控制

① 喷施多效唑　对群体大、长势旺的麦田或植株较高的品种，在小麦起身期，每亩喷洒 200mg/kg 多效唑溶液 30kg，可使植株矮化，缩短基部节间，降低植株高度，提高根系活力，抗倒伏能力增强，并能兼治小麦白粉病和提高植株对氮素的吸收利用率。

② 施用烯效唑　烯效唑是一种新型高效植物生长调节剂，其生物活性比多效唑高 6～10 倍。在小麦上施用，可以防止高密度、高肥

水条件下的植株倒伏，并有减少不孕穗和提高千粒重的作用；据试验，在未遇风、不倒伏的情况下，施用烯效唑的小麦比对照平均增产15.4％。施用方法：在小麦拔节前一周内，亩喷 30～40mg/kg 烯效唑溶液 50kg。

③ 喷施矮壮素　对群体大、长势旺的麦田，在拔节初期亩喷0.15％～0.3％矮壮素溶液 50～75kg，可有效地抑制节间伸长，使植株矮化，茎基部粗硬，从而防止倒伏。

④ 喷施甲哌鎓　在拔节期每亩用甲哌鎓 15～20mL，兑水 50～60L叶面喷洒，可抑制节间伸长，防止后期倒伏，使产量增加 10％～20％。

（10）防病治虫　推广化学防控措施，对小麦病虫等采取预防为主、综合防治的措施。特别要及时防治小麦纹枯病，在播种时用药剂拌种，2 月下旬至 3 月上旬是防治纹枯病的关键时期，一旦达到防治指标，及时喷药，增加小麦抗逆性和抗倒伏能力。

🌱 163. 小麦倒伏发生后的补救措施有哪些？

通常在小麦灌浆期前发生的早期倒伏，一般都能不同程度地恢复直立，而灌浆后期发生的晚期倒伏，由于小麦"头重"不易恢复直立，往往只有穗和穗下茎可以抬起头来。及时采取措施加以补救。

（1）小麦倒伏后不要人工扶直倒伏小麦　当小麦倒伏后，其茎秆就由最旺盛的居间分生组织处向上生长，使倒伏的小麦抬起头来并转向直立，还能保持两片功能叶进行光合作用，反之若人工扶直，则易损伤茎秆和根系，应让其自然恢复生长，这样可将减产损失降至最低。

（2）小麦倒伏后要及时进行叶面喷肥　倒伏后小麦植株抗逆性降低，应及时进行叶面喷肥补充营养，这样可以起到增强小麦植株抗逆性、延长灌浆时间、稳定小麦粒重的作用。一般每亩用磷酸二氢钾150～200g 加水 50～60kg 进行叶面喷洒，或 16％的草木灰浸出液50～60kg 喷洒，以促进小麦生长和灌浆。

（3）加强病虫害防治　如果倒伏后没有病害发生，一般轻度倒伏对产量影响不大，重度倒伏也会有一定的收获，但如不能控制病害的流行蔓延，则会"雪上加霜"，严重减产。及时防治倒伏后带来的各种病虫害，是减轻倒伏损失的一项关键性措施。

参考文献

［1］王迪轩，曹涤环.小麦优质高产问答.北京：化学工业出版社，2013.

［2］马艳红，王晓凤，毛喜存.小麦规模生产与病虫草害防治技术.北京：中国农业科学技术出版社，2018.

［3］张翠梅，张秋红，张亚琴.小麦病虫害防治与诊断彩色图谱.北京：中国农业科学技术出版社，2018.

［4］尹钧，韩燕来，孙炳剑.图说小麦生长异常及诊治.北京：中国农业出版社，2019.

［5］刘建军，陈康，陈建友.小麦绿色高产栽培理论技术体系与实践.北京：中国农业出版社，2019.

有关小麦生产的部分术语和定义

【标准氮肥】含氮 20% 的氮肥为标准氮肥，简称标氮。如氮素用量＝400×0.02＝8kg/亩，相当于标准氮肥 40kg/亩。

【田间持水量】指土壤所能稳定保持的最高土壤含水量，也是土壤中所能保持悬着水的最大量，是对作物有效的最高的土壤含水量，且被认为是一个常数，常用来作为灌溉上限和计算灌水定额的指标。但它是一个理想化的概念，严格说不是一个常数。也就是说土壤含水量是不断变化的，土壤含水量达到最大值时就说田间持水量。

【二棱期】在幼穗中部，苞叶原基腋部出现二次突起，为小穗原基（苞叶的腋芽原基形成）。由于小穗原基也呈棱状，与苞叶原基构成"二棱"，故称为二棱期，然后上部、基部相继出现小穗原基。二棱后期，已分化的小穗原基不断增大，最终完全遮没苞叶原基，只能看到伸出的舌状小穗原基，称为二棱后期。此时幼穗顶端小穗原基已分化，每穗分化的小穗数基本确定。

【雌雄蕊原基分化期】当中部小穗分化出 3～4 朵小花原基时，小穗基部第一朵小花首先分化出三枚雄蕊原基，呈半球形（鼎立于内外颖原基之间，其中一枚正好位于外颖内侧），接着在雌蕊原基中间分化出现一枚雌蕊原基，称之为雌雄蕊原基分化期。此时基部第二节间开始伸长（倒三叶），相当于物候学拔节期。

【药隔形成期】雄蕊原基分化出现后，体积继续增大，由圆球形成四方柱形，并沿中部自顶向下分化出纵裂药隔，将花药分成四个花粉束，雌蕊顶端下凹，分化出两枚柱头原基（两叉状柱头），有芒的品种芒沿外颖中脉伸长。植株第三节间开始伸长，总分化小花数在此期确定。

【水浇地】属于耕地的一种，耕地主要包括水田、水浇地以及旱地。其中水浇地指的是有水源保证和灌溉设施，在正常年景当中可以正常灌溉的耕地，发生干旱的时候除外。水浇地是可以用来种植旱生农作物或者蔬菜的耕地。

【底墒】泛指耕层以下到 50cm 深度内的水分。种庄稼以前土壤中已有的湿度（蓄足底墒）。

【播种期】指小麦的播种日期。

【出苗期】小麦的第一片真叶露出地表 2～3cm 为出苗，田间有 50% 以上麦苗达到出苗标准时的时期，为该田块小麦的出苗期。

【三叶期】田间有 50% 以上麦苗主茎的第三叶伸出 2cm 左右的时期，为该田地小麦的三叶期。

【分蘖期】田间有 50% 以上麦苗的第一分蘖露出叶鞘 2cm 左右的时期，为该田地小麦的分蘖期。

【越冬期】冬麦区冬前日平均气温降至 1℃ 以下，麦苗基本停止生长，次年春季平均气温升至 1℃ 以上，麦苗恢复生长，这段停止生长的阶段称为小麦的"越冬期"。

【返青期】越冬后，春季气温回升，新叶开始长出的时期为小麦的返青期。

【起身期】主茎春生的第一叶叶鞘和年前最后一叶叶耳距离相差 1.5cm 左右，茎部第一节间开始伸长（长度为 0.1～0.5cm），但尚未伸出地面时为小麦的起身期。起身期一般比拔节期早 7～10 天。

【拔节期】田间有 50% 以上植株茎部的第一节间露出地面 1.5～2.0cm 的时期，为该田地小麦的拔节期。

【孕穗期（挑旗期）】当小麦旗叶完全展开，叶耳可见，旗叶叶鞘包着的幼穗明显膨胀时，大穗进入四分体分化期，全田 50% 植株达到此状态的时期，为该田地小麦的孕穗期（挑旗期）。该时期，旗叶与倒二叶叶环距离长约 1cm。

【抽穗期】全田 50% 麦穗顶部露出叶鞘 2cm 左右的时期，为该田地小麦的抽穗。另一标准是全田 50% 以上麦穗（不包括芒）由叶鞘中露出穗长的 1/2 的时期，为小麦的抽穗期。

【开花期】全田 50% 的麦穗上中部的花开放，露出黄色花药的时期，为该田地小麦的开花期。

【蜡熟期】籽粒小、颜色接近正常，内部呈蜡状，籽粒含水率约

25%。蜡熟末期籽粒干重达最大值，是适宜的收获期。

【完熟期】籽粒已具备品种正常的大小和颜色，内部变硬，含水率降至22%以下，干物质积累停止。